Shuwasystem Industry Trend Guide Book

How-nual
図解入門
業界研究

最新 水ビジネスの動向とカラクリがよ～くわかる本

業界人、就職、転職に役立つ情報満載

吉村 和就 著

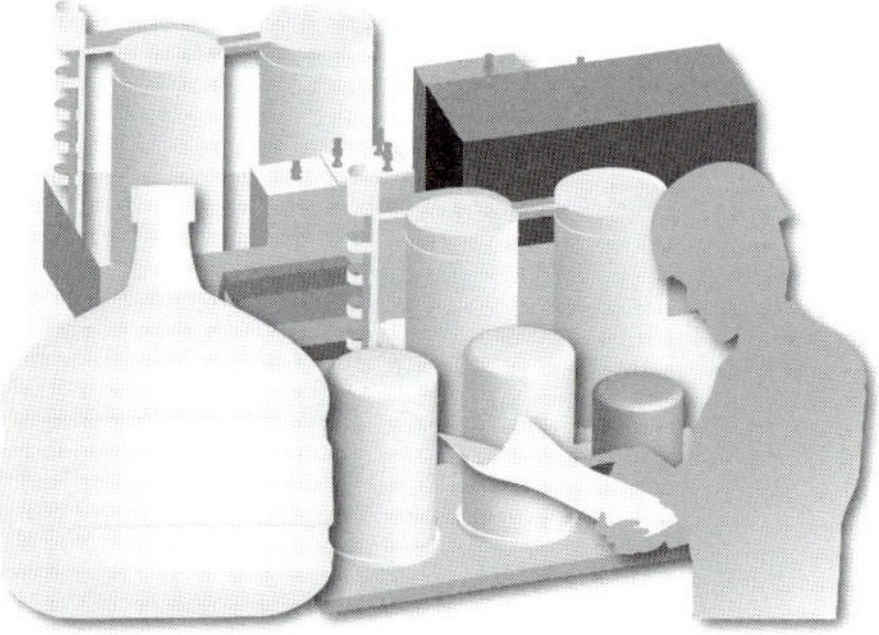

秀和システム

はじめに

人間は水と食料なしに生命を維持することは不可能です。水はあらゆる生命体の起源であり、水ほど大切なものはありません。これは誰もが認める不変の事実です。

二〇一二年六月二〇日からブラジルのリオデジャネイロで国連持続可能な開発会議(リオ+20)が開催され、そこでは二〇〇〇年に国連で討議された「ミレニアム開発目標」のレビューが行われましたが、依然として「安全な飲料水にアクセスできない人が一〇億人、衛生的な環境にない人が二六億人」存在すると報告されています。

一方、日本では、蛇口をひねると、いつでも当たり前のように直接飲める安全な水が豊富に出てきます。また使った水は下水としてキチンと処理され海に放流されています。このように水に不自由しない生活に慣れると、「水ほど大切なものはない」という不変の事実はついつい忘れ去られ、いつまでも安全で豊富な水が供給されると思い込むようになってしまいました。

一九七〇年、評論家イザヤ・ベンダサンは自身の著書で、「日本人は水と安全はタダだ」と思っていると喝破しました。安全は、近年、凶悪事件が多発していることにより、人々は「安全はタダではない」ことを認識しつつあります。しかしながら、水だけは相変わらず「タダである」と誤解していて、しかも日本人の誰もが「日本は水が豊かである」と信じて湯水のごとく使っています。

日本とは認識を異にする世界各国では、水の確保に国を挙げて取り組んでいます。

地球上の水は常に一定であるはずなのに、なぜ今、世界で水不足が起こっているのでしょうか。また、本当に水資源は不足しているのでしょうか。そして水の将来はどうなるのでしょうか。本書では、水を多面的な角度から取り上げています。水を取り巻く世界と日本の現状からはじまり、水問題を解決するために、どのような水ビジネスが存在するのか、どのような水処理の技術が使われているのか、また、どんな企業が活躍しているのか、それらを踏まえ、水の将来を読者の皆さんと一緒に考えていきたいと思います。

人間になくてはならない大切な水に、今起きている問題について新たな視点から認識を深めていただければ幸いです。

二〇一二年　八月

吉村　和就

最新水ビジネスの動向とカラクリがよ～くわかる本

●目次

はじめに……3

第1章 世界の水に押し寄せる危機

1-1 地球規模の水不足時代が到来①……10
1-2 地球規模の水不足時代が到来②……12
1-3 地域紛争の火種となる水不足……14
1-4 気候変動が与えるインパクト……16
1-5 自然災害とライフライン……18
1-6 水で世界をつなぐバーチャルウォーター……20
コラム 人為的原因で進む砂漠化……22

第2章 水ビジネスの全体像

2-1 世界の水ビジネスの始まり……24
2-2 日本の水ビジネスの始まり……26
2-3 水ビジネスが及ぶ範囲……28
2-4 水ビジネスの市場規模……30
2-5 上水道事業① 水源開発……32
2-6 上水道事業② ダム建設の動向……34
2-7 上水道事業③ 水質悪化への対応……36
2-8 上水道事業④ 水道管の対策……38
2-9 造水事業① 海水からの上水製造……40

2-10 造水事業② 超純水の製造技術……42
2-11 再利用水① 下水の再生利用……44
2-12 再利用水② 工場内での再生利用……46
2-13 下水道事業① 下水処理場と浄化槽……48
2-14 下水道事業② 生活排水と雨水の排除……50
2-15 下水道事業③ 汚泥処理とエネルギー化……52
2-16 ボトルウォーター……54
コラム 俳聖、松尾芭蕉が水道工事？……56

第3章 水ビジネスで注目される最新技術

3-1 多様な浄水処理法……58
3-2 膜処理による下水処理技術（MBR）……60
3-3 再生水技術……62
3-4 主要な海水淡水化技術……64
3-5 水道漏水対策技術……66
3-6 水プラント構築技術……68
3-7 IT技術の活用による水資源管理……70
3-8 水災害予防システム……72
3-9 超臨界水……74
3-10 水圧破砕によるシェールガス採掘……76
3-11 機能水……78
コラム 世界に誇れる日本のハイテク水洗トイレ……80

第4章 世界各国の水ビジネスの最前線

4-1 アメリカ 大国に忍び寄る水不足……82
4-2 ヨーロッパ① フランスの技術戦略……84

4-3 ヨーロッパ② イギリスとその他の国の動向……86
4-4 中国　世界が狙う水市場……88
4-5 韓国　水ビジネス成功の軌跡……90
4-6 シンガポール　水ビジネスへの挑戦……92
4-7 インド　開拓のむずかしい市場……94
4-8 中東　国際河川をめぐる紛争……96
4-9 アフリカ　水問題は永遠の課題……98
4-10 中南米　民営化が進展する地域……100
4-11 マレーシア、オーストラリアの水道事業……102
コラム 地下水の権利……104

第5章 水ビジネス国外主要企業

5-1 ヴェオリア・ウォーター……106
5-2 スエズ・エンバイロメント……108
5-3 テムズ・ウォーター・ユーティリティーズ……110
5-4 アイビーエム(IBM)……112
5-5 ゼネラル・エレクトリック(GE)……114
5-6 シーメンス(シーメンス・ウォーター・テクノロジーズ)……116
5-7 アクシオナ・アグア……118
5-8 アクアリア……120
5-9 ハイフラックス……122
5-10 ケッペル……124
5-11 セムコープ・インダストリーズ……126
5-12 斗山重工業……128
5-13 韓国水資源公社(K・ウォーター)……130
コラム なぜ日本の山林が外資に狙われるのか……132

第6章 水ビジネス国内主要企業

6-1 水処理プラントメーカー① 概要……134
6-2 水処理プラントメーカー② 日立プラントテクノロジー……136
6-3 水処理プラントメーカー③ 水ing……138
6-4 水処理プラントメーカー④ メタウォーター……140
6-5 水道用資材メーカー① 膜メーカー……142
6-6 水道用資材メーカー② 水道管メーカー……144
6-7 水道用資材メーカー③ ポンプメーカー……146
6-8 電気設備メーカー……148
6-9 維持管理会社……150
6-10 金融関連企業および団体……152
6-11 商社……154
6-12 コンサルティング会社……156
6-13 業界団体……158
コラム 利根川水系ホルムアルデヒド事件……160

第7章 日本の国家戦略と水ビジネスの将来像

7-1 水ビジネスの国家的な取り組み……162
7-2 産学官による研究会の発足……164
7-3 企業の横断的な取り組み……166
7-4 事業権獲得に向けた行政の支援策……168
7-5 北九州市の取り組み……170
7-6 大阪市の取り組み……172
7-7 横浜市の取り組み……174

7・8 東京都の取り組み……176
7・9 埼玉県の取り組み……178
7・10 広島県の取り組み……180
7・11 水ビジネス企業が求める人材像……182
7・12 水ビジネスの現在の課題……184
7・13 水ビジネスの解決策……186
7・14 水ビジネスと日本の将来……188
コラム 水の安全保障……190

資料編

世界の水事情……192
日本の水事情……196
世界の水ビジネス市場……200
海水淡水化と膜技術……205

日本の水ビジネス戦略……209
索引……218

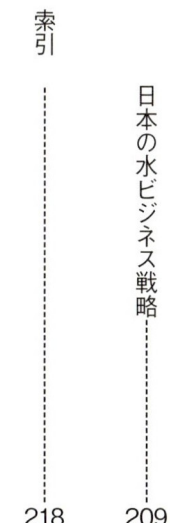

第1章

世界の水に押し寄せる危機

需要と供給のバランスが崩れ、必要量を賄えない状態を水ストレスといいます。現状、世界は強い水ストレスにさらされています。日本国民の生活は、食料生産などの面で、今後危機的な状況が予想される世界の水事情と直結しています。水をめぐる深刻な問題について、まずはフォーカスしてみましょう。

1 地球規模の水不足時代が到来①

人類の使える水は水資源のほんの一部であるにもかかわらず、水の使用量は人口増加や経済発展にともなって急拡大しています。水の需要と供給のバランスが崩れ、必要量が賄えなくなっているのです。

水ストレスにさらされる世界

「二一世紀は水の世紀になる」と予言したのは一九九五年当時の**世界銀行**のセラゲルディン副総裁でした。それから一七年間の世界的な努力をしても、世界の水不足はなおも顕著です。「水の需要と供給のバランスが崩れ、必要量を賄えない状態」を**水ストレス**といいますが、世界の多くの地域はこの水ストレス状態にあります。**国連開発計画(UNDP)**が発表した**人間開発報告書2007/2008**によると、水ストレスにさらされている人は地球上に約八億人を数えるとしています。

国土交通省の**平成23年版日本の水資源**によると、水資源の供給において、使用可能な淡水の量は、地球上に存在する水資源総量(海水と淡水の合計)約一四億立方キロメートルのうち、〇・〇一パーセントにすぎません。世界平均で見ると、一人当たりの水資源量は年間八〇〇〇立方メートル程度となります。しかし、これはあくまでも平均値です。カナダのように一人当たり年間九万立方メートルもの水資源を保有する国もあれば、降雨量の少ない中東やアフリカ北部、国土の狭いシンガポールのように一人当たり年間一〇〇〇立方メートル程度しか保有していない国もあります。

人口の増加と経済発展は水需要の拡大に直結します。世界の人口は二〇一一年に七〇億人を突破したと推計され、二〇五〇年には九〇億~一〇〇億人に達すると予測されています。人口の増加は、人が直接使う水の増加につながるだけでなく、それ以上に食糧生産のための水利用にも大きなインパクトを与えます。

また、国により水利用も著しく偏っています。わかりやすい例として、**人間開発報告書2006**によると、家庭での水使用量は、第一位のアメリカでは一人一日当たり五七五リットルであり、第三位の日本では三七五リットルです。これに対して人口増加の著しい中国では一人一日当たり八五リットルしか使われていません。

水質の悪さが引き起こす伝染病

水資源が乏しい国では質の悪い水も使わなければなりません。**国連児童基金(UNICEF)**が公表した**アフリカ子供白書2008**によると、人類の八人に一人は安全な水が飲めないといわれ、アフリカのサハラ砂漠以南地域では、実に四二パーセントもの人々が安全な飲料水を使用できないと推計しています。これらの国では、日本ではほぼ撲滅された、コレラや赤痢など水を媒介して広まる水系の伝染病が、今も現実の脅威となっています。その被害を最も受けやすいのは、抵抗力の弱い乳幼児です。年間五〇〇万人が死亡し、五秒に一人の割合で、乳幼児が不衛生な水を飲んだために死亡していると報告しています。

地球上の水資源

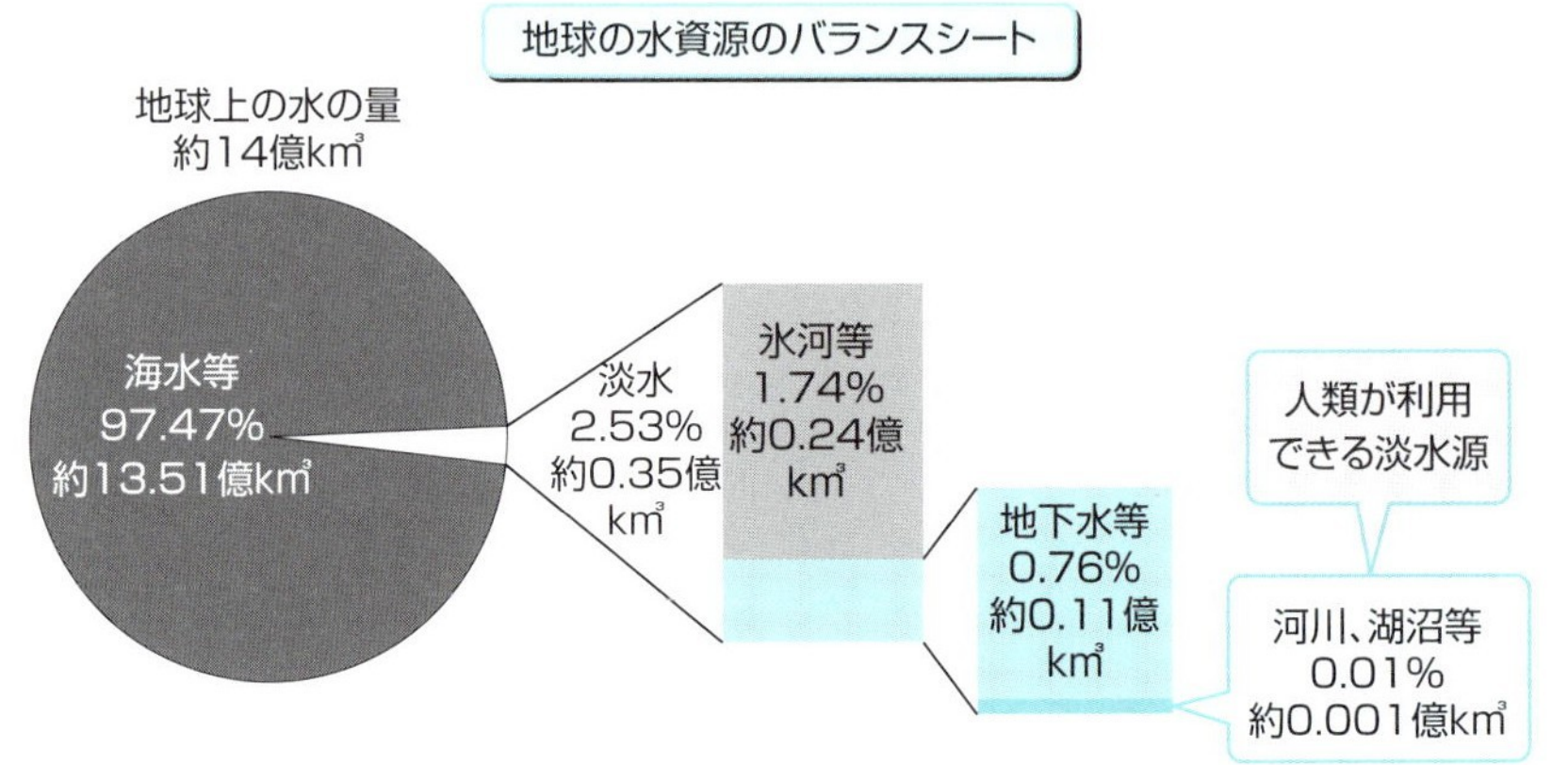
地球の水資源のバランスシート
地球上の水の量
約14億km³
海水等
97.47%
約13.51億km³
淡水
2.53%
約0.35億km³
氷河等
1.74%
約0.24億km³
地下水等
0.76%
約0.11億km³
人類が利用できる淡水源
河川、湖沼等
0.01%
約0.001億km³

注：1.World Water Resources at the Beginning of the 21st Century;UNESCO,2003をもとに国土交通省水資源部作成
2. この表には、南極大陸の地下水は含まれていない。
出所：国土交通省「平成23年版日本の水資源」

ワンポイントコラム

【貧困スパイラル】　生活用水が簡単に手に入らない多くの地域では水くみは女性や子供の仕事で、1日4時間がこの作業に費やされる。これによって労働や学習のための時間が失われ、貧困からの脱却がむずかしくなる悪循環が起きている。

2 地球規模の水不足時代が到来②

水資源の約七〇パーセントが農業用水といわれています。農業用水は河川水や地下水などを利用していますが、枯渇の危機を迎えています。世界では、農業用水の削減が大きなテーマになっています。

灌漑技術の進歩で増大する農業用水

国連食糧農業機関（FAO）が公表したデータによると、人類が使用する淡水は、大まかには七〇パーセントが農業用水、二〇パーセントが工業用水などに利用されています。生活用水は全体の一〇パーセントにすぎません。農業に利用される水は、雨に頼ることのできない乾燥地域でこそ必要になります。

降雨頼みだった一九六五年、小麦や米、トウモロコシなどの主要穀物の世界生産高は九億トン程度でした。FAOの**穀物見通しと食料事情に関する報告**によると、灌漑《かんがい》技術をはじめとする農業技術の進歩により、二〇一一年には穀物生産高は二三億トンに増加しています。日照時間の長い乾燥地域でも、水さえ調達できれば農地としては利用可能ですが、今、穀物生産を支えてきた地下水が危険水域にさしかかっています。一九六五年当時の灌漑農業は、長期にわたって涵養されてきた**化石地下水**と呼ばれる、大規模な**帯水層**からの取水によって支えられてきました。しかし、この貴重な天然水資源の枯渇が現実味を帯びてきました。

インドでは大規模な灌漑農業により耕地面積の拡大を成し遂げ、食糧の増産を成し遂げましたが、その結果として地下水の水位の大幅な低下、枯渇が問題になっています。中国でも事情は同様で、一九六五年当時と比較して、北京周辺の地下水の水位は実に六〇メートル近くも下がったところがあるそうです。

国連教育科学文化機関（UNESCO）によると複数の国にまたがる帯水層は世界で二七三カ所あります。

用語解説

＊**帯水層**　地下水によって飽和している地層のこと。帯水層には粒子状の地層で構成される層状水が多い。

その内訳はヨーロッパ一五五カ所、アジア一一二カ所、アフリカ三八カ所、南北アメリカが六八カ所です。農業利用による化石地下水の枯渇が国際問題になりつつありますが、河川水と違い地下水はその移動を目にすることはできません。「地下水はどのくらいあって、いつまで使えるか」を判断するには、より高度な科学的根拠とそれにもとづく意思決定が必要になるのです。

見通しの立たない水不足解決

無計画な農地化による水源涵養林の消失や**表土流出(エロージョン)**による砂漠化の加速、過剰くみ上げによる地下水への海水の浸入や、不適切な農業用水の利用は水資源の枯渇を招いてきました。

農業技術者は、このような問題に対し、点滴灌漑をはじめとする水を大幅に節約する技術を開発して、乾燥に強く、少ない水で生産が可能な作物の研究を重ねています。しかし、それらの取り組みが水不足の抜本的な解決策となるまでには、まだまだ地道で長い取り組みが必要です。

世界人口と水需要

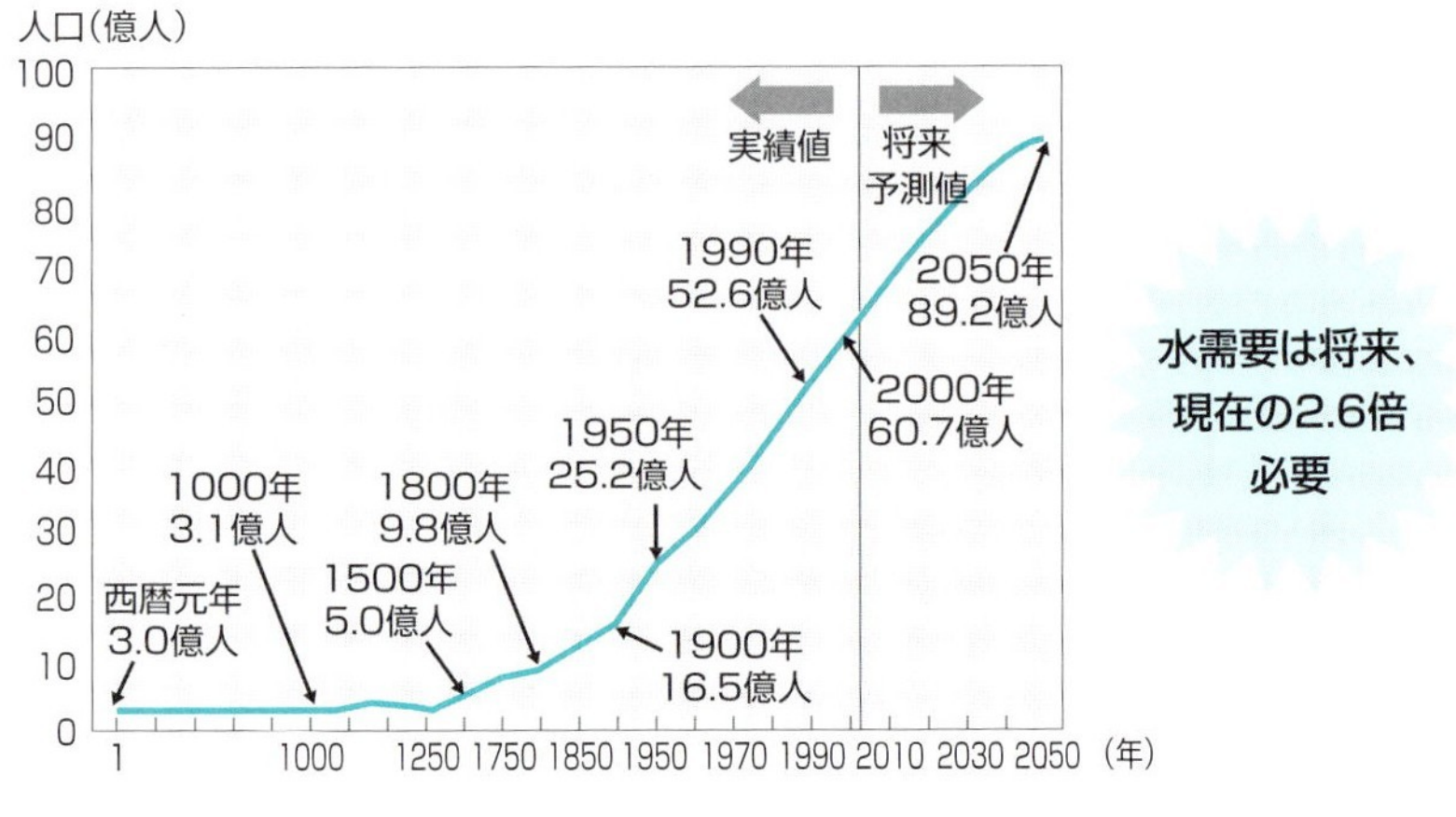

出所：1900年まではUnited Nations,"The World at Six Billion",1950年以降はUnited Nations,"World Population Prospects 2002 Revision"

用語解説

＊**表土流出(エロージョン)**　エロージョンとは「浸食」のこと。河川の流水の働きで岩石などを溶解したり、川の底や側面を削り取ったりして土砂を下流に運ぶ現象をいう。

3 地域紛争の火種となる水不足

古来、水資源の確保は国の統治における最も重要な取り組みでした。そして、現代において、多くの水をめぐる国家間の争いが顕在化しています。

水を治める者は国を治める

人類の歴史は河川水争奪の歴史としての一面を持っています。サダム・フセインのカリスマ性は、アメリカの支援を受けた飲用水の無償配給制度によって、もたらされたといいます。イラク戦争では真っ先に官庁や学校、病院などとともに、社会基盤として重要な水道施設が破壊されました。

川を意味するリバー(River)はライバル(Rival)の語源といわれています。日本においても古来、「水を統治するものは国を統治する」といわれ、洪水を防ぐ治山や治水と、農業生産のための灌漑技術が国力を大きく左右しました。武田信玄など、その業に長けた統治者は今にその名を残しています。しかし、多くの国がひしめきあう大陸にあっては、水そのものの確保が紛争の火種に直結するため、水を確保することはより切実な問題です。

高知工科大学の村上雅博教授によると、複数の国境にまたがる**国際河川**をめぐる紛争は、①国家紛争レベル、②**水利権**と領土問題、③水利権と水の分配の問題、④環境問題、⑤政治問題の五つに分類されるといいます。国際河川は全世界に約二七〇あり、その流域は陸地面積の四五パーセントを占めています。

北欧諸国では、水問題を解決するため、水資源管理のための行動規範の「ガイドライン」作りが進んでいますが、その取り組みはまだ不完全です。例えばドナウ川では、水の利用に関する取り決めを批准する国の数が規定数に達していないために、いまだ発効するに至っていません。さらに、発展途上国では水資源が武

ワンポイントコラム

【サダム・フセインの無償配給制度】 サダム・フセインがイラク国民からの人気・支持率が高かったのは、常に切り札として「水」を確保していたからだ。当時の国民に食料と水の無償（無料）の配給制度を確立し、サダム・フセインを支持する国民に水と食料を届けていたのである。サダム・フセインの口ぐせは「石油と水は国家なり」であったとされる。

力紛争の原因になることも珍しくありません。中東に位置するパレスチナの占領の歴史は、イスラエルの水資源獲得の歴史に重なります。インドシナ半島のメコン川やインドを流れるインダス川流域には多くの国家が存在しています。アフリカのナイル川では、上流に位置する多くの国家が川の水を利用する構想を持っており、スーダンに至っては実際に家畜の飲み水をめぐって部族間での紛争が発生し、数百人の死者が出る戦闘が繰り返されています。

国境を超える汚染

国際河川は多くの国を越えて流れていくため、上流の国で水域を汚染すると、その影響は下流の国々に広がります。産業廃棄物や化学物質、肥料や農薬などが河川に沿って下流の国に運ばれます。下流にあるオランダの水道はきわめて高度な水処理を行っていますが、これは上流国の様々な人間活動によって水が汚染されているために必要な処理なのです。

中国では国境こそまたがないものの、上流の汚染によ
く、下流域の水は危機的な状況に達しています。

水をめぐる国家間紛争

水利権・水の分配で長期紛争中

- ヨルダン川（イスラエル、ヨルダン、レバノン）
- ナイル川（エジプト、スーダン、エチオピア）
- チグリス・ユーフラテス川（トルコ、シリア、イラク）など多数

水利権と領土問題が内在

- セネガル川（セネガルとモーリシア）

環境問題（水質汚染）

- ドナウ川、ライン川

国際政治上での問題（水の分配）

- 中国とメコン委員会、北朝鮮と韓国（北漢江のダム建設）

用語解説

＊**水利権**　河川や湖沼の水を独占排他的に利用できる権利。昔からの慣行水利権と、河川法にもとづく許可水利権がある（本文32ページ参照）。

4　気候変動が与えるインパクト

気候変動は、水資源の不安定化と、都市型水災害をもたらすことが懸念されています。まさにこれから顕在化するのが水不足といえるでしょう。

降雨の変化と水資源の地域間移動

気候変動に関する政府間パネル（IPCC）の第四次評価報告書では、各地で干ばつや洪水が頻繁に繰り返されるうえ、その場所は特定が困難なゲリラ的なものになる、と予測しています。

二一世紀の半ばまでに年間平均河川流量と水利用の可能性は一〇～四〇パーセント増加する一方、中緯度および乾燥地域では降雨量が一〇～三〇パーセント減少すると予測されています。つまり、需要の増加が予想される東南アジアやアフリカ、中東などの地域において、さらなる水不足が予想されるのです。

全世界では**砂漠化**が進行しています。その面積は地球の全陸地面積の七・二パーセントに相当し、アフリカで約三二パーセント、アジアで約三五パーセントが砂漠化したと発表されています。

温暖化による水資源の不安定化

地球温暖化によって水資源が不安定になり、降雨一回当たりの雨量が増加する現象はすでに発生しています。例えば温暖化によって今まで以上に上空の大気が暖められ、安定性が増す結果、台風は発生しにくくなるものの、いったん台風が形成されれば、そこにたまったエネルギーは非常に大きく、激しい雨を引き起こします。

また、極地の氷面積の縮小や氷河の急激な融解が発生していることはよく知られていますが、日本においても積雪の減少は顕著で、過去四〇年間で積雪量は六〇パーセントも減少したといわれています。

用語解説

＊**気候変動に関する政府間パネル（IPCC）**　IPCC＝Intergovernmental Panel on Climate Change。地球温暖化などの気候変動に関する科学的な研究を収集・整理し、評価を行う国際機関。

このような現象が広範に発生することで、利用しやすい水資源が減少し、予測や制御のむずかしい降雨パターンが増加すると見られています。これにより水にかかわる災害も拡大することが予想されています。

豊富なように見える日本の水資源も、実は梅雨や台風、積雪に依存していて脆弱《ぜいじゃく》です。これが地球温暖化によりさらに不安定化し、利用できる水の量は増すものの、一方で洪水の増加をもたらすことが予想されます。

また、アジア、太平洋地域は、急激な人口増加と目覚ましい経済発展を背景に、二〇二五年には世界の水需要の六割以上を占めるとの予測も出されていますが、いまだにこの地域では五億人以上が安全な飲用水を確保できず、一八億人が衛生的な環境にありません。さらに世界の水にかかわる災害（洪水、津波など）の八割は、アジア、太平洋地域に集中しています。農業を支える水資源の管理や確保も不十分で、米作地帯は、過剰な地下水のくみ上げで、水位は急激に低下しています。

アジア、太平洋地域の水問題を解決することは、その国の人々の安全保障につながるだけではなく、世界平和に貢献することに直結します。

地球温暖化と水資源

＊水不足：深刻になる、地域格差が大きくなる

＊水質汚濁：激しくなる、高度処理が急務になる

＊地下水問題：地下水位の低下、塩分化が進む

＊都市化による水問題：深刻になる

＊温暖化による水関連の災害：
洪水と干ばつ、都市型災害などが増える

5

自然災害とライフライン

地震や津波のほか、台風や豪雨による災害によって、ライフラインである水道が寸断され、断水した場合、その原因やトラブルの状況によっては復旧までに多くの時間を必要とします。

未然に防げない自然災害

地震や豪雨をはじめとする自然災害はいつどこで起こるかわからず、未然に防ぐことは困難です。地震だけでなく、風雨による地盤崩壊などによって配管が断裂するだけではなく、大量の雨水が一気に流れ込むことによって、地下に設置された配管が損傷を受けるケースも考えられます。

近年、世界では風雨で未曾有の大災害に発展したケースとして、米国ルイジアナ州を直撃したハリケーン・カトリーナが挙げられます。都市機能が壊滅状態となり、街が水没し、上下水道システムの機能が停止し、避難民の間でノロウイルスによる集団感染症が発生しました。

日本は世界の中でも地震大国と称され、全世界で発生する地震のうち、その一〇パーセントが日本で発生しています。

過去に起きた地震の中でも、兵庫県南部地震は直下型地震で、大都市神戸市とその周辺に多大な被害をもたらし、約一三〇万戸で断水しました。一方、東北地方太平洋沖地震はプレート型地震であり、東北から関東一帯に被害が及びました。揺れや**液状化現象**により、少なくとも二三〇万戸が断水していたことがわかっています。

災害に対する日本の取り組み

日本で起きた地震を例にとり、**ライフライン**の復旧期間を見てみると、電気は一週間程度で復旧できる一

用語解説　＊**液状化現象**　地震の際、地下水位の高い砂地盤が液体状になる現象。

方、水道は一カ月以上の時間を要します。水道は復旧が比較的遅いライフラインなのです。災害下での飲用水確保は大きな問題であるほか、下水道損傷により、生活用水の排水が不能になると、衛生環境の悪化も懸念されます。

厚生労働省は二〇一一年に、導水管、送水管など、基幹管路の**耐震化率**が、全国で三一パーセントであるとの調査結果を公表しました。浄水施設に至っては、一八・七パーセントしか耐震化されていません。

厚生労働省では、二〇〇八年から二〇一〇年にかけて、水道施設や管路の耐震化の促進に向け、各自治体の水道局など、水道関係団体と連携し**水道施設・管路耐震性改善運動**を実施しました。続いて二〇一〇年から二〇一二年にかけて第二期の水道施設・管路耐震性改善運動が実施され、水道施設の安全性の確保、迅速な復旧による給水サービスを維持する体制作りを進めています。

各自治体の水道局では、災害に備えて応急給水拠点の整備などを行ってはいるものの、予算が不足し、遅々として耐震化は進んでいません。

ライフラインの復旧に要した日数

	応急復旧終了日	阪神・淡路大震災の発生時（実測）	想定すべき時間
水道	4月17日	90日	3カ月
電気	1月23日	6日	1週間
都市ガス	4月11日	84日	2カ月
電話	1月31日	14日	2週間

出所：神戸市と埼玉県の資料を参考に作成

6 水で世界をつなぐバーチャルウォーター

バーチャルウォーター（仮想水）とは、農作物や工業製品などを輸入している消費国が、生産品の取引を通じて世界の水資源に密接に影響を受けていることを明らかにする概念です。

バーチャルウォーターとは

地球規模の水資源のひっ迫は、食料生産や産業活動への影響を経て、日本にも大きなインパクトを与えます。これまでに解説してきた、世界の人口増加にともなう食料増産は日本にとっても「対岸の火事」ではないのです。日本は世界の水によって支えられています。この事実をわかりやすく示してくれるのが**バーチャルウォーター（仮想水）**という概念です。

東京大学の**沖大幹教授**は、一九九〇年代に提案された、ロンドン大学の**アンソニー・アラン**教授のバーチャルウォーターの概念を拡大し、生産品を輸入している消費国が、もし輸入品を自国で生産した場合に必要となる水資源量を算出する方法を提唱しました。

これにより、日本の経済や社会活動が、外国の水資源にどの程度依存しているのか、具体的にイメージできるようになったのです。

水不足が日本に与えるインパクト

左ページの表はバーチャルウォーターの量を食品別に見たものです。アジアでは米は主食として一般的な穀物ですが、ほかの穀物より多くの水を必要とします。さらに肉類は、このようにして得た穀物を家畜に大量に与えて生産されるため、そのプロセスで必要な水を加算すると、鶏肉一キログラムを生産するのに四五〇〇リットル、牛肉一キログラムを生産するのに二万六〇〇〇リットルものバーチャルウォーターを使用していることになるといいます。

用語解説

＊**バーチャルウォーター（仮想水）**　巻末の資料編196、199ページ参照。なお、環境省のホームページには食べ物のバーチャルウォーターの量を自動計算できるフォームがある。

また、エネルギー需要の増大も、水資源の消費が増大する重要な原因となります。特に、二酸化炭素排出量を抑制するための**バイオマス燃料**は、原料のトウモロコシやサトウキビなどの農産物の生産だけではなく、アルコール製造工程においても大量の水を消費するのです。

日本は食料の多くを世界の農業生産に依存しています。言い換えれば、日本における生活そのものが世界のバーチャルウォーターに支えられていることを意味します。例えば、二〇〇八年に国内の小麦や大豆の値段が上昇した原因はオーストラリアにおける干ばつ、すなわち水不足でした。これまでに見てきたような水資源の問題は、今後、日本の食料供給にも大きな影響を与える可能性があります。

もし、日本が、**食料自給率**を向上させる道を選ぶのであれば、これまで外国に肩代わりしてもらっていた水資源を自ら用意しなければならないことになるでしょう。その意味でも、食料生産の側面から水資源を考えるバーチャルウォーターの概念は、今後ますます重要性を増すものと考えられます。

食品と仮想水

食品の仮想水量	（リットル）
ハンバーガー	2,400
牛乳（グラス１杯）	200
リンゴジュース	190
ポテトチップス１袋	185
オレンジジュース	170
コーヒー１杯	140
卵１個	135
グラスワイン	120
ビール（グラス１杯）	75
リンゴ１個	70
オレンジ１個	50
食パン１切れ	40
紅茶１杯	35
ジャガイモ１個	25
トマト１個	13

出所：国連食糧農業機関（FAO）

日本食の仮想水量	（リットル）
牛丼	2,000
ざるそば	700
オムレツ	600
みそ汁	20

出所：東京大学 生産技術研究所 沖研究室の試算

ワンポイントコラム

【バイオマス燃料の原料】　アメリカで生産されたトウモロコシの４割近く、また、ブラジルで生産されたサトウキビから精製する粗糖の５割は、バイオエタノールの原料になる。昨今ブラジルのコーヒー農場がサトウキビ畑に転換し、コーヒー豆の相場が上昇している。

column

人為的原因で進む砂漠化

地球で起きている2つの大きな環境問題——。それは地球温暖化と砂漠化です。

年間降雨量が200mm程度しかない、高温、乾燥地帯の砂漠でも植物がまったく生育していないわけではなく、乾燥に耐えられるサボテンやキク科の一部の植物は自生しています。また、オアシスと呼ばれる、少ない雨水が貯まった場所や、砂漠化を免れた湖の一部などが残ったところにも存在することが知られています。従来の砂漠は、降水量の少なさなど、自然の力によって土地の劣化が進行したというのがおもな原因でした。実際に、サハラ砂漠などでは、大昔には緑に覆われていたという事実が調査で確認されています。

しかし最近では、人為的な原因で砂漠化が進んでいることが大きな問題になっています。そのおもな原因が、森林伐採や放牧、農業などです。

森林伐採の場合、樹木からの落ち葉による栄養が得られなくなり、土地自体が痩せていくためです。樹木自体による保水力がなくなるだけではなく、土地の活力を奪っていくことになります。また放牧では、牛や羊など、家畜の餌として草木が食べ尽くされ、森林伐採と同じような結果を招きます。

農業の場合は、灌漑できちんとした排水を行わないと、塩類を大量に含んだ地下水面が上昇し、さらに水の蒸発で塩分が残留して砂漠化に至るのです。

人口増加と砂漠化の関係も深刻です。中国では急速に進む土地開発の影響などで砂漠化が進展しています。アフリカでは毎年約6万平方キロメートルもの速度で砂漠化が進行しているという報告もあり、大陸全土が砂漠になる危険性をはらんでいると国連の調査でも警告されているほどです。

第2章

水ビジネスの全体像

「水ビジネス」とは、水源開発から上下水道事業、下水の再利用など、水にかかわるすべてのビジネスを包含する言葉です。この章では、水ビジネスの始まりや、市場構造の概要を説明するとともに、水源開発から上水供給、水の再生利用、下水処理などの工程について説明します。

世界の水ビジネスの始まり 1

ヨーロッパでは上下水道を中心とする、水ビジネスが盛んに行われています。水道の民営化は一八世紀のフランスから始まりました。その歴史を見ていきます。

イギリスで発祥した近代水道

近代水道の起源は、一六世紀にさかのぼります。イギリスでは当時、ポンプによる取水が行われていたといわれています。近代水道の始まりは一九世紀、同じくイギリスのスコットランドの主要都市、グラスゴーだとされています。産業革命の最中、グラスゴー郊外のペイズリーでは繊維産業が盛んでした。繊維を洗浄するのに大量のきれいな水が必要とされたことから、砂利で浮遊物質や溶解物質を取り除く**緩速ろ過方式**が生まれ、これがヨーロッパ全体に水道が普及するきっかけになりました。

フランスで始まった水道民営化

一方、上下水道の民営化が始まったのは一六〇年前のフランスです。フランスについては、一八五三年、ナポレオン三世の治世において、水道供給会社が設立されました。パリ市内の上下水道整備を目的として**ジェネラル・デゾー**（現**ヴェオリア・ウォーター**）が設立され、リヨン市の水道供給を民間委託したのが始まりです。その後、パリへの給水も開始されました。一八八〇年には、カンヌ市の水道供給会社として、**リヨネーズ・デゾー**（現**スエズ・エンバイロメント**）が設立されました。現在、この二社がグローバル市場で水ビジネスを牽引しています。

一方、イギリスではサッチャー政権時に推し進められた**公共インフラの民営化路線**により、一九八九年、**テムズ・ウォーター・ユーティリティーズ**が設立されました。ヨーロッパ各国では、スペイン、ドイツ、オランダな

用語解説

＊**近代水道**　鉄管などを用い圧力をかけて送水できる水道で、いつでも使うことのできる水道施設をいう。

＊**緩速ろ過方式**　浄水処理法の一つ。ゆっくりした速度で砂や砂利の層を通してろ過する。ろ過層に付着した微生物を利用する。一方、懸濁物質を集め固めて沈殿させ、その後ろ過する浄水処理法を急速ろ過方式という。

ど、多くの国で水道事業の民営化が進んでいます。

一九九〇年以降にフランスやイギリスによって開拓された上下水道のグローバル市場は、フランスのヴェオリア・ウォーター、スエズ・エンバイロメント、イギリスのテムズ・ウォーター・ユーティリティーズといった巨大水企業が強い影響力を持っています。

フランス系企業（ヴェオリア・ウォーター、スエズ・エンバイロメント）は、これまで国内で培ってきた技術力や施設設計、建設など管理・運営のノウハウを海外に展開するべく、発展途上国において、貿易の自由化や水道局の民営化を推し進める世界銀行と連携し、世界の上下水道民営化市場を席巻していきました。

新興企業の台頭で変わる勢力図

二〇〇一年当時、水メジャー三社だけで、世界シェアの七三パーセントにも達しました。しかし、進出した各国の民営化の進展により、その国の財閥・地元企業や、シンガポールなど新興国の新規参入企業に市場を奪取され、二〇〇九年に三社のシェアは三四パーセントまで低下しています。

世界の民営化市場と同市場に占める主要各社のシェア

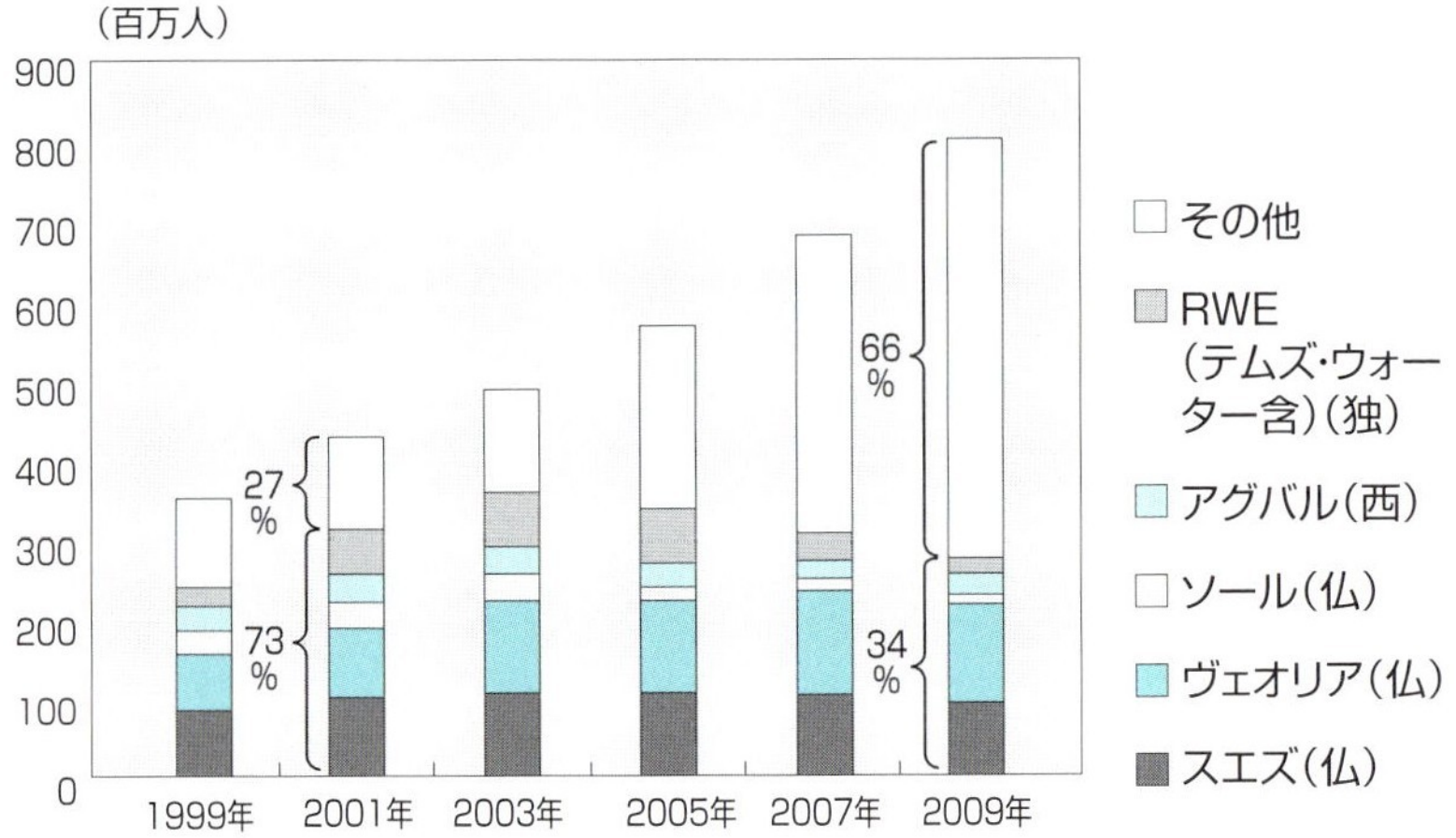

（百万人）
900
800
700
600
500
400
300
200
100
0
1999年
2001年
2003年
2005年
2007年
2009年
27%
73%
66%
34%
その他
RWE（テムズ・ウォーター含）（独）
アグバル（西）
ソール（仏）
ヴェオリア（仏）
スエズ（仏）

出所：経済産業省

ワンポイントコラム

【サッチャーの民営化政策】　従来のイギリスの政策は国民の国家依存度を高め、低成長とインフレーションを併発するスタグフレーションを常態化させていた。これを打ち破るためにサッチャー首相は、金融・財政改革、税制改革、社会保障改革、国有企業の民営化など抜本的に改革を目指し「鉄の女宰相」として突き進んだ。

2 日本の水ビジネスの始まり

日本が本格的に海外における水ビジネスを意識し始めたのは二〇〇六年のことでした。上下水道の運営ノウハウを持つ地方自治体が、海外進出のための検討を始めています。

明治時代に初の近代水道

日本で近代水道が敷設されたのは明治時代に入ってからのことです。近代水道の必要性が高まり、一八八七年にイギリス陸軍の**ヘンリー・スペンサー・パーマー**工兵中佐の設計のもとで、横浜市に日本最初の水道が敷設されました。

日本初の近代水道を敷設後、各地でも上水道の設置が進みました。一八九〇年に最初の水道条例が施行され、一九五七年には、水道の布設、管理と、計画的な整備などが謳われた**水道法**が施行されました。その翌年には下水道の整備と水質保全などを目的とした**下水道法**が施行され、地方自治体が上下水道事業を管理する体制が整いました。高度成長期に当たる一九六〇年代から七〇年代にかけて、上下水道は全国で集中的に整備が行われました。今では水道普及率は九七・五パーセント、下水道普及率は七五・一パーセントまで拡大しています。

老朽化による更新問題

一九六〇年から七〇年代に敷設された施設が、今、老朽化し、更新の時期を迎えています。特に、水道管の更新が課題ですが、莫大な費用がかかるため地方自治体の財政難から、水道管の更新は思うように進んでいません。それに加えて上水道計画、建設、維持管理まで総合的に担うことのできる技術者はみな高齢化し、今後の技術継承がむずかしくなることが予想されます。

国内における水道事業の課題や、二〇世紀以降欧米諸国で進む民営化の流れを受け、二〇〇一年に水道法が改正され、民間企業の業務委託が可能になりました。これを機に商社や水道関連事業を手掛ける企業などによる上下水道事業を総合的に担うための合弁会社の設立が相次ぎました。サービス水準を維持し、安心・安全な水を作り続けるためにも、民間企業との連携により、知恵や資金を活用していくことが必要な時期に差しかかっています。

日本が本格的に海外の水ビジネスに注目し始めたのは二〇〇六年のことです。産業界の代表が一堂に会する**産業競争力懇談会（COCN）**が発足し、国を挙げて水ビジネスを推進することが言及されました。

最近では、上下水道事業に経営ノウハウを持つ地方自治体も積極的に水ビジネスに取り組んでいます。

日本だけでなく、今や世界中で水不足や水質汚染といった問題に直面しています。海外の水問題を解決していくことは大きなビジネスチャンスとなりえるのです。

日本の世界水ビジネスへのアプローチ

		水資源豊富 ⟷ 水資源不足	
		従来技術の領域	先進技術の領域 （造水・下排水・地下水処理）
資金潤沢	水インフラ 運営管理・ 更新段階	**A** 世界各国 すでにヨーロッパ企業が優位な領域	**C** 中東・北アフリカ、中国都市部… 新規欧米企業参入、 ヨーロッパ企業も参入
↕	水インフラ 整備強化段階	**B** マレーシア、タイ、インドネシア、インド、ベトナム… ヨーロッパ企業進出開始	**D** アジア周辺国、 アフリカ… 一部地域を除き未進出
資金欠乏	水インフラ 未整備		

A…すでに欧州水メジャーが優位な領域であるが、今後もウォッチしていく
B…日本の国際貢献が活発に行われている領域
C…日本の先進技術を活用し、進出可能な領域
D…潜在的市場規模は大きい

出所：産業競争力懇談会

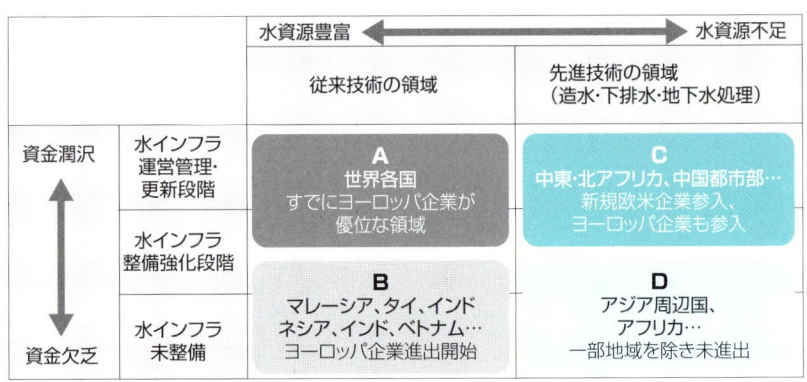

3 水ビジネスが及ぶ範囲

水ビジネスの及ぶ範囲はきわめて広範で、上下水道はもちろんミネラルウォーターから、工場の排水処理まで含まれています。ここでは水ビジネスの市場構造を解説します。

多岐にわたる水のビジネス

水ビジネスというと世間の人々が最初に思い浮かべるのはミネラルウォーターや家庭用の浄水器、ウォーターサーバーを置いておく宅配水といったビジネスなのかもしれません。これらは話題性があるものの、市場規模はきわめて小さいのが現状です。水ビジネスの市場は幅広く、ミネラルウォーターに代表されるボトルウォーター、宅配水をはじめ、上水道供給サービス、下水道処理サービス、工場の排水処理、工業用水事業、農業用水など多岐にわたります。

水ビジネスでは、①膜やポンプ、フィルターなどを供給する部材・部品・機器製造、②水処理施設（**水処理プラント**）の設計、建設、③施設の運転・維持管理が主要なビジネスとして挙げられます。例えば水道事業では自治体の発注にもとづき、コンサルティング会社が設計し、メーカー各社が部品・薬品・機器などを納入、エンジニアリング会社や建設会社がプラントを建設し、現地の運営会社（水道事業者）が給水活動し、水道利用料の徴収を行います。

水道事業には、地方自治体や金融機関、水処理に係る機器メーカー、ポンプメーカー、膜メーカー、コンサルティング会社、土木建築業者、維持管理会社、ＩＴ企業など、多岐にわたる事業者が関係しています。最近では商社も水ビジネスに参入し、市場は活気を帯びています。

日本では、長らく水道事業は自治体が運用してきました。一〇〇年以上もの間、自治体が水道事業を担っ

用語解説

＊**水処理プラント**　使用目的に適合する水質にするための処理施設と、環境に影響を及ぼさずに放水するための処理施設のこと。沈殿、ろ過、殺菌などを行って無害化処理する。

てきたのは、自治体だからこそ水の品質を維持し、安定的に提供できるとの固定観念があったからです。二〇〇一年に、水道法の改正で水道事業の運営を第三者に委託できるようになっても民営化は進みませんでした。

つまり日本では、今日まで自治体が水道事業者となり、民間企業が設備や部材を提供するという、明確なすみ分けがあったわけです。

合弁で参入を狙う海外市場

一方、海外では前述のとおり、民営化の歴史は古く、一六〇年前からノウハウを蓄積してきました。フランス系の水道供給事業会社は、部材・部品・機器供給から水処理プラントの設計・建設、設備の運転・維持管理に至るまでトータルな形でビジネスを展開することができます。

こうした状況を受け、日本では水ビジネス関連の事業を手掛ける企業と、商社など水ビジネスへの新規参入を狙う国内企業同士が新しく水ビジネスを推進する事業会社を立ち上げ、互いのノウハウ、強みを生かして海外への市場進出を目指しています。

水ビジネスの事業領域

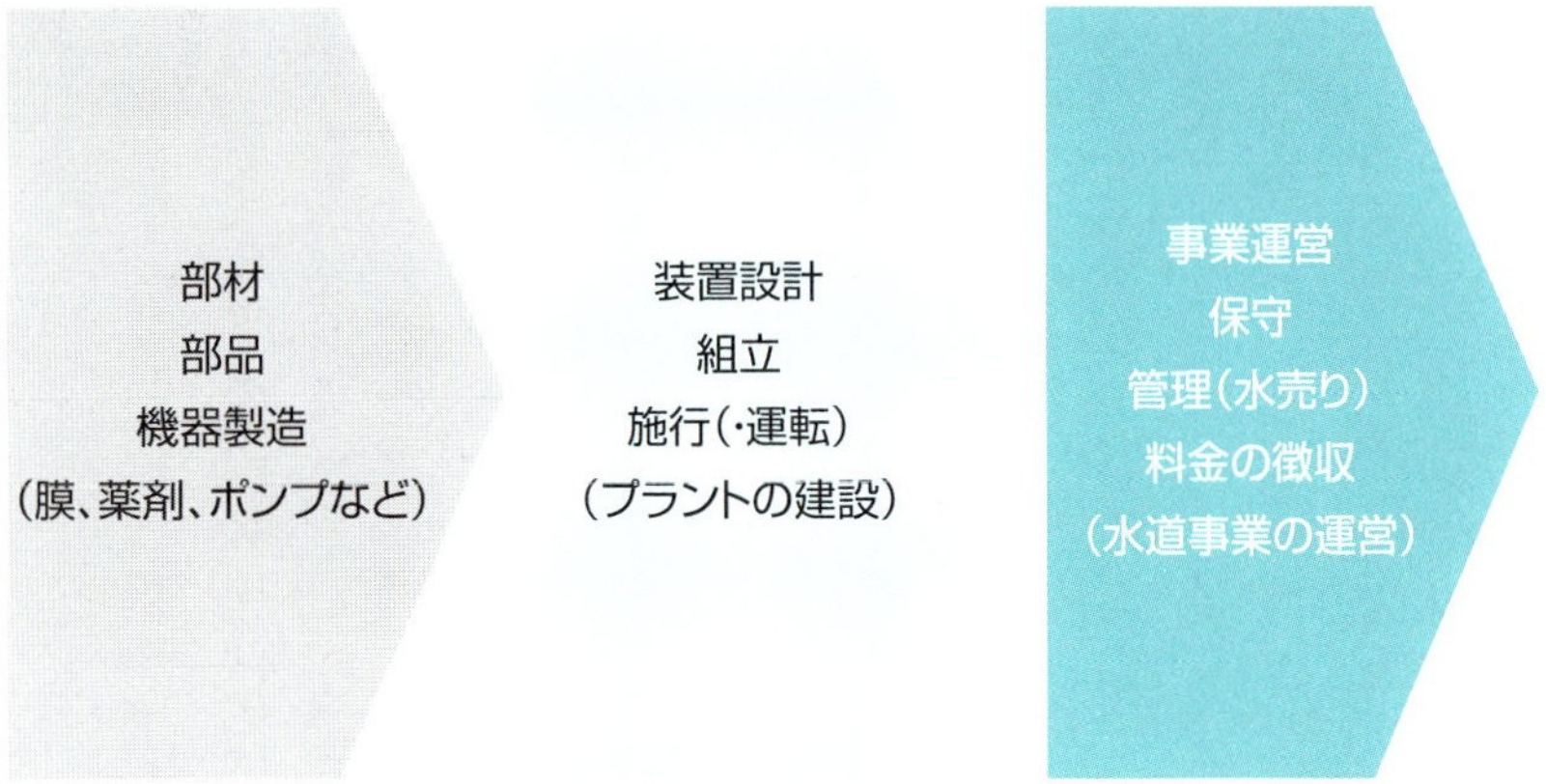
部材
部品
機器製造
（膜、薬剤、ポンプなど）
装置設計
組立
施行（・運転）
（プラントの建設）
事業運営
保守
管理（水売り）
料金の徴収
（水道事業の運営）

4 水ビジネスの市場規模

水ビジネスの市場は、上水道供給、海水淡水化、工業用水、工場排水、再生水、下水処理など、水に関する様々なビジネスを包含しています。その中でも特に大きな市場が上下水道であり、今後の成長が予想されているのが海水淡水化の市場です。

今後の成長株は海水淡水化

二〇〇八年に調査会社グローバル・ウォーター・インテリジェンスが公表した「Global Water Market」にもとづき、経済産業省が試算した予測によると、水ビジネス市場は二〇〇七年当時、三六兆円ほどの規模でした。それが二〇二五年には、約八七兆円に成長すると見られています。

水ビジネスは上水道供給、**海水淡水化**、工業用水、工場排水、再生水、下水処理などの様々なビジネスが含まれますが、特に大きな市場は上水道供給、下水処理の市場です。この分野は市場全体の八五パーセントを占めると予想され、素材、部材供給、建設・設計と、管理・運営サービスを合わせると、金額にして上水道市場が三八・八兆円、下水処理市場が三五・五兆円になります。

今後の成長分野として注目されているのが海水淡水化や、工業用水、工場排水、再利用水であり、工業用水、工場排水は五・七兆円、海水淡水化は四・四兆円、再利用水が二・一兆円と試算されています。

一方、経済産業省が試算したデータによると、二〇〇五年に約五〇兆円だった市場は二〇二五年には約一〇〇兆円になると予想されています。

この調査は部材供給、設備の建設、水道事業の経営・維持管理に分類したもので、内訳は、部材・機器が約一兆円、建設(現地機械設置工事、土木建築工事)で約一

用語解説

＊**海水淡水化**　海水を脱塩して、真水(淡水)を作り出す方法。

○兆円、完成した処理装置・施設の経営・維持管理市場が約一〇〇兆円です。

日本が得意とする膜やポンプなどは部材・機器に含まれていますが、この試算における市場規模ではほかの二つに比べ、限定的な市場でしかないことがわかります。

投資が加速する水のインフラ

今後水ビジネスが成長するであろう有望な市場としては、東アジア・オセアニア、中東・北アフリカといった発展途上国や、アメリカ、ヨーロッパなどが挙げられています。

経済協力開発機構（OECD）の調査レポートによると、OECD加盟諸国およびBRICs諸国の今後二〇三〇年までのインフラ投資予測によれば、水分野の投資額は通信、道路、電力分野を上回り、毎年一兆ドル、総額で二二・六兆ドルとなります。道路や電力などのインフラ投資全体の五五パーセントを占めるとのことです。

今後、世界で最も投資が加速するのが、水インフラということになります。

世界水ビジネスの市場規模（推計）

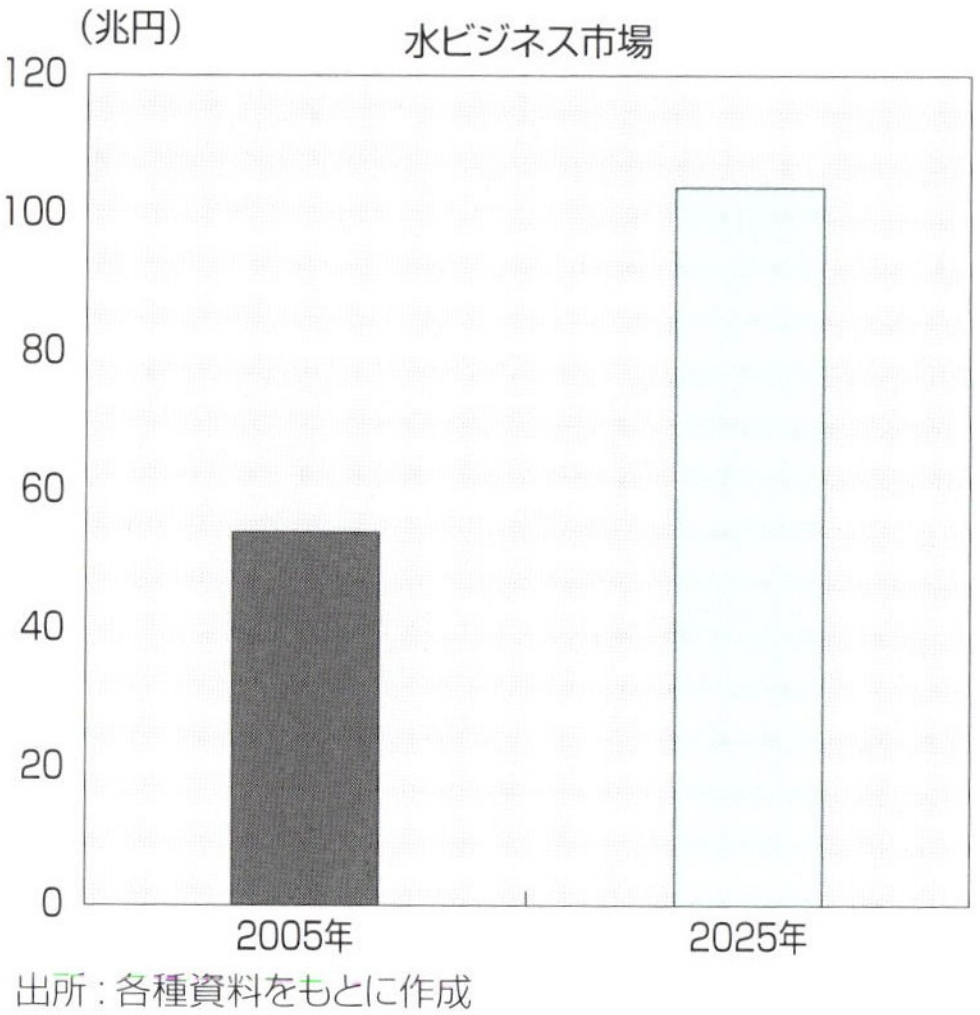

出所：各種資料をもとに作成

内訳

100兆円	公共事業 水インフラ 管理運営
10兆円	プラント 建設
1兆円	機器、素材、 膜

110兆円規模に拡大

用語解説

＊**経済協力開発機構（OECD）**　OECD=Organization for Economic Co-operation and Development。ヨーロッパ諸国を中心に日本やアメリカを含め34カ国が加盟する国際機関。

5 上水道事業① 水源開発

ひっ迫する水需要に応えるためには水資源の開発を行って供給できる水の量を増やすことが第一です。しかし、大切な水資源を合理的に公平に分配することは、決して容易ではありません。

水資源の利用量

資源として使用可能な水は、降雨量と蒸発散量の差で決まります。これを**水資源賦存量**と呼びます。平成23年版日本の水資源によると、日本の年間降雨量が六四〇〇億立方メートルに対し、二三〇〇億立方メートルが蒸発散します。水資源として使用できるのは、表流水（河川や湖沼など）の七二七億立方メートルと、地下水の九七億立方メートルです。日本では、賦存量のおよそ二〇パーセントを使用しています。農業用水が使用量全体の約六六パーセント、水道利用が約二〇パーセント、工業利用は一五パーセント程度といわれています。といっても農業利用は水資源を量で把握する必要があまりないこともあって、水利用量が正確には把握されていません。

表流水と地下水の権利

表流水とは、陸地表面に存在する水のことで、河川、湖沼、貯水池などを指します。このような表流水を継続利用する権利が水利権です。「独占的排他的に河川水のような公水を引用しうる権利」がその定義であり、水利権は限られた河川などの水を譲りあって利用するために不可欠な制度です。すべての河川に水利権が設定されています。しかも水利権は国により一元管理されていて、売買することはできません。そのため、新規に利水する事業者は、水利権を得るために巨費を投じてダムを建設するなどして、有効に生かすことができていなかった水を利用できるようにし、その分の水利権を獲得します。ダム建設が多いのはこのからくりによるものです。

一方の地下水は土地の所有者が地下水を利用する権利を持っています。高度成長期には、工場による地下水利用が爆発的に増加し、地下水位の低下と、地盤沈下被害が広がりました。地盤沈下対策として**地下水保護政策**がとられましたが、地下水利用の権利そのものに踏み込んだものではありませんでした。技術の進歩により、私企業が自ら容易に地下水を処理できる施設を導入できるようになると、自治体が行う公共水道とは別に、民間が主導する**地下水専用水道**というビジネスが勃興しました。

水道事業体（自治体）は家庭用の水道料金を安価にするため、病院、スーパーマーケットをはじめとする大口顧客の水道料金を、高く設定しています。地下水専用水道が台頭したことにより、そのコストメリットに着目した大口顧客は地下水への切り替えを行い、水道事業の収益に大きな打撃を与えています。そのため、地下水も公水として扱う法律の整備が待たれています。

水道の種類別取水量

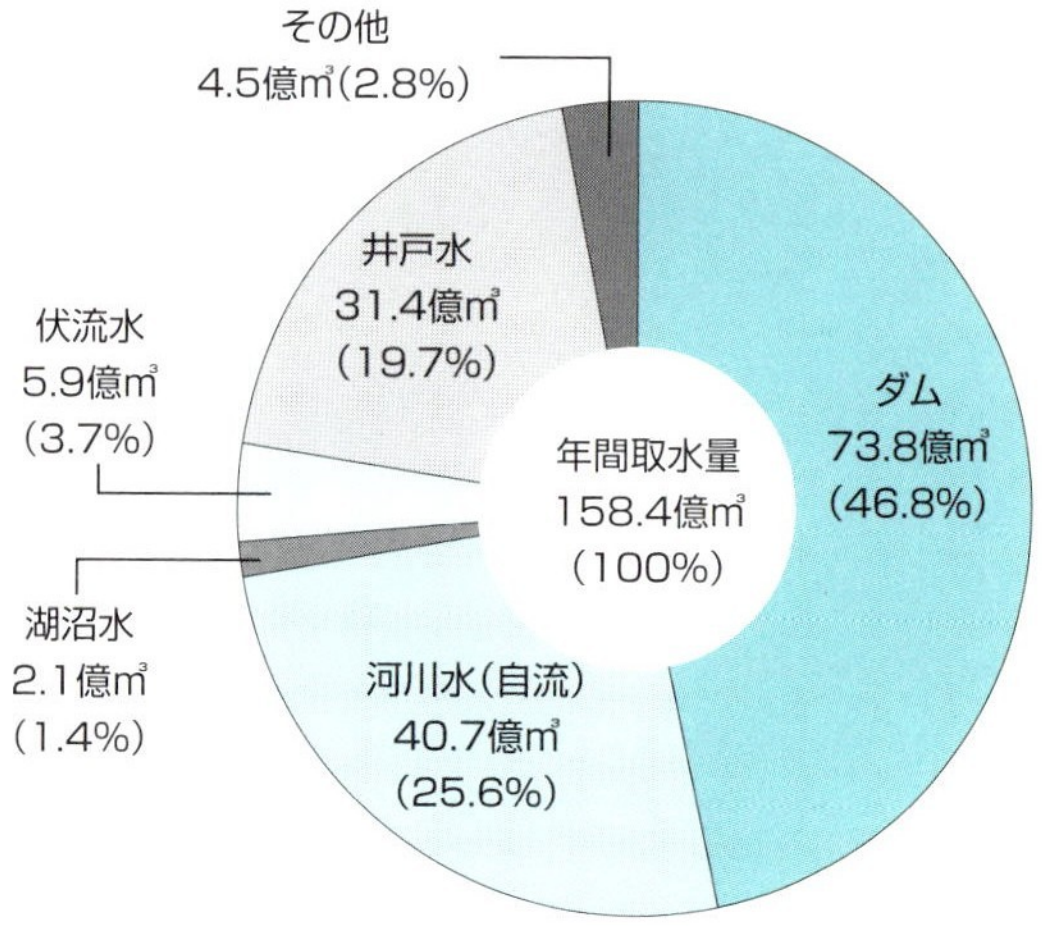
その他
4.5億m³(2.8%)
井戸水
31.4億m³
(19.7%)
伏流水
5.9億m³
(3.7%)
ダム
73.8億m³
(46.8%)
年間取水量
158.4億m³
(100%)
湖沼水
2.1億m³
(1.4%)
河川水(自流)
40.7億m³
(25.6%)

出所：㈳日本水道協会

用語解説
＊**地下水保護政策**　取水の制限や河川水に水源転換を行うことによる地下水の保護政策。
＊**地下水専用水道**　原水を地下水だけに頼っている水道施設。

6 上水道事業② ダム建設の動向

水を蓄積するダムは、洪水などを防ぐ治水、生活用水などを確保するための利水などを目的に建設されます。ダムを建設することで、一年を通して安定的に取水することができます。

安定的に水を供給するダム

河川の水は季節によって大きく変動します。ダムは流水を蓄積し、安定的に取水する目的で作られた土木建造物です。用途は治水(洪水調節、不特定利水)と利水(灌漑用水、上水道用水、工業用水、消流雪用水の供給、水力発電、レクリエーションなど)です。

河川法で規定されているダムとしては、治水を目的とする**治水ダム**のほか、利水を目的とする**利水ダム**、治水、利水の双方の目的を持つ**多目的ダム**があります。

ダムが建設され始めた当初は、そのほとんどが上水道の取水用や灌漑用の利水目的のものでしたが、その後、水量を調整し洪水を防止する治水目的のダムも建設されるようになりました。

治水目的のダムの場合、水道供給や水力発電は行いません。近年、多目的ダムが出現したことにより、ダムは治水、利水を両方行うことができる**河川総合開発事業**として発展しています。

一つの河川にダムをはじめ用水路や水力発電所を建設することで、効率的に治水や灌漑、水道供給、発電を行うことを可能にしました。

ダムの将来性

ダムは農業や工業の生産力向上を図り、国力を高めることを最終目的とした事業として注目されていました。しかし、その傾向にも陰りが見えてきています。

それは、ダムを取り巻く環境問題が多く指摘されるようになったからです。特に、周辺の自然環境や生活

用語解説

＊**河川総合開発事業**　その流域に存在する水を農業、工業、飲料水など多目的、効果的に開発する事業。治水と利水を総合的に行う。

環境などに、大きな影響を及ぼすことから、建設だけではなく、その存在自体に問題の目を向ける動きが起こっています。

ダム問題は、環境のほか、ダム建設に関連する事故や事件に関する訴訟にまで広がり、今では大きな社会問題になっています。また、最新の研究によって、ダム直下の断層による地震の危険性や、ダムの建設や貯水によって、地震が誘発される可能性も指摘されています。

「二一世紀は水の時代」といわれるなかで、水資源の開発とその保全はエネルギー開発に匹敵する重要課題であると考えられています。本書でも指摘しているように、実際に国際問題として、国連も水質汚染とともに水不足を水の危機として警告しているほどで、国家間での紛争の火種にもなっています。

ダム建設に関して、欧米ではすでに事実上の終焉を迎えており、日本でも、ダムをはじめとする河川開発と環境保護でいかに整合性を取っていくかが大きな問題であり、ダム事業は岐路に立っています。

ダム建設のメリット・デメリット

メリット

・治水：洪水、河川の流水調節などで水害、土砂崩れ、地すべりなどを防止する
・利水：上水道、工業用水、発電用水、農業用水として安定的に取水できる

デメリット

・周辺地域の環境破壊、住民の移転問題
・ダム建設費の一部転嫁による水道料金の上昇

ワンポイントコラム

【脱ダム宣言】　田中康夫元長野県知事は「ダムはいらない」といって世間の関心を呼んだ。政権として公式に主張したのは「コンクリートから人へ」をスローガンに掲げ当選した民主党の前原誠二氏が国土交通省大臣のときだった。2012年7月に九州南部で起きた豪雨被害は、民主党が事業仕分けでこの地区のダム工事を凍結したためとの批判も出ている。

7 上水道事業③ 水質悪化への対応

水質を改善する処理を浄水処理といい、様々な方法を組み合わせて実施します。本節では、浄水処理のプロセスを、懸濁物質除去、消毒、高度処理、個別物質対策、水源の汚染抑制で整理します。

懸濁物質の除去と消毒

水道システムは、河川水や湖沼水、地下水などを原水として取り入れ、これを飲用可能な水質まで大量に処理します。飲用可能な水を大量かつ安価に製造するのが上水道システムの目的です。「水の汚れを洗う」には、的確に水質に対応させた浄水処理プロセスの組み合わせが必要になります。

浄水処理で、最も基本的なプロセスは、懸濁物質除去と消毒です。

懸濁物質除去とは、簡単にいうと「濁り」すなわち水に混じっている物質を除去する技術で、水の流れを緩やかにして物質を沈める沈殿と、物質を砂や膜でこし取るろ過の二つが中心です。このほかに、物質を浮かせて取り除く**浮上分離**も利用されています。

また消毒とは、人に対して有害な微生物などを不活化し、感染力をなくす処理を指します。日本では安価に殺菌効果を持続させることができる塩素消毒が主流です。水道法でも塩素消毒を行うことが義務付けられています。塩素消毒が使いにくい場合は、紫外線やオゾンによる消毒(**オゾン処理**)を行うケースも多くなっています。

水質悪化に対応する高度処理

給水地域の人口が増加し、産業が拡大すると、汚染排水が増加するため、自然の浄化能力に期待できなくなります。深刻な問題としてリンや窒素などの栄養塩が増える**富栄養化現象**があり、環境中での藻類の増殖

用語解説 ＊**オゾン処理**　オゾンを水に溶解して、殺菌、脱色、脱臭などに用いる。

により、水源の汚染が加速的に進行します。

高度処理とは、こうした湖沼の富栄養化現象や、化学物質による水源の汚染に対処する処理を指します。汚染の状況に合わせて様々なプロセスを組み合わせますが、比較的軽度な汚染除去では**生物処理**＊、やや重い汚染では**活性炭処理**、さらに汚染が進むとオゾン処理や**膜処理**のような高度処理が必要になります。

また、個別の物質に対処する処理技術もあります。地下水に多い鉄やマンガンの除去に始まり、塩分を除去するための膜処理、ヒ素などの金属類を除去する**特殊接触ろ過材**や**キレート樹脂**による処理なども実施します。

抜本的対策は水源の汚染抑制

抜本的な解決策は、工場排水の排出量の抑制や下水道の整備です。つまり、汚染源で汚濁物質の流出を抑制することで、水質汚染を防ぐことができます。日本では、長期間にわたり、下水道による汚濁負荷の削減や栄養塩の流出抑制に取り組んだ結果、水源地域の環境は飛躍的に改善しました。

水源地から家庭まで水道の旅

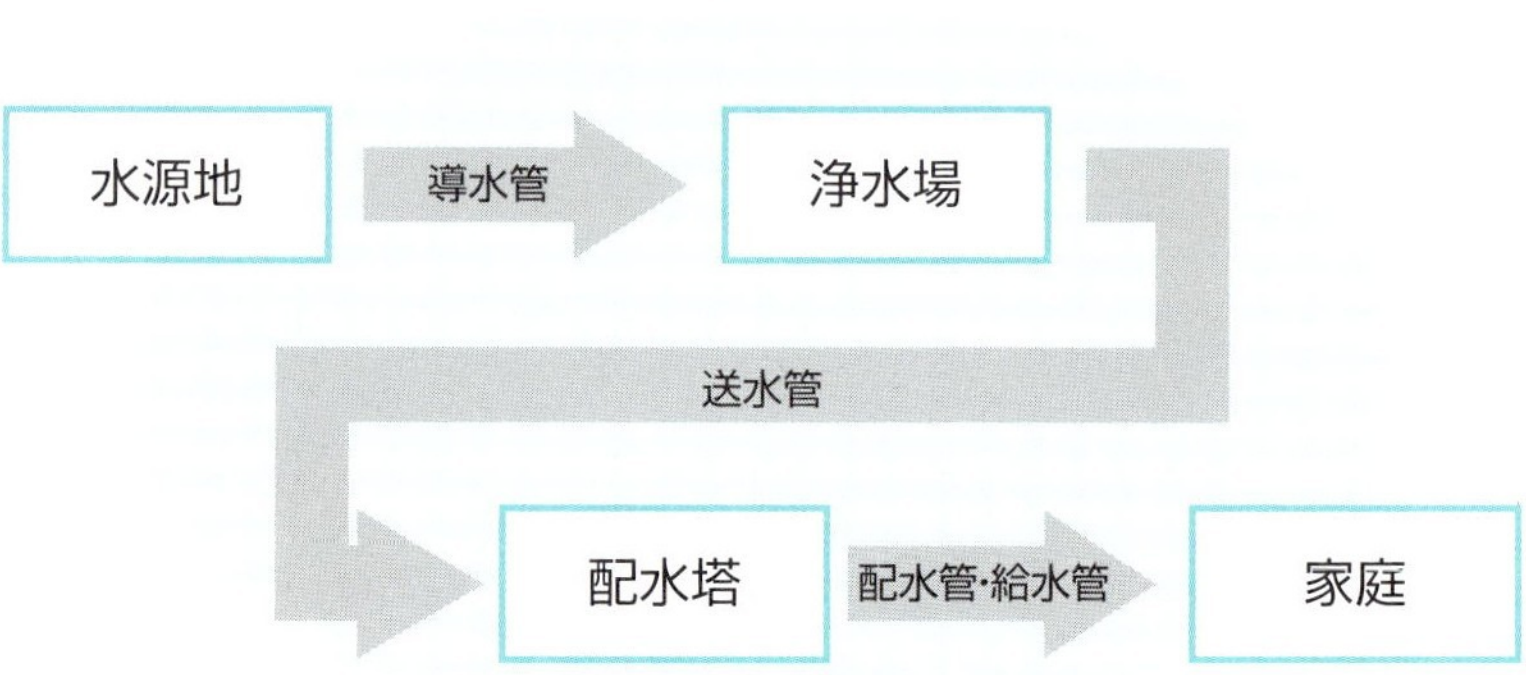
水源地
導水管
浄水場
送水管
配水塔
配水管・給水管
家庭

出所：川崎市水道局のホームページを参考に作成

用語解説
＊生物処理　バクテリアなどの微生物の分解・吸着作用を利用して汚水を処理する方法。

8 上水道事業④ 水道管の対策

都市に網の目のように張り巡らされている水道管。水道システムの根幹は、水道管にあります。日本は、世界に比べてきわめて高度な水道管の整備技術を有しています。

パイプラインこそ水道の本質

日本の水道法第三条では、「水道とは、導管及びその他の工作物により、水を人の飲用に適する水として供給する施設の総体をいう」としています。つまり、パイプラインを中心とした供給システムこそ水道の根幹なのです。

水源から取水され、**浄水場**によって飲用に適する水になった水道水は、配水池（一時的に水をためて需要の変動を吸収したり、非常時に利用するために水を蓄えたりするタンク）や、ポンプ施設などを経て、送配水管網から需要者に供給されます（本文三七ページの図参照）。二〇〇九年度の日本の水道管の総延長は約六二万キロメートルに達し、地球一五周分以上の長さになりました。

水道管内の圧力は最低でも〇・一四七メガパスカル以上に保たれます。もし管に孔をあければ一五メートルもの水柱が上がる計算です。水道管の布設は、**漏水**の発生リスクを軽減するためきわめて高い技術力が求められます。漏水を防ぐためには、水道資材の精度や品質、施工時の技術監理、漏水の発見や修繕技術、送配水管網の運転管理ノウハウを融合させる必要があります。

日本全体で見た水道事業の**無効水率**（漏水やその他無駄になった水の比率）は七・一パーセントですが、なかには東京都のように三パーセント以下の高い水準に達している自治体もあります。

管路システムの抱える課題

高いパフォーマンスを発揮してきた日本の水道管網

用語解説

＊**無効水率と無収水率**　水道において漏水などで無駄になった水の割合を無効水率といい、その結果、料金収入につながらなかった水量を無収水率という。

システムですが、戦後の復興期に整備された管路は、素材品質や施工技術が未発達でした。経年劣化が著しく、大規模な漏水事故が頻発し、漏水による二次災害の危険性が指摘されています。

建設後四〇年程度を水道管の取り換え（更新）の節目とすると、基幹管路で約二割が取り換え基準に該当します。厚生労働省の研究会では、管路の更新費用が現在の数千億円から、一〇年後には八〇〇〇億～一兆円規模になると試算しています。

また、日本は世界有数の地震国なので、もともと社会システム全体が耐震性能を強く意識して設計されています。しかし、一九九五年の阪神・淡路大震災で水道管網が大きな被害を受けたため、その後、大規模に発生した火災を鎮火できず、大きな二次災害を招いてしまったことは関係者に衝撃を与えました。この反省を受け、日本の水道施設の耐震化目標は大幅に強化されました。ただし、耐震化率は、下の図からもわかるように基幹管路でも約二八パーセントにしか達しておらず、まだ不十分です。

水道施設の耐震化率

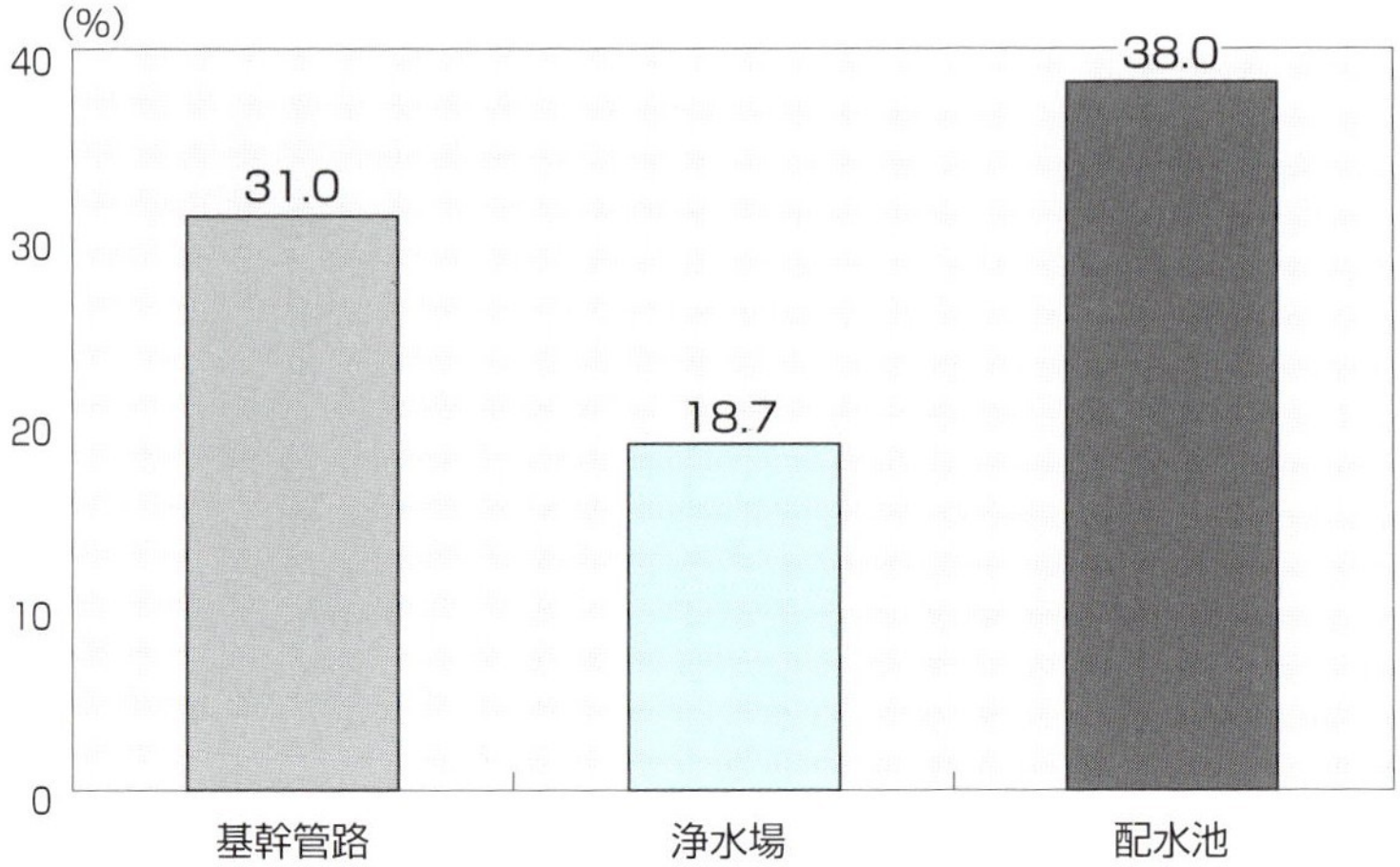

出所：厚生労働省

【水道施設の耐震化目標】　2007年には新潟県中越沖地震、2008年宮城内陸地震、2011年には東日本大震災等にて甚大な水道施設への地震被害が生じている。このような状況から水道施設の耐震化について以前から取り組んできているが、地震への備えが不十分である。

9 造水事業①　海水からの上水製造

地球上の水資源は無尽蔵ではあるものの、その大半は海水です。海水は一リットル中に三〇～四〇グラム程度の塩分を含んでいるため、そのままで飲用することはできません。そこで登場したのが、海水淡水化の技術です。

世界で進む淡水化

海水は水資源としてはほぼ無尽蔵に存在しますが、言うまでもなく、一リットル中に三〇～四〇グラム程度（平均三・五パーセント）の塩分を含んでいます。一般的な水処理技術では塩分の除去を行うことがきわめて困難です。そのため、人類は長らく陸上の淡水資源に頼ってきました。二〇世紀後半にエネルギー革命が起きると、莫大なエネルギーを使用して海水を蒸発させ、真水を回収する**蒸発法**（おもに**多段フラッシュ方式**）による淡水化が行われるようになりました。

蒸発法は初期に実用化された海水淡水化技術で、海水を沸騰させた際に発生する水蒸気を冷却して真水を取り出す方法です。これに対し、**逆浸透膜法（ＲＯ膜法）**は、ＲＯ膜という特殊な膜を利用して海水から直接塩分をこし取り真水を取り出す方法です。逆浸透膜法は蒸発法に比べてエネルギーを省力化でき、世界的に水需要の伸びも大きいことから、きわめて有望な市場とみなされています。新規の海水淡水化施設においては蒸発法からＲＯ膜法へのシフトが起こっています。

海水淡水化の進展と弊害

現在稼働している世界最大の海水淡水化施設はサウジアラビアの**シュワイバ3**プラントで、ＲＯ膜法による一日の造水量は八八万立方メートルにのぼります。ＲＯ膜をはじめとした水処理膜の技術的優位性を背

用語解説
＊**蒸発法**　海水淡水化で、蒸発缶を用いて蒸気を発生させ、それを冷却して真水を作る方法（巻末の資料編204ページを参照）。

景に、水処理膜のマーケットは年率二〇パーセント以上の伸びを示しています。

ＲＯ膜の製造はきわめて高度な技術であるため、日本企業に一日の長があります。一〇〇〇万分の一ミリレベルの**分画**ができる水処理膜の世界シェアは七割に達するといわれています。しかし、水処理膜の供給では、他国も加わって厳しい価格競争に陥り、利益につながっていないのが実情です。

これからの有望市場であるがゆえに、世界中の化学メーカーが大規模な研究開発投資を行っています。日本も一日の造水量一〇〇万トンの海水淡水化プラントの実用化（国策プロジェクト「**メガトン計画**」）を、国レベルで支援する動きがあります。一方で、海水淡水化の弊害もあります。中東のアラビア湾には、海水淡水化施設が非常に多く設置されています。その影響で、近年、塩分濃度が著しく上昇し、ＲＯ膜を用いたプラントの効率を維持するために海水中に注入する、スケール防止剤の濃度も、無視できないレベルにまで高まっています。同様の弊害事例は、海水淡水化が行われているアメリカのカリフォルニア州でも報告されています。

RO膜法による海水淡水化のしくみ

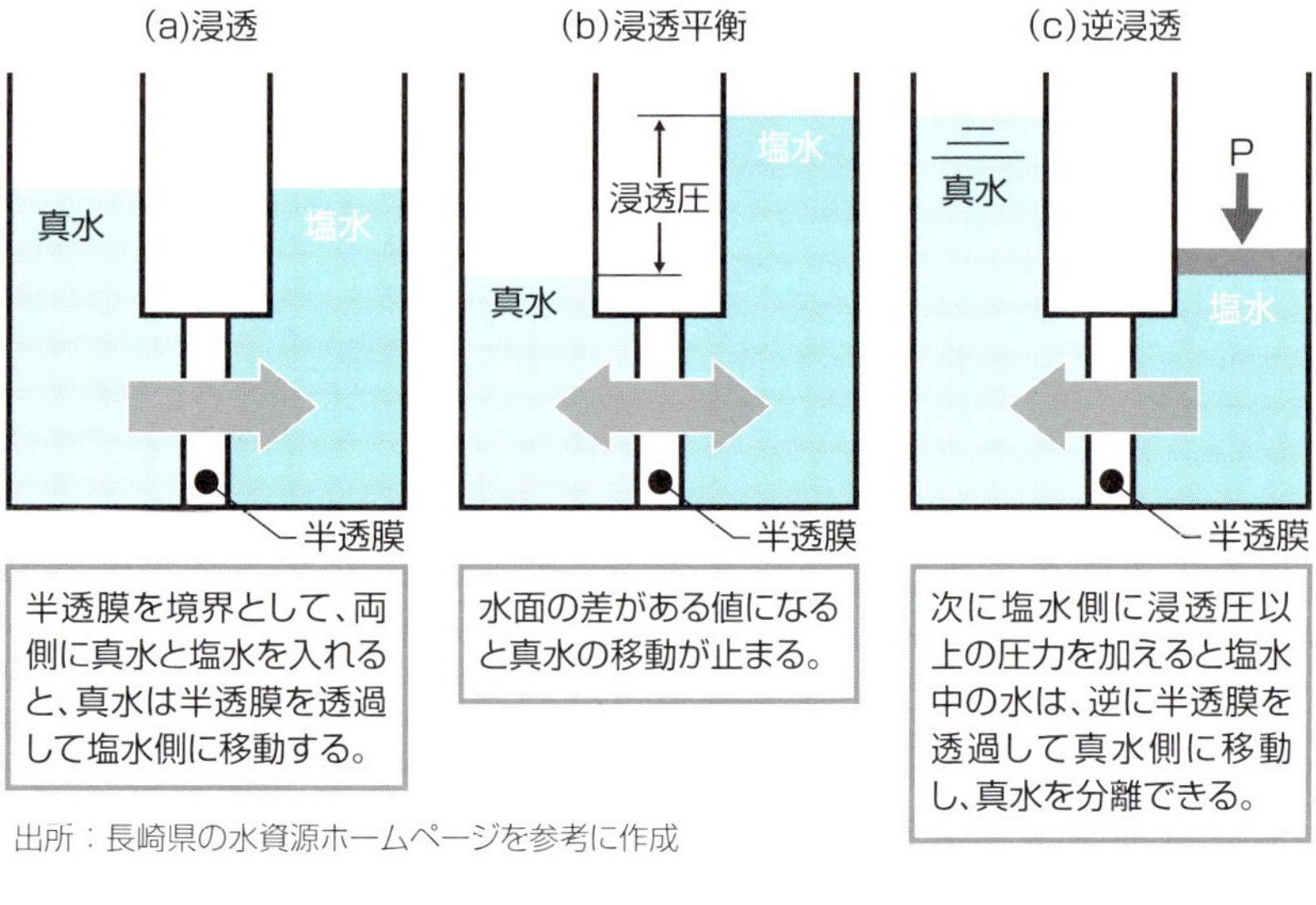
(a)浸透
真水
塩水
半透膜
半透膜を境界として、両側に真水と塩水を入れると、真水は半透膜を透過して塩水側に移動する。
(b)浸透平衡
浸透圧
塩水
真水
半透膜
水面の差がある値になると真水の移動が止まる。
(c)逆浸透
P
真水
塩水
半透膜
次に塩水側に浸透圧以上の圧力を加えると塩水中の水は、逆に半透膜を透過して真水側に移動し、真水を分離できる。

出所：長崎県の水資源ホームページを参考に作成

用語解説

＊**メガトン計画**　メーカー、大学、国によるオールジャパンで臨む、超大型海水淡水化プラントの実用化計画。海水淡水化で1日当たり100万㎥以上の淡水を造水する国家プロジェクト。

造水事業② 超純水の製造技術

水以外の物質をほとんど含まないレベルまで精製したものを超純水といいます。超純水は、半導体産業の進展に必要不可欠な要素となっています。

純水から超純水へ

超純水とは、水以外の物質をほとんど含まないレベルまでほかの物質を除去したものです。超純水を使用する産業分野には、半導体製造、原子力発電、医薬品製造や生物工学などの分野が挙げられ、洗浄や原料として使用されています。

かつて、純粋な水が最も必要とされる分野はボイラー用水でした。高温で酸化しやすい環境下で水を使うボイラーは、もともと金属が酸化しやすい状況であることに加え、水を蒸発させる際に一時的に水に含まれる不純物質を濃縮させるため、ボイラー内部にサビや金属スケールを生じさせ、寿命に大きな影響を与えたのです。近年になり、半導体製造や医薬品製造、生物工学をはじめとする、ナノレベルの技術が産業化され始め、洗浄用途や原料として、純水のニーズが高まっています。なかでも、従来の純水よりもさらに高い純度の超純水が求められています。

ナノ産業とともに進化する超純水

超純水の定義は、水質で決められていません。日本工業規格（JIS）による定義は「蒸留及びイオン交換を行い、逆浸透または**限外ろ過（UF）**などを行って高度に精製した水」と製法で定義されています。ナノ産業で、超純水が必要とされる理由は大きく二つあります。一つは、製品の洗浄や原料として使用したあとに、不純物が残らないことです。もう一つは、洗浄や、物質溶解の効果が高まることです。純度の高い水になるほ

用語解説　＊**超純水**　水の中から不純物を徹底的に取り除き、理論上の純水に近づけた水。

ど、物を溶かす力が強く、洗浄力もより高くなっていきます。

反面、超純水はすべての接触面（例えばパイプの内部）から多くの物質を溶解する性質を持ちます。そのため超純水の容器やパイプは、不純物を溶出しない高純度の素材が必要とされます。

超純水を製造するための要素技術はＲＯ膜や**イオン交換膜**などを組み合わせたものです。各企業は蓄積されたノウハウによる熾烈な技術競争を行っています。性能のカギを握る超純水の製造技術はブラックボックス化されています。

日々進化している超純水

半導体製造のようなナノ産業では、水の純度が製品の不良率を大幅に低下する効果があることが知られるようになりました。半導体の集積度が向上したことにより、さらに洗浄の精密さが要求されるようになりました。水の純度が半導体の生産効率を左右するため、さらに純度の高い超純水がなくては、半導体の生産は成り立ちません。

水に含まれる不純物の量の比較

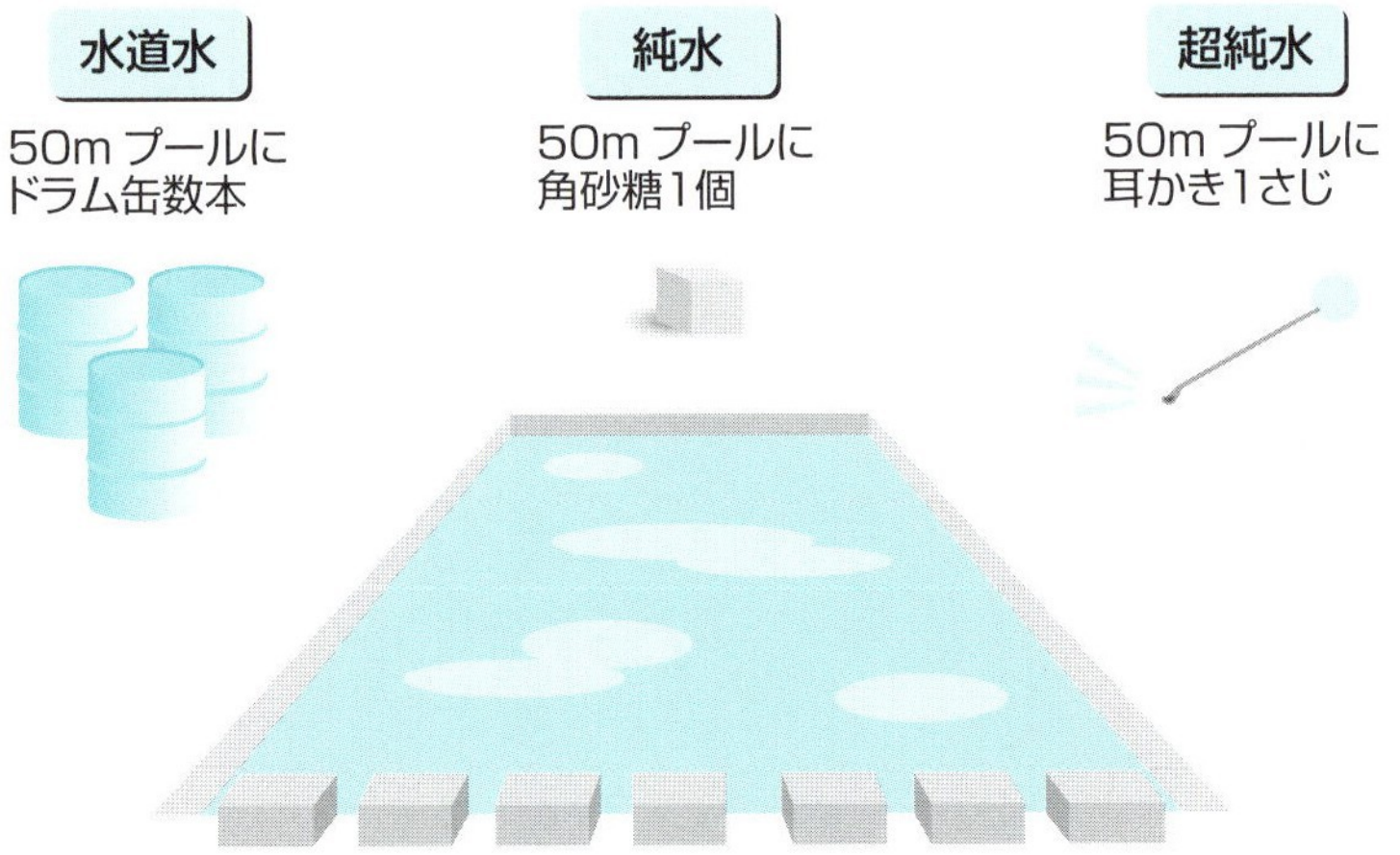

水道水
50m プールに
ドラム缶数本
純水
50m プールに
角砂糖1個
超純水
50m プールに
耳かき1さじ

出所：オルガノ

用語解説

＊**イオン交換膜**　陽イオン交換膜と陰イオン交換膜がある。陽イオン交換膜は陽イオンを、陰イオン交換膜は陰イオンを透過することで、特定の物質を除去したり、濃縮させることができる。

11　再利用水①　下水の再生利用

下水をもう一度使えるように浄化した水を再生水といいます。技術的には飲用水にすることも十分に可能です。自然環境から取水する量、排出する量の双方を減らすことができる点で、優れた取り組みです。

再生水利用の形態

再生水とは、厨房や水洗トイレ、洗濯などに用いられた排水を処理したもので、おもに水洗トイレ用水や散水などに使用します。排水の処理は、微生物を利用した方法が主流です。水中のごみを**スクリーン**でこし取ったあと、水中に残る有機物を分解、固形化し、自然沈殿を経て、ろ過して分離します。再利用の用途によってさらに脱色や消毒などのプロセスを追加します。この、ろ過の部分に膜を使用することにより水の再利用の可能性を飛躍的に高めました。

再生水は、大量に処理することで、製造コストを抑制できます。自然環境から取水する量、排出する量の双方を減らすことができる点で、優れた取り組みといえます。しかし、広範囲への再生水の供給は、管路システムへの投資や維持管理の負担が重くなり、効率性が低下します。このため、再生水利用は需要と供給が集積している場所が最も有効となります。

日本では、両国国技館、福岡ドーム、さいたま新都心、品川地区など、大規模な再生水の利用事例が徐々に増えています。

ただ、日本は水資源のひっ迫度は低いので、下水の再生水を利用する割合はそれほど大きいとはいえません。

国土交通省によれば、年間の下水処理量は約一四〇億トンで、再生水利用の量は約二億トン、下水処理水全体に対する再生水利用の割合は約一・四パーセント程度です。

海外における下水再利用の現状

海外では水資源の確保が喫緊の課題です。特に他国に水資源を左右されかねない国では、きわめて高い再生水利用率を達成しています。その筆頭はシンガポールやイスラエルです。

詳しい話は後述しますが、シンガポールは国家政策として再生水利用を積極的に進めています。国土全体がマレー半島の先端部に位置し、国内の水資源の大半をマレーシアに依存する、脆弱《ぜいじゃく》な構造だからです。

長期にわたるマレーシアとの受水契約改訂交渉の経緯から、水資源管理が国家の安全保障の根幹となることが明確になり、再生水や雨水利用を向上させる政策を推進しました。

再生水利用のプロジェクトを**ニューウォーター（NEWWater）**といい、二〇一一年には膜処理を組み合わせた処理技術をもって、シンガポール国内水需要の三〇パーセントを供給しています。今、国中の下水処理水を集約するための大深度地下、地下水路の建設にも着手しています（本文九二ページ参照）。

下水処理水の再利用率

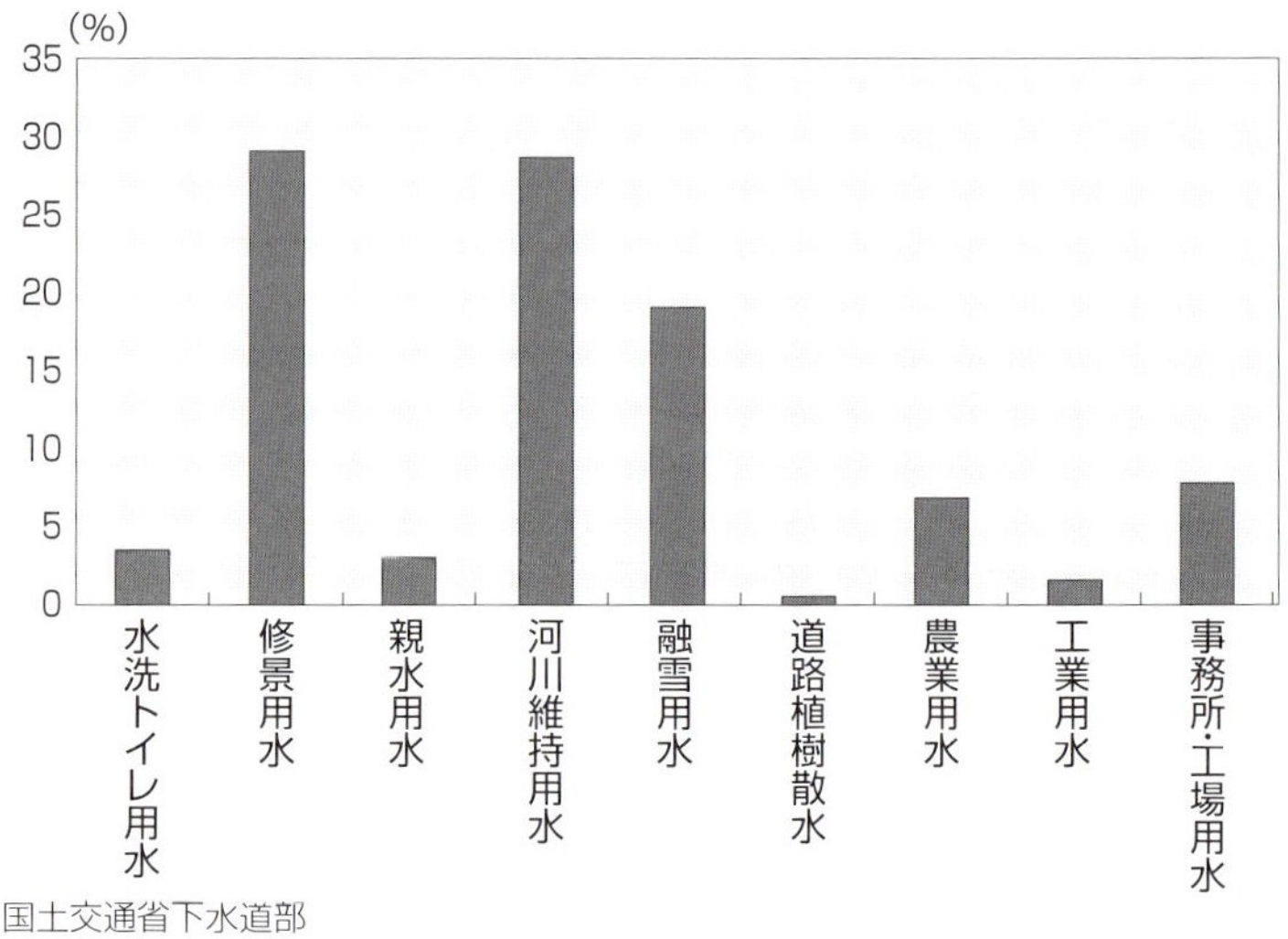

(%)
35
30
25
20
15
10
5
0
水洗トイレ用水
修景用水
親水用水
河川維持用水
融雪用水
道路植樹散水
農業用水
工業用水
事務所・工場用水

出所：国土交通省下水道部

12 再利用水②　工場内での再生利用

日本では工業用水の需要の八〇パーセント以上を化学工業、鉄鋼業、パルプ等製造業、石油製品等製造業といった業種が占めている状況です。これらの工場では、工場自身による排水の処理が求められています。工場排水を処理するにあたり、様々な高度処理技術が活用されています。

多様な工場排水処理

日本の工場排水の特徴はその多様性にあります。工業用水の需要は、「化学工業」「鉄鋼業」「パルプ、紙、紙加工品製造業」「石油製品、石炭製品製造業」と続き、この上位四業種で工業用水の八〇パーセント以上を占めます。水の用途は、ボイラー用水、原料用水、処理、洗浄用水、冷却、温調用水と多岐にわたります。

工場排水は安易に水域に排出できません。過去の公害の反省もあり、公共水域に排出する場合は**水質汚濁防止法**により厳しい制約がかかります。下水道に排出する場合も、下水道法で規制されているため、通常の下水程度まで水質を処理しなければ放流できません。

日本では、工場自身で排水を処理することが求められています。そのため、工場排水を高度に、効率的に処理し、再生利用する技術が発達しました。工業用水の再利用は大幅に進み、経済産業省の**工業統計調査平成二〇年度 用地・用水編**によると、淡水の回収率は七九・一パーセントに達しています。

高度な処理技術の必要性

工場排水の中には、易分解性有機物、難分解性有機物、各種無機物、毒性物質などが含まれています。求められる水質、濃度も踏まえて、水処理プロセスを設計しなければなりません。工場排水の処理は、**好気性生物処理**、**嫌気性生物処理**、凝集沈殿、ろ過、膜分離など

用語解説

＊**水質汚濁防止法**　1971年に施行された公共用水域および地下水の水質汚濁防止に関する法律。

が多く用いられます。また特殊な排水では、**pH調整**による化学物質の析出、**空気酸化**や**薬品酸化**、**特殊吸着剤**による選択的吸着や**晶析**などといった、大量処理ではあまり用いられない処理方法が採用されます。

水の再生利用は、求められる水質を満たすことも大切です。例えば、原子力発電所の再生水では、原子炉の腐食や被曝線源の増加を予防するため、イオンレベルまで不純物を除去します。鉄鋼業では鉄鋼の直接冷却や洗浄などの水利用が多く、排水には微細な**スケール**やダストのほか、油分、酸、アルカリやクロムなどの金属を含みます。鉄鋼の生産プロセスごとに出される排水を勘案し、冷却や沈殿、浮上分離、ろ過などの個別処理を行います。半導体製造工場の排水は超純水が主なので、洗浄方法を工夫し、再び超純水に戻す取り組みを行っています。

排水中に希少金属（レアメタル）などの有価物が含まれている場合には、有価物を回収することを主眼にした排水処理が行われる場合もあります。製紙業では製紙工程で様々な薬品を使用しますが、特に白水処理と呼ばれる排水中の紙の成分（セルロース）を回収する処理が重要です。

産業排水処理における水処理と除去対象物質

	処理	物質
物理化学的処理	凝集沈殿	難分解性物質、重金属類、コロイド状無機性物質、無機性物質
	吸着反応	難分解性物質、重金属類、有機性物質、無機性物質
	膜分離	難分解性物質、重金属類、病原性バクテリア、ウイルス、コロイド状無機性物質、有機性物質、無機性物質
	イオン交換	重金属類、無機性物質
	塩素・オゾン・紫外線	病原性バクテリア、ウイルス
	砂ろ過	軽い固形物（固形有機物、生物フロック、凝集フロック）、コロイド状無機性物質
	沈砂池	重い固形物（小石、砂など）
	普通沈澱池	軽い固形物（固形有機物、生物フロック、凝集フロック）
	浮上分離・遠心分離・磁気分離・加圧ろ過・真空ろ過	高濃度サスペンション（汚濁状物質）
生物学的処理	好気的生物反応・嫌気的生物反応	炭素、窒素、リン

出所：実用 水の処理・活用大事典（産業調査会）

用語解説

＊**pH調整**　pHとは、水素イオン濃度指数。酸性度やアルカリ度を調整することで、水道法では5.8以上8.6以下に規定されている。

＊**スケール**　堆積物のこと。

下水道事業① 下水処理場と浄化槽

下水は三段階の処理を経て、有機物と夾雑物などを分離し、処理されます。下水処理の方法には、標準活性汚泥法と、オキシデーションディッチ法（酸化池）の、おもに二つの方法があります。下水道が整備されていない場所には浄化槽が設置されています。

下水処理の方法

下水処理とは、水中に溶解する有機物や栄養塩類を分離可能な固形物に転換し、夾雑物とともに分離する処理です。沈殿（**一次処理**）、有機物除去（**二次処理**）、窒素やリン除去（**三次処理**）がその基本です。

発展途上国などでは**下水処理場**がない場合や、あっても一次処理しかされていない場合もあります。日本では、少なくとも二次処理までは行われていて、生活環境の改善に大きな役割を果たしています。

最も基本的な下水の処理法は**標準活性汚泥法**と呼ばれる方法です。まず、**最初沈殿池**で流入してくる下水中の夾雑物を沈殿除去したうえで、**反応タンク**（ばっ気槽）の中にいる微生物の活動により下水に溶けている懸濁物質を汚泥に移行させ、**最終沈殿池**で分離します。汚泥の一部は反応タンクに戻され、再び微生物による活動を行わせます。

日本の小規模下水処理場では、**オキシデーションディッチ法**という処理法がよく採用されます。これは、比較的浅い反応タンクを使用し、低負荷で長時間生物処理を行う方法です。広い敷地が必要な反面、低負荷で運転されるため発生汚泥量も少なく、また窒素成分の除去も期待でき、さらに低水温でも安定していて維持管理がしやすい点にも、メリットがあります。

このほか、地域、場所の制約や放流の水質基準に合わせ、一つの処理槽で時間を区切って処理を行う、**回分**

式活性汚泥法や、膜を用いた**膜分離活性汚泥法（MBR）**などの処理方法も利用されています。

未整備地域では浄化槽設置

下水道が整備されていない地域において、生活用水の処理を個別に行うための装置を**浄化槽**といいます。処理の原理は下水処理場と大きく変わるものではなく、ごく小型の簡易な下水処理場といえます。

二〇〇〇年に**浄化槽法**が改正されてから新たに設置される浄化槽は、水洗トイレの汚水と生活排水全般を対象とする、**合併浄化槽**のみとなりました。水洗トイレの汚水のみを処理する**単独浄化槽**は合併浄化槽への切り替えを推進することが盛り込まれています。しかし行政側の資金補助があったとしても世帯側の負担も軽くはなく、合併浄化槽への切り替えは速やかには進んでいないのが現状です。

浄化槽は、**建築基準法**により、一定の除去性能を有することと、確保すべき放流水質が規定されています。また、水質汚濁防止法も関係する法律ですが、排出規制に該当するのは一定規模以上の能力を有する浄化槽のみとなっています。

標準活性汚泥法

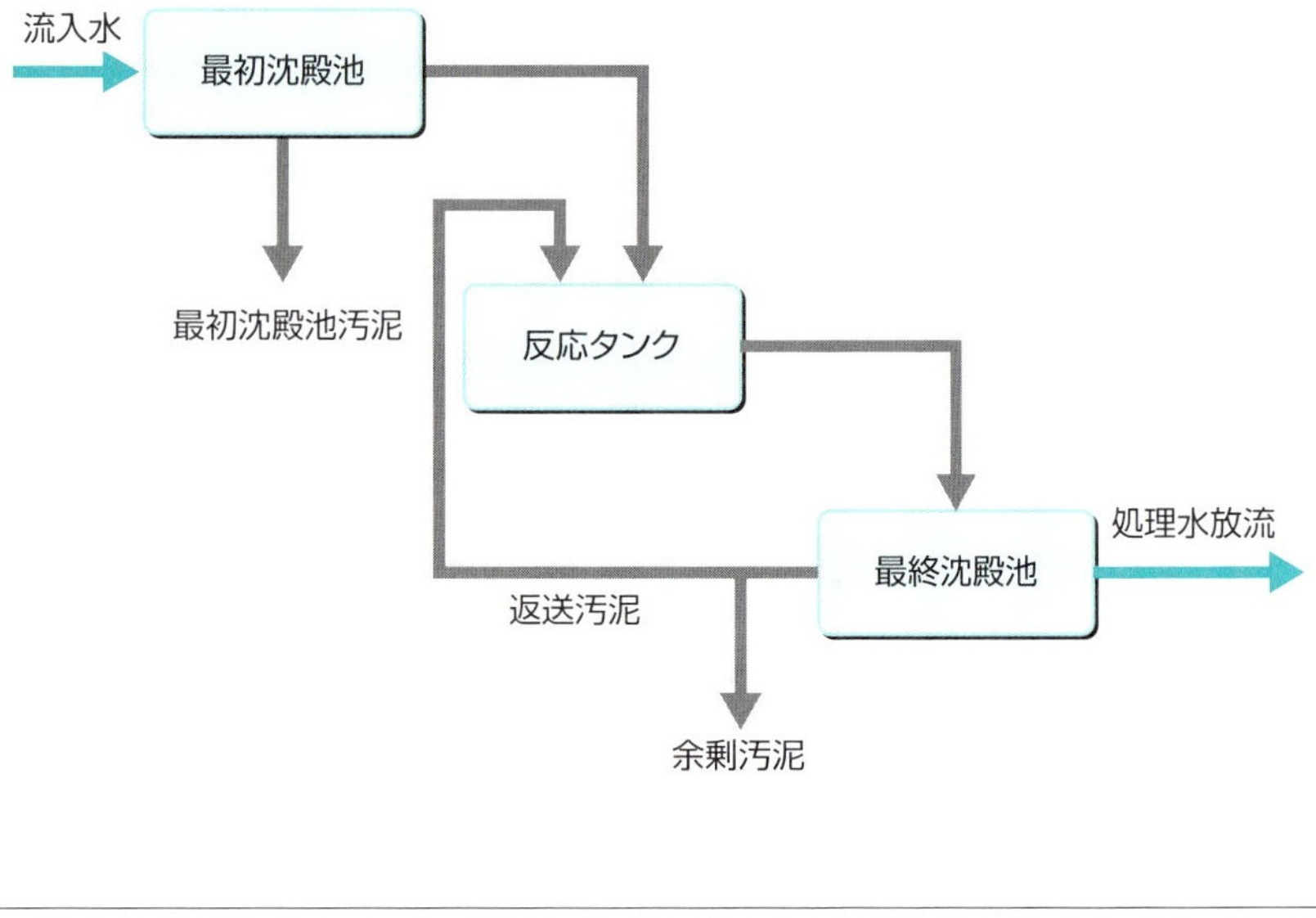
流入水
最初沈殿池
最初沈殿池汚泥
反応タンク
最終沈殿池
処理水放流
返送汚泥
余剰汚泥

用語解説

＊**合併浄化槽と単独浄化槽**　合併浄化槽は水洗トイレの汚水と生活排水を一緒に処理する浄化槽で、単独浄化槽は水洗トイレの汚水のみを処理する浄化槽。

14 下水道事業② 生活排水と雨水の排除

都市域から速やかに汚水や雨水を運び出し、衛生的で安全な環境を作り出すことが下水道に課せられた使命です。水を運び出す役割を担うのが管渠《かんきょ》システムです。

下水処理システムで環境を改善

下水道の第一の役割は水の排除です。上水道と下水道の整備は、都市の衛生環境を保つ目的で始まったもので、着手も同時期です。

しかし、普及段階に入ると、比較的資金が少なく済む上水道が先行しました。下水道の整備が飛躍的に拡大したのは水環境の保全が整備目的に加わったあとです。下水処理システムの普及が環境改善に果たした功績は大きいといえるでしょう。ただし、大都市向けのシステムを中小都市にまで適用したため、やや投資の過大が目立つケースもあり、地方自治体の財政を圧迫していることがあります。

日本では、上水道と下水道は、別々の法体系で運営されてきました。世界の国々では、上下水道を一体で運営しているのが一般的です。

下水道の目的は、汚水および雨水を都市域から速やかに流出させることです。これを排除といいます。

下水および雨水は、まず事業所や家庭の排水管、雨どいを接合する**私設ます**で取りまとめられ、公道下に設置された**公設ます**に排除されます。公設ますは下水道や雨水管などに接続していて、**管渠**システムを構成します。管渠は排水区域全域から下水や雨水を集めながら徐々に合流し、最終的に下水処理場に集められて処理されます。その後、河川に放流されます。

下水処理場では汚染物質が固体として分離されます。分離された固形物を**下水汚泥**といい、これを適切に処分するのが下水処理場に併設されている汚泥処理

用語解説

＊**私設ますと公設ます**　個人の敷地内にあるますを私設ます、公共の道路内に敷設されたますを公設ます（公共ます）と呼ぶ。

＊**下水汚泥**　下水を浄化した際に発生する泥で、無機物質と有機物質（おもにバクテリアの死骸）を含む。

施設の役割です。

合流式と分流式

下水も雨水も基本的には、管路の勾配を利用して流し、排出されます。排除の仕方は、雨水と下水を合流させて排除する**合流式**と、それぞれの特性に合わせて個別に排除する**分流式**の二つの方法があり、方式により施設の構成が異なります。

合流式は下水と雨水を一つの管で排除するため、施工が容易である反面、降雨時に未処理の下水も公共用水域に放流されてしまう欠点があります。そのため、現在、新規に施工されるのは分流式が主流となっています。

また、既存の合流式では、**雨水吐き室**（降雨時に合流式下水道管から雨水を河川などに排出する装置）に設置した、浮遊物、夾雑物を除去するスクリーンの性能改善、**雨水滞留池**による貯留などの対策が施されています。

合流式と分流式

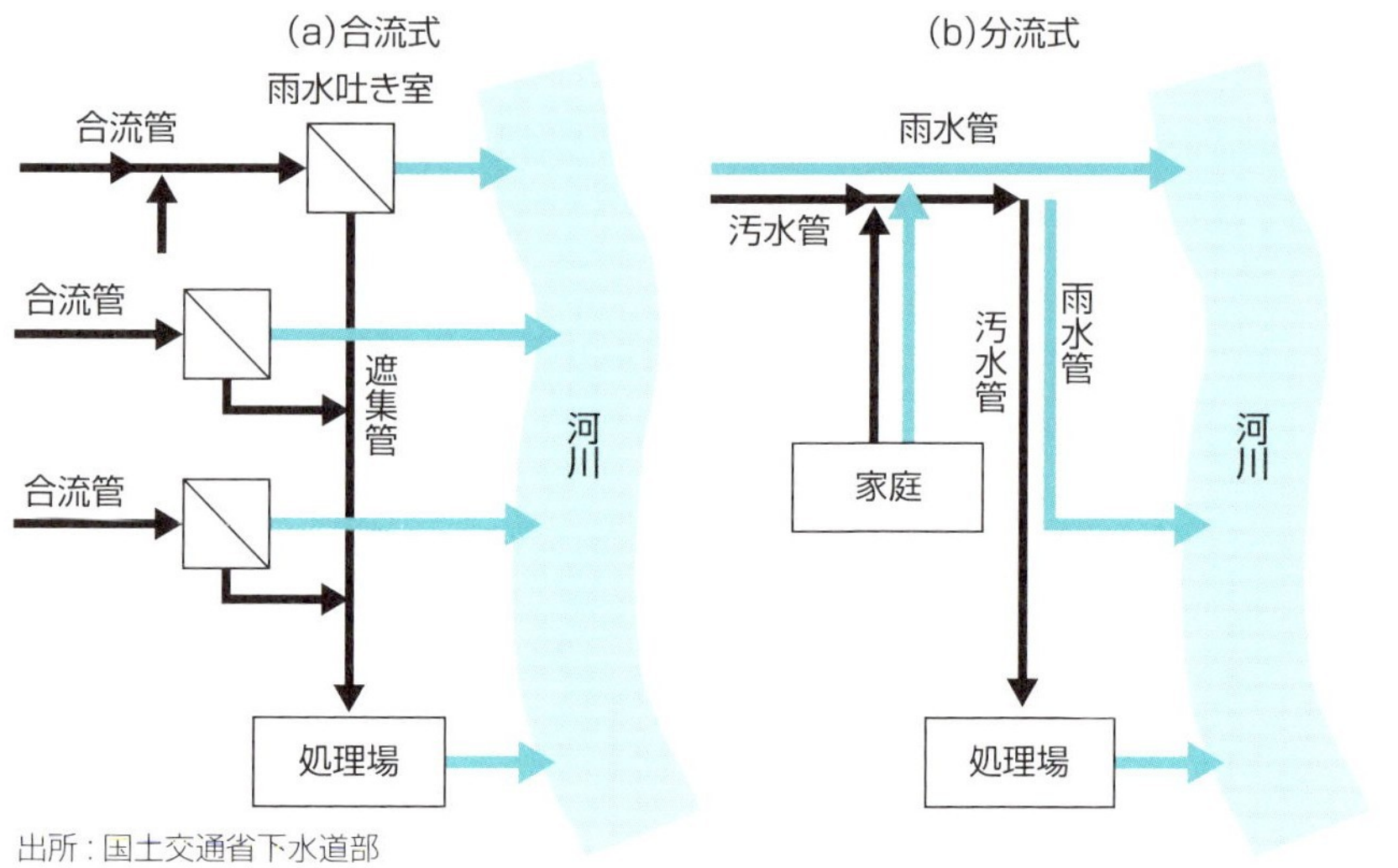
(a)合流式
雨水吐き室
合流管
合流管
合流管
遮集管
河川
処理場
(b)分流式
雨水管
汚水管
汚水管
雨水管
家庭
河川
処理場

出所：国土交通省下水道部

用語解説

＊**合流式と分流式**　汚水と雨水を混合させて処理、放流する方式が合流式で、汚水と雨水をそれぞれの配管で収集、処理、放流するのが分流式。

下水道事業③　汚泥処理とエネルギー化

下水から夾雑物や溶解成分として取り除かれた成分は、汚泥として固形化され処分されます。汚泥の処理技術でも日本はきわめて先進的な技術を有しています。

上水、下水から発生する汚泥

汚泥とは英語のＳｌｕｄｇｅの邦訳で「水から分離した固形物」の総称です。特に懸濁物質、つまり水に混じって浮遊する固体を指すのが一般的です。上水道、下水道の水処理では、固形物を除去するプロセスが重要であり、そこから汚泥が発生します。

上水道で発生する汚泥は**浄水発生土**といいます。水に混じっていた土壌の成分を包含しています。一方、下水道で発生する下水汚泥には二種類あります。一つは、下水が下水処理場に流入してきた最初のポイントに設置されている、最初沈殿池で分離される**初沈汚泥**です。これは下水に含まれた砂やごみが中心です。二つめが、下水に含まれる有機物とそのほかの成分が固形化し、最終沈殿池で分離する**終沈汚泥**です。微生物などの有機物が主成分の活性汚泥になります。

浄水発生土は河川を流れてきた土壌の成分が中心なので、植物の育成に適した性質を有しています。そのため、殺菌処理をして、園芸用土として提供されています。また、グラウンド用の土や、セメント原料にも使われます。下水汚泥も焼却処理や焼成成形で無機化し、レンガやブロックに生まれ変わっています。

また、コンポスト（堆肥化容器）による堆肥化では、下水汚泥の分解を早め、安定化させるとともに、悪臭のもととなる硫黄などの成分（メチルメルカプタンや硫化水素）を除去することで、牛糞と比べて即効性のある肥料を製造できます。

最近では、下水中に含まれるリン資源を回収する技術も注目されています。植物の生育に欠かせないリンは、鳥の糞が化石化したもので、リン鉱石は限りある資源です。日本はほぼ一〇〇パーセントを海外からの輸入に頼っています。リンを回収する技術として、ハイドロキシアパタイト晶析法やリン酸マグネシウムアンモニウム晶析法などが研究されています。

下水汚泥のエネルギー利用

下水汚泥は有機物を多く含むため、エネルギー資源（バイオマス燃料）としても活用されています。汚泥を**メタン発酵（嫌気性消化）**することで汚泥の容量を減らして安定化を図り、**メタンガス**を中心とする**バイオガス**を生成します。バイオガスの純度を高める技術が確立してからは、有効利用できる範囲が拡大しました。神戸市では天然ガス自動車の燃料にしているほか、ほかの地域では、都市ガスに利用する技術開発も行われています。さらに高温で熱して発生するメタンガスを利用したり、汚泥を炭化物に精製加工して石炭などの燃料と混燃し、発電を行ったりする技術も開発されています（東京都下水道局―東京電力）。

資源・エネルギーの循環

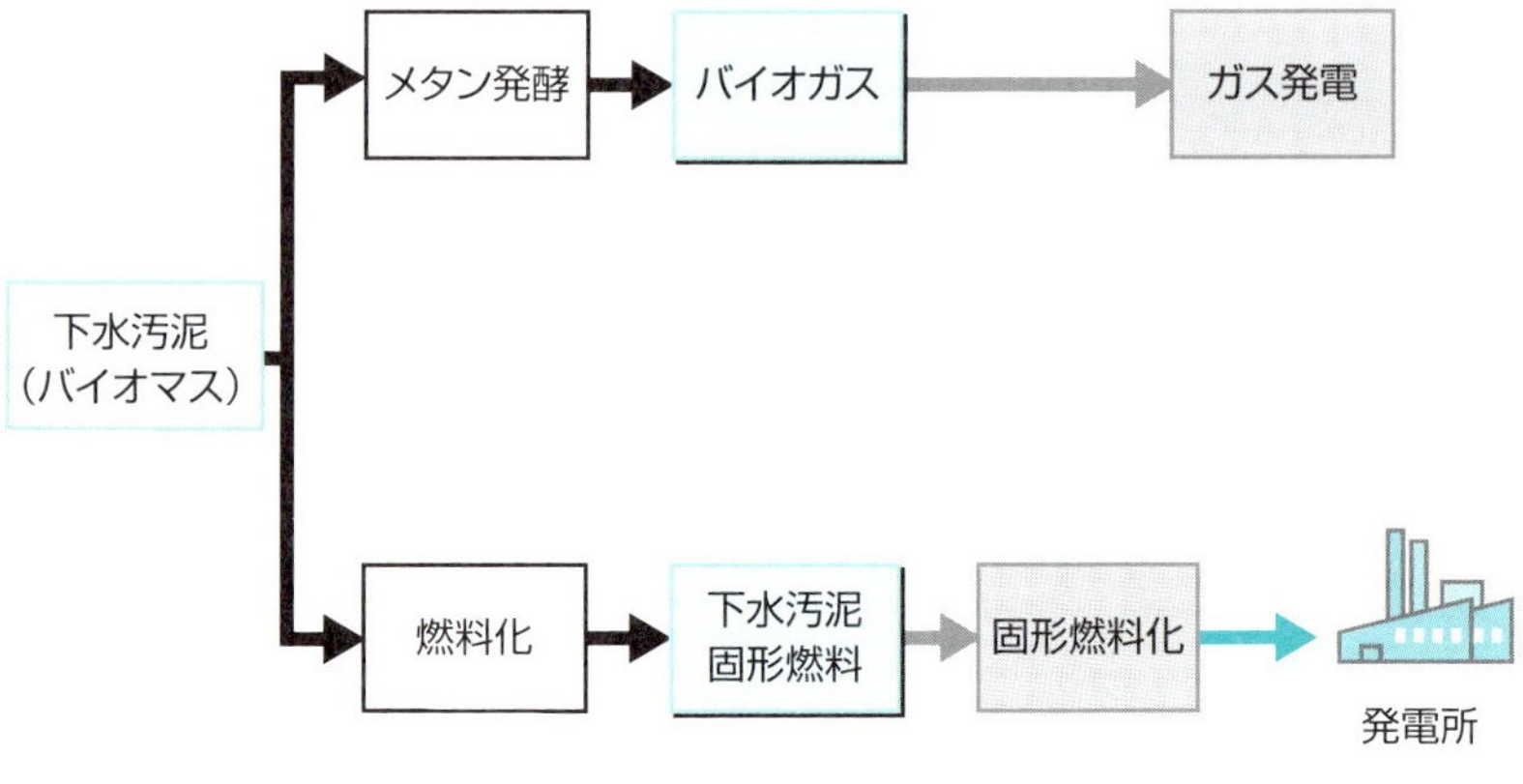
メタン発酵
バイオガス
ガス発電
下水汚泥
（バイオマス）
燃料化
下水汚泥
固形燃料
固形燃料化
発電所

出所：国土交通省下水道部

用語解説
＊**バイオガス**　バイオマス燃料の一種で、バイオマス生物体を発酵させて得られる。おもなものにメタンガスなど。

ボトルウォーター

ボトルウォーターの市場は、消費者に一番なじみ深いものの、市場規模は限定的です。日本におけるミネラルウォーターの消費量は、この二六年間で三五倍に増加していますが、諸外国に比べるとはるかに少ない量です。

消費量増大のボトルウォーター市場

私たちの生活になじみ深いのが、日本や海外の名水で作られた、ボトル入りの水（**ボトルウォーター**）です。名水を詰めて売るというポピュラーなビジネスではありますが、それは水ビジネス全体のなかでは限定的な市場でしかありません。

日本ミネラルウォーター協会の調査によると、一九八六年は、ミネラルウォーターの一人当たりの消費量が年間わずか〇・七リットルであったのに対し、今ではその三五倍に当たる二四・八リットルの消費量にまで増大しています。一方、ほかの国々の消費量を見てみると、アメリカでは、一〇一・四リットル、イタリアでは一七八・五リットル、スペインでは一六〇・八リットルもの消費量を記録しています。日本では三五倍に市場が膨れ上がったとはいえ、海外のほかの国からすると消費量は微々たるものです。

その背景には、日本の水事情があります。江戸時代には、水を売る「水売り」という商売が存在しました。しかし、水道の発達により、安全でおいしい水が無料で供給されるようになった日本では「水を買って飲む」という文化がなかったということも考えられます。

例えばインドのように水が安定的に手に入らない場所では、水道水をそのままくんだものも含め、ボトルウォーターの売り上げが伸びている状況です。

日本では、近年の健康志向も相まって、大手飲料メーカーがこぞってボトルウォーターを販売しています。水の原産地は多様で、成分やボトルの工夫で差別化を図るなど、シェア争いが激化しています。

軟水と硬水の違い

ところで、ミネラルウォーターを買うと、成分表示ラベルには「軟水」または「硬水」と表記されています。カルシウム濃度やマグネシウム濃度によって、水は「軟水」と「硬水」に区分されています。

軟水は、一リットル中のカルシウム、マグネシウムの量が一二〇ミリグラム以下を指すもので、無機塩類が少ないため、飲みやすいのが特徴です。日本の水は軟水です。一方、硬水は、一リットル中のカルシウム、マグネシウムの量が一七八ミリグラム以上の水を指しています。逆に無機塩類が多く含まれているため、スポーツ後のカルシウム補給やダイエット、便秘解消に役立つといわれているため、健康のために飲用している人は多くいます。他方、胃腸に負担をかけやすいため、胃腸が弱い人や抵抗力のない人が飲むとお腹を壊してしまうことがあるため、乳幼児には適しません。

1人当たりのミネラルウォーター消費量

（単位：リットル／年・人）

年＼国	日本	アメリカ	カナダ	イギリス	ドイツ	フランス	イタリア	ベルギー	スイス	スペイン
1986	0.7	22.0	—	—	65.0	76.0	66.0	63.0	—	—
1990	1.6	33.0	—	6.8	90.0	105.0	106.0	96.0	—	—
1995	5.2	45.8	9.0	13.1	98.1	110.5	125.2	99.0	75.2	92.4
2000	8.6	67.4	20.3	21.0	97.2	135.1	145.5	106.7	97.7	122.3
2005	14.4	80.6	42.3	35.8	124.6	156.2	168.3	158.0	116.6	168.7
2011	24.8	101.4	69.4	40.9	148.5	125.7	178.5	141.8	116.0	160.8

出所：日本ミネラルウォーター協会

column

俳聖、松尾芭蕉が水道工事？

江戸時代の俳人、松尾芭蕉が神田の水道工事に関係していたことは、いろいろな文献から明らかです。では芭蕉は当時の水道工事で、どんな地位にあって、どんな仕事に携わっていたのでしょうか？

芭蕉が故郷の伊賀上野から江戸に出てきたのは、寛文12（1672）年、彼が29歳のときです。日本橋小田原町の名主、小澤卜尺（ぼくせき）の家に世話になり、水道工事をしながら、俳句を作っていました。

芭蕉がどのように神田の水道工事に携わっていたかは諸説あります。

①芭蕉は普請奉行で水道工事全体を指揮していた説（武江年表）

②水利の才能があり、水道工事の設計に当たっていた説（桃青伝）

③水道事業の官吏だった説（梨一の芭蕉翁伝）、

④単なる雇い人であった説（俳家奇人談）

当時の喜多村信節の随筆には「芭蕉が江戸に来て、本船町の名主小澤太郎兵衛（卜尺）が許に居れり、日記などを書かせるが多く有りし」とあります。つまり、帳簿付けの才能が認められ、水道関係の仕事でも帳簿付けにおもに従事していたと思われます。

芭蕉が神田にいたころは、神田上水が完成してからすでに50年を経ており、大きな水道敷設の仕事はありませんでした。小口の新規配管工事や木枠や竹でできた水道管の修理仕事がメインであったため、人足や材料費を細かく帳簿に記録することが必要でした。居候の身であったので、わずかながらのアルバイト収入で苦しい生活の足しにしていたことでしょう。

「許六の風俗文選」によると、芭蕉が水道に関係した期間は4年くらいでした。同資料には、「世に功を遺（のこ）さん為め、小石川の水道を修め4年になる。速に功を捨て、深川の芭蕉庵に入り、出家す。歳は37」とあります。水道で功を成し遂げることがかなわず、出家して俳諧の道に入ったのでしょう。

第3章

水ビジネスで注目される最新技術

飲用水や工業用水、芝生の散水用水に用いられる再生水、天然ガスとして注目されるシェールガスを採掘するための水圧粉砕、淡水魚と海水魚を一緒に養殖するための好適環境水など、水処理の技術は進化しています。今用いられている最新の水処理技術や、漏水管理などの水にかかわる周辺技術を紹介します。

1 多様な浄水処理法

多様な水に対処するため、様々な浄水処理技術が日々研究開発されています。ここでは、開発の経緯に注目しながら、話題の処理法について説明します。

汚濁物質除去の課題解決

浄水処理は、重力による沈殿やろ過を行って、水中の固形物を分離するのが基本的な方法です。しかし、沈みにくい軽い物質や、こし取ろうとすると目詰まりを起こす藻のような物体を適切に除去できませんでした。この課題を解決したのが、**加圧浮上分離法**や、**マイクロバブル**（ナノバブル）です。

加圧浮上分離法とは加圧した空気を水に溶解させて減圧すると、水中に溶けていた空気が気体に戻る際に、水中の固形物の表面に気泡となって現れる現象が発生します。この現象を利用し、気泡によって固形物を浮かせて分離する方法です。「沈まないなら浮かせる」という逆転の発想によって生み出された技術で、海外では広く利用されています。

マイクロバブルとは、直径五〇ナノメートル以下の微細な気泡のことをいいます。通常の気泡とは異なり、長時間水中にとどまります。水との接触時間が長いため、マイクロバブルを利用して水を処理すると、固形物の処理効率が飛躍的に高まります。そのため、標準活性汚泥法で用いる空気やオゾン処理のオゾンをマイクロバブルで注入する方法が提案されています。しかし、大容量で処理した場合、コストが高いのが難点です。

改良される高度処理法

水に溶けている有機物などを分解するための技術開発も進められています。例えば、**微粉炭処理**があります。これは粉末状にした活性炭を注入し、有機物を吸着して取り除く方法です。マイクロバブルと同様、長時間水中にとどまるため、吸着性能が高まります。**促進酸化法（AOPs）**は**過酸化水素水**（酸素と水素の化合物）や紫外線を照射する**紫外線処理**などを、オゾンを注入するオゾン処理プロセスに追加した方法です。

浄水用の薬品も日々進化しています。消毒用の塩素は、かつて塩素ガスを使用していましたが、現在は取り扱いがしやすい**次亜塩素酸**ナトリウムが主流になりました。そのほかにも、消毒副生成物の生成しにくい紫外線や**二酸化塩素**による処理、電気分解で殺菌効力のある**有効塩素**を生成する技術など、時代の要請に応じて処理技術は変化し続けています。

また、原水中のごみを集めて固める**凝集剤**も進化しています。日本で多用される**ポリ塩化アルミニウム（PAC）**は、従来使われていた凝集剤よりも効果的な処理がしやすい技術として開発されました。最近では健康リスクの少ない鉄系凝集剤の改良版である**ポリシリカ鉄凝集剤（PSI）**も普及し始めています。

オゾン処理のイメージ図

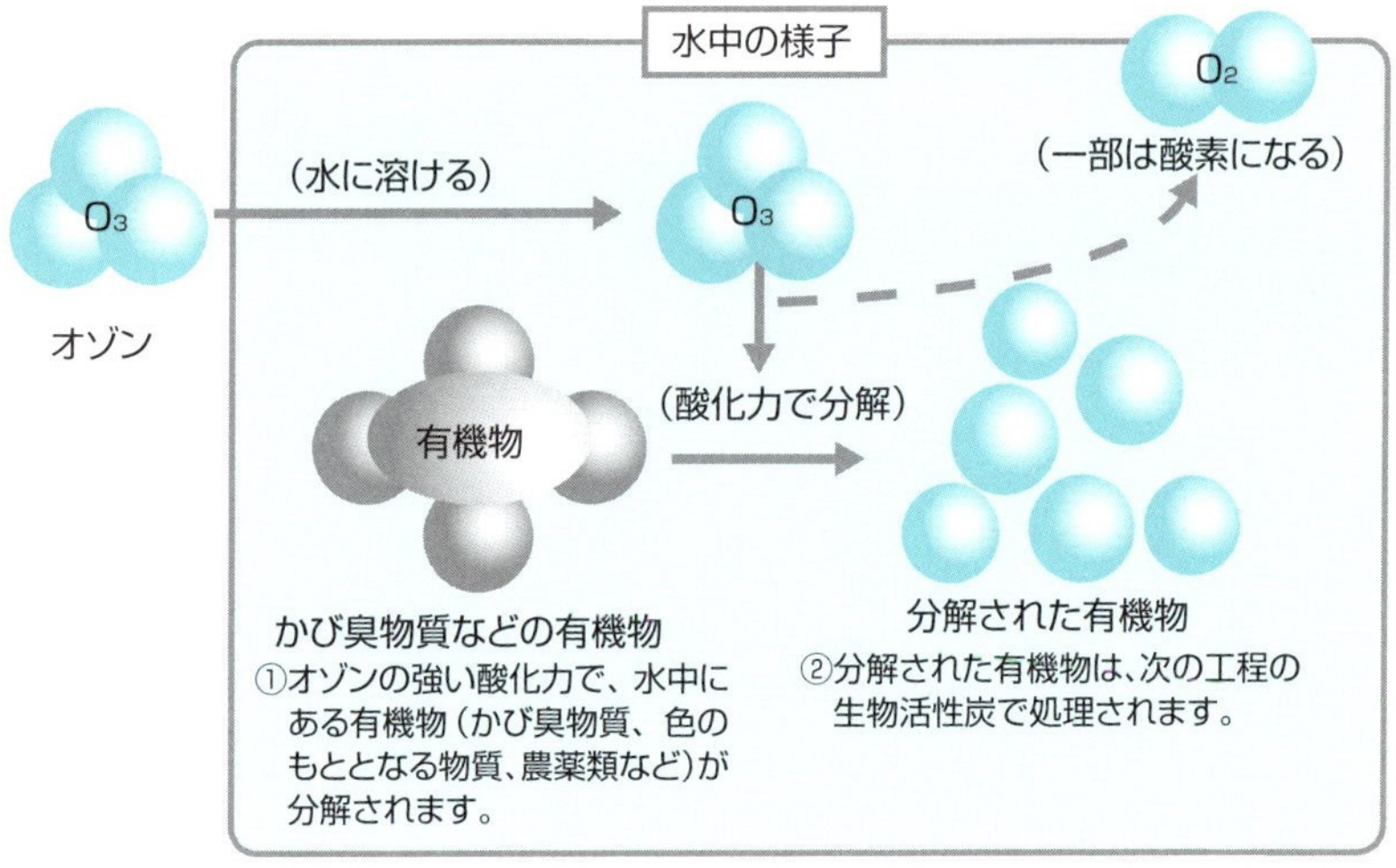
水中の様子
O_3
オゾン
（水に溶ける）
O_3
O_2
（一部は酸素になる）
有機物
（酸化力で分解）
かび臭物質などの有機物
①オゾンの強い酸化力で、水中にある有機物（かび臭物質、色のもととなる物質、農薬類など）が分解されます。
分解された有機物
②分解された有機物は、次の工程の生物活性炭で処理されます。

出所：東京都水道局

ワンポイントコラム

【次亜塩素酸のメリット】　次亜塩素酸ナトリウムの長所は、広い抗菌スペクトルと即効性、適度な安定性と効果の持続性、安価で使いやすい、低毒性、不燃性などであり、殺菌剤としては最適の部類に入る。しかし、有機物存在下では殺菌効果の低下、有効塩素の時間や温度変化による自己分解性、発がん性物質であるトリハロメタンの生成などの短所もある。

2 膜処理による下水処理技術（MBR）

膜分離活性汚泥法（MBR）は、膜と生物処理を組み合わせ、処理施設の大幅なコンパクト化が図れます。今後の技術開発次第では、従来よりも低コストで処理できる可能性があります。

MBR法の優位性と課題

膜分離活性汚泥法（MBR）とは、代表的な生物処理である標準活性汚泥法に分離膜技術を組み合わせることで、装置の飛躍的なコンパクト化が図れる技術です。この処理方法は、下水処理として一般的に採用されている標準活性汚泥法の最終段階に当たる工程で用いられます。

標準活性汚泥法は、微生物を住まわせた反応タンクで下水に溶解している有機物を分解し、懸濁物質を捕捉させ、固体化させたうえで沈殿させる方法です。

一方、MBRは、捕捉した懸濁物質を膜分離によって取り除き、浄化します。ここで使用する膜は、逆浸透膜（RO膜）よりも目の粗い、**精密ろ過膜（MF膜）**や**限外ろ過膜（UF膜）**と呼ばれるものです。海水の塩分と比べ、下水の微生物によって取り込まれた有機物はきわめて大きい粒子であるため、より目の粗いMF膜やUF膜を使用でき、海水淡水化より少ないエネルギーで再生水を作ることができます。

従来型の標準活性汚泥法と比べたMBRの優位性は、三つあります。一つめは、施設構成がシンプルなため、必要面積が小さく、維持管理がしやすいことです。二つめは、反応タンク内の微生物濃度を高く設定できるため、高効率で窒素やリンなどの除去を行うための運転コストが安く、発生汚泥が少ないという点です。そして最もメリットが大きいのが、膜を使用する点で、水質が安定し、消毒の必要がないということです。

課題は、従来の方法よりも建設・維持管理に対する

用語解説

＊**バイオフォーカス**　1985年度から5カ年計画で行われた、旧建設省総合技術開発プロジェクト。正式名は、「バイオテクノロジーを活用した新排水処理システムの開発」で、バイオテクノロジーを活用し、下水処理の課題解決を目指した。

初期投資が大きくなってしまうことです。

しかし、今後の技術開発次第では、より低コストで設備を構築できる可能性もあり、世界レベルでは二〇パーセント以上の市場の伸びが見込まれています。

日本が先行するMBR

MBRは、一九八五年から実施された、**バイオフォーカスやアクアルネッサンス**と呼ばれる国家プロジェクトの成果が発展の基礎にあり、日本の技術が先行しています。しかし現在、日本では、コストや敷地の制約があるときのみ検討される方法となってしまいました。具体的には、ビルなどで再生水を利用する場合や、運転中の下水処理場の**リハビリ**のように敷地条件が厳しい場合、放流先の水質条件の制約が大きい場合などでおもに採用されています。

ドイツを中心とするヨーロッパ勢は、長期的な視点からこのMBR技術を育成する方針を打ち出しました。規模の効果によるコストダウンを通じ、従来技術の刷新を狙っています。

MBR実績（海外）

国名	場所／膜メーカー	水量（m^3／d）
アメリカ	キングカントリー／ゼノン	117,000
アメリカ	ジョーンクリーク／ゼノン	93,500
オマーン	マスカット／クボタ	78,000
アメリカ	ピオリア（イリノイ州）	75,700
イタリア	ポルトマルゲラ／ダウケミカル	48,000

出所：各種資料をもとに作成（2007年時点）

用語解説

＊**アクアルネッサンス'90計画**　通商産業省が主導し、1985年から1990年まで実施された「水総合再生利用システムの開発」。おもに膜分離技術と、嫌気性メタン発酵を組み合わせた排水処理の開発が目的だった。

3 再生水技術

地球上の限りある水資源を有効に使うため、水を循環利用する再生水技術はきわめて重要です。日本はこの分野において世界最先端の技術を有しています。

雨水や下水処理水の再利用

日本では、年間一七〇〇ミリの降水量があり、雨水の再利用が進んでいます(本文四六ページ参照)。例えば、東京ドームでは屋根に降った雨水を集め、固形物を除去して、トイレ用水や芝生への散水などに利用しています。

しかし、降り始めの雨水には大気中の浮遊物やガスなどが多く吸着しているため、処理が複雑になります。そこで小型の処理装置では最初の雨水(**ファーストフラッシュ水**)を取り込まない工夫がなされています。

大型の雨水処理では、ろ過装置で固形物を除去し、**雨水槽**に貯留して処理します。ろ過装置を通った水はpH調整がなされ、滅菌後、処理水槽に貯留して利用されます。雨水処理はほかの業種の再生水プロセスより安価なため、多くの自治体では雨水回収による再生水利用を指導しています。

一方、年間約一四〇億トンが処理されている下水の再利用は、全体の約一・四パーセントの二億トンにとどまっています。これは用途により厳しい水質基準や、**色度除去**、臭いや大腸菌類、バクテリア類の完全除去などが求められ、複雑な処理プロセスが必要となるからです。

工業用水の再利用

工業用水は製造業などの産業活動に利用される水のことで、二〇〇〇年には一年間に約五五五億トンが利用されていましたが、二〇〇八年には一年間に五〇九億トンに減少しています。これは工場の海外移転や節水活動が浸透したためと考えられます。

用語解説

＊**ファーストフラッシュ水**　雨の降り始めに、高濃度の汚濁物質が含まれている雨水のこと。

工業用水は、主として製造原料用や製品洗浄用、ボイラー用、空調用、冷却用に使用されます。その中で最も多いのが冷却用で、全体の八〇パーセントを占めます。日本は、一度使った水のうち、平均で八〇パーセントを回収水として利用するという再利用率の高さが特徴です。

　再利用にあたっては、産業によって水の処理方法が異なります。製鉄用水の場合は、冷却用に利用され、油分やダストなどの懸濁物質が多く含まれるため、浮上分離、ろ過、凝集沈殿などの処理を行います。紙パルプ用水の場合は、製造工程内の不純物を分離するのに利用するため、不純物の成分ごとに回収を行い、汚染度合の少ない排水を再利用しています。

　火力発電所では、ボイラー用として純水を大量に利用していますが、タービンを回したあと、冷却コンデンサーによって水に戻されます。半導体製造工場では、機器の洗浄用として使われる大量の超純水を、使用工程の違いによって低濃度廃液ラインと高濃度廃液ラインとに分離します。低濃度廃液は膜や**イオン交換処理**をして再度純度を高め、洗浄用として使われます。

東京都・再生水供給のしくみ（西新宿・中野坂上地区の例）

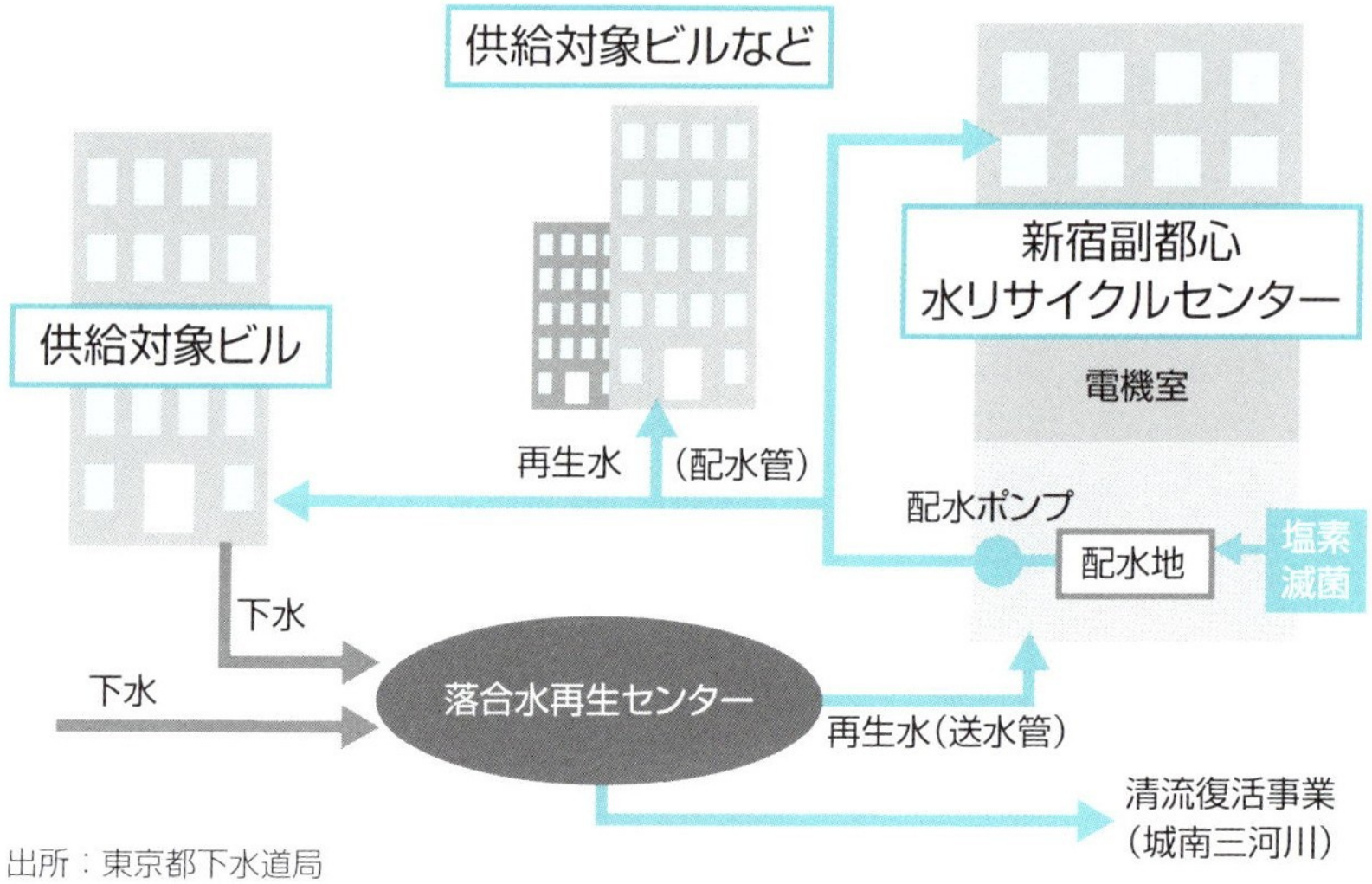

供給対象ビルなど
供給対象ビル
新宿副都心
水リサイクルセンター
電機室
再生水
（配水管）
配水ポンプ
配水地
塩素滅菌
下水
下水
落合水再生センター
再生水（送水管）
清流復活事業
（城南三河川）

出所：東京都下水道局

用語解説

＊**イオン交換処理**　水中の不純物を除去するときに使われる、イオン交換樹脂を使う方法。微量な成分まで除去できる。

4 主要な海水淡水化技術

水ビジネスで日本の優位性が発揮される技術として、海水の淡水化技術が挙げられます。特に、RO膜の技術において、世界で日本の右に出る国はありません。

進化する淡水化技術

第2章で述べたように、おもな海水淡水化技術には蒸発法とRO膜法があります(本文四二ページ参照)。

中東湾岸諸国の海水淡水化プラントを見ると、**複合型発電淡水造水施設(IWPP)**という形態が多く見られます。発電所建設と海水淡水化を同時に行うプロジェクトで、ここでは蒸発法が多く使われています。大量の淡水を作り出すことができ、新鋭のガス火力発電所と組み合わせた場合、エネルギーロスが比較的少なくて済むことが選定の理由と考えられます。ここでの燃料は、天然ガスが主体です。主流になりつつあるRO膜法を採用しなかったのは、エネルギー効率に優れる反面、膜の目詰まりを防ぐために海水の前処理が必要になるからです。また、中東湾岸は、常に海水油濁の可能性があるためです。RO膜法は大きなプラントでも効率が低下しにくく、常温で扱えるので操作も容易です。しかし、海水の性状の影響を受けやすいという欠点も併せ持ちます。また、スケール防止剤によって膜の目詰まりを防止する必要もあります。

研究が進む正浸透膜法

現在、世界的に注目を集めているのが**正浸透膜法**です。水に溶媒を混ぜて浸透圧を調整し、膜を透過させたのち、溶媒を分離回収して淡水を取り出す技術です。膜技術の飛躍的な発展があってこそ再評価されるようになった技術です。実現すれば画期的な脱塩方法になることから、欧米では積極的に研究開発されています。

用語解説

＊**複合型発電淡水造水施設(IWPP)**　IWPP＝Independent Water and Power Producer。発電の際の熱を利用して海水から真水を作る、効率の良い海水淡水化技術。

複合型発電淡水造水施設（IWPP）の概念

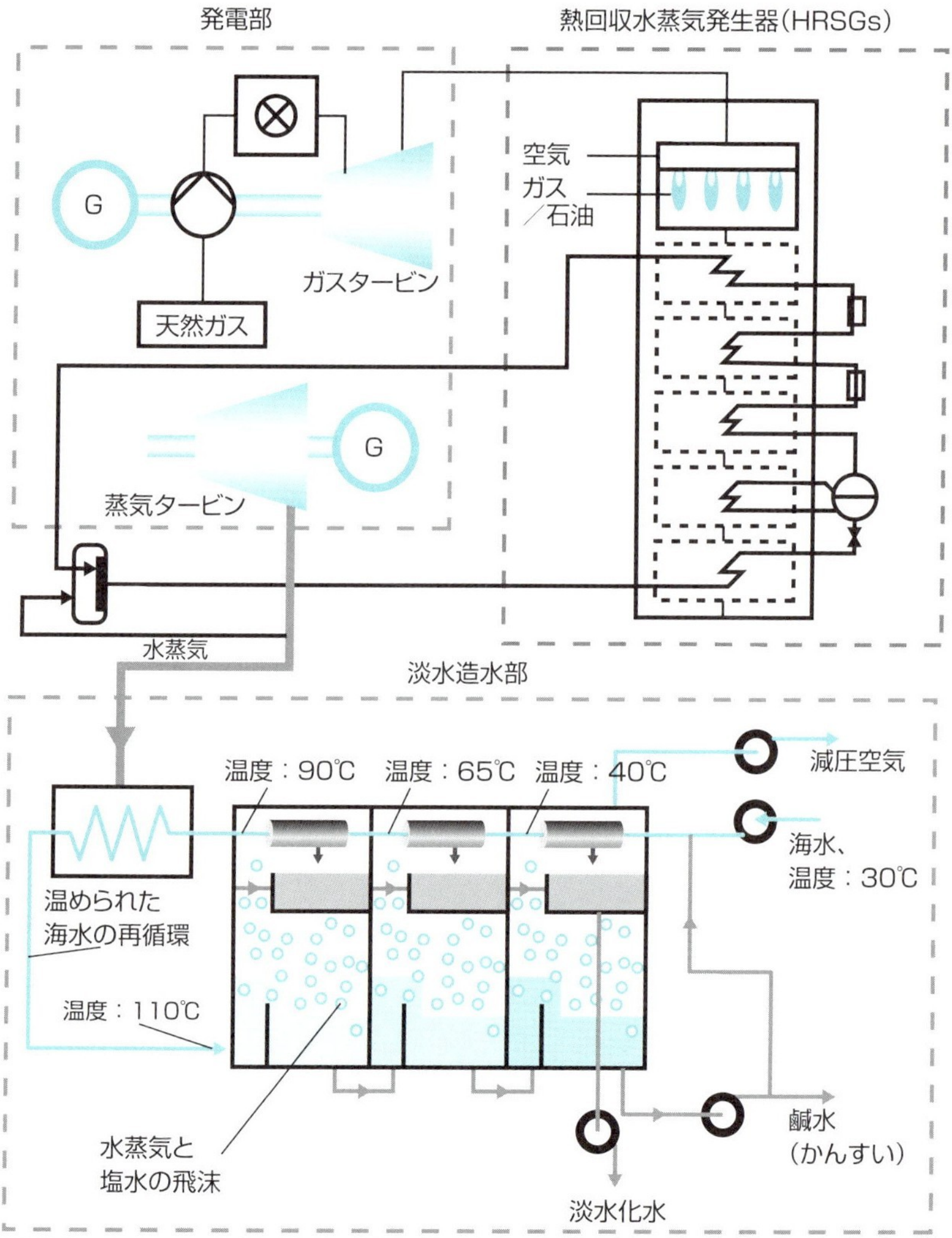

天然ガスをガスタービンの燃料として使用する。ガスタービンの回転エネルギーで発電機を回して電力を得る。さらに、排熱を回収して水蒸気を生成し、これによって蒸気タービンを駆動し、同様に発電を行う。

出所：独立行政法人 石油天然ガス・金属鉱物資源機構

5 水道漏水対策技術

漏水対策は水道事業にとってきわめて重要な仕事です。漏水は水資源の浪費ばかりではなく、エネルギーの無駄にもつながるため、世界的にも漏水防止対策の技術が求められています。

漏水対策は重要な課題

漏水とは、水道管から水が漏れる現象のうち、その量が比較的少なく、周辺に与える物理的な影響も小さいものを指します。漏水は地上で確認することがむずかしく、発見が困難な場合がほとんどです。

漏水が起こると、水道を運用するのに必要なエネルギーの無駄につながります。また、水道事業体にとっては料金収入減少の原因にもなります。

また、漏水は道路の浸水や陥没を引き起こす原因にもなるため、注意が必要です。漏水防止に画期的な方法はないため、地道な取り組みが求められています。

よくある漏水の原因としては、給水管の取り出し部や接合部での施工不良が漏れのおもな原因であるといわれています。そのため、施工時の綿密な作業、確認は必ず行っておく必要があるほか、老朽化した水道管や配水管の取り換えを計画的に実施し、漏水や**赤水**の発生を抑制することが重要です。

具体的な漏水防止対策としては、①配水管の流量測定をブロックごとに区切って行う②漏水調査③漏水箇所の特定、配水管の取り換え、補修作業④漏水履歴による管路の評価、モニタリングなどが考えられます。

漏水の発見と予防の技術

漏水箇所を突き止めるために、日本では、多くの**電子式漏水検知機**が開発されています。検知作業は音を頼りにするため、車などの通行が少なくなる深夜に行われることが多くなります。

用語解説

＊**赤水**　給水鉄管などで、水中の溶存酸素やガスにより鉄が酸化され赤錆が発生し、水を赤く染める現象。

都市化が進むにつれて、都市騒音および道路交通量が増大し、漏水の発見・防止作業を取り巻く状況は著しく悪化しています。そのため、自治体の水道局では漏水発見技術の向上を目的とした技術開発に積極的に取り組んでいます。

現在では、センサーで路面上から漏水音を検知できる電子式漏水検知機に加えて、夜間の水道使用がない時間に漏水を検知する**最小流量測定装置**、漏水音を管路上の二点でとらえ、その伝音が伝わる時間の差から漏水位置を特定する**相関式漏水発見器**などが開発され、実際の作業で活躍しています。

また、腐食防止技術および施工方法の研究、管材料・継手の改良、開発にも取り組み始めています。給配水管システムの腐食の原因となる各種土壌の影響調査や、給水管取り出し部の腐食防止に関する調査研究も実施されています。これらの技術は配管の耐用年数の向上や効率的な腐食防止技術の採用に活用されています。

さらに、断水せずに送・水道管管内面の調査が可能な管内調査ロボットが考案されるなど、新技術を用いた漏水予防技術も多く開発されています。

世界の水道の漏水率

国名	都市名	経営主体	漏水率（%）
イギリス	ロンドン	テムズ・ウォーター・ユーティリティーズ	26.5
メキシコ	メキシコシティ	市上下水道局	35.0
中国	香港	政府水道局	26.0
タイ	バンコク	首都圏水道公社	33.0
韓国	仁川	広域水道部	17.0
日本	東京	東京都水道局	3.1

出所：水の安全保障研究会・最終報告書（2008年8月）

6 水プラント構築技術

上下水道用の水処理プラントの建設は、対象人口の策定から始まります。人口動向を踏まえ、水資源の確保、水処理施設の設計、廃棄物処理方法などの基本計画を作成して、国の認可を得る必要があります。

上下水道の処理プラント

水処理プラントを作る場合、上水道と下水道では、多少の違いがあります。

上水道施設の場合、給水人口の検討から始まり、現在の人口を把握したうえで将来的な人口の動向を策定し、水資源の確保(取水量、水質、水利権)を考えなければなりません。

水資源の確保が可能と判断されれば、供給のための導水管や浄水場の設計、さらに配水池、送配水管網設計の基本計画を作成し、水道法にもとづいた国の認可を得る必要があります。

下水道の場合も、上水道と同様に下水処理対象人口の検討、下水道の管渠の設計、下水処理場の設計、汚泥処理の方法、廃棄物処理や放流先の環境基準などを調査する必要があります。

下水道の場合は、上水道と違い、排水の収集のために基本的にはポンプを使いません。水の流れる特性を生かして、下水管に一定の角度を設けて、自然に流れるようにする必要があるため、平面的な配管設計とは別に、高低差を考えた三次元的な配管設計が必要になってきます。

また、集められた排水を処理する設備も整備しておく必要があります。一般家庭からの排水と、工場などの産業施設からの排水では、その処理に違いがあることも念頭に置いて、全体的な構築をしなければなりません。

例えば、民間企業向けの工業排水処理計画では、排水の分析から始まり、処理方法の決定、プラントの設計、機器の手配、現地土木工事、機械据え付け工事、試運転などが含まれることになります。

監視制御設備

水処理プラントを効率的に運用するためには、設備自体の的確な設計はもちろんのこと、設備全体を見渡せる統合的な監視設備が重要な意味を持ちます。プラント全体を最適に制御し、高い操作性と信頼性を実現させることで、プラントが持ちうる能力を遺憾なく発揮させることができるわけです。

水処理プラントは様々な処理プロセスの組み合わせで、設備ごとに管理基準や監視体制が違ってきます。また、機能ごとに制御システムは独立しているものの、全体の運用を考えると、すべてのシステムを連携させて一元的に運用していなければなりません。

設備の**高信頼性**を確保し、トラブルに対する事故回避など、起こりうる事態に対して迅速に処置できる体制整備が必要です。

世界で活躍するプラントエンジニアリングメーカー

企業名	国籍
デグレモン	フランス
ヴェオリア・ウォーター	フランス
VA テック・ワバグ	ドイツ
アーステック	アメリカ
バイウォーター	イギリス
ピューラック	イギリス
プリデサ	スペイン
水 ing	日本
日立プラントテクノロジー	日本
メタウォーター	日本
クボタ	日本
オルガノ	日本

出所：各種資料をもとに作成

用語解説

＊**高信頼性**　信頼性が高いこと。水処理において腐食などの影響を受けにくい装置や機器。

7 IT技術の活用による水資源管理

情報技術の発展は、水ビジネスにも大きなインパクトを与えつつあります。水資源全体の情報を積極的に収集、分析して経営に生かすという、水の総合管理システムの開発が世界で進みつつあります。

上流を押さえるリモートセンシング

リモートセンシングとは、遠隔地から情報を収集分析する一連の技術で、人工衛星や航空機による観測データを活用するものです。水資源賦存量や現状把握にリモートセンシングの技術を活用することで、特に水利用がひっ迫している地域で水利用を合理化し、水利用可能量を拡大できる可能性があります。

従来から存在する各種の観測地点データを連動させれば、きわめて柔軟で合理的な意思決定ができる情報管理システムを完成できます。例えば日本では、アメダスや河川観測点、取水施設の流量などのデータが観測地点データに当たります。日本では水資源のひっ迫に対し、ダムをはじめとする水源開発により、物理的に対応できたため、上流から水資源全体の情報を管理するIT技術の必要性は低くなっています。しかし、乾燥地帯や水環境の悪化が著しい国では、IT技術による水の情報管理が最も重要な技術となっています。

下流を押さえるスマートメーター

私たちの生活を支えるIT技術として、通信技術を用いて検針する遠隔検針があります。しかし、小ロット生産のため、コストが高く、雪国のように積雪で検針が困難な場所でのみ用いられている状況です。

将来的に期待されるのは、水道使用量と電力量を同時に計測する**スマートメーター**との連動です。水道メーターに制御システムを内蔵すれば、現在よりも緻密な水利用の情報を収集できます。例えば、時間帯に応じ、

用語解説
＊**スマートメーター**　単なる検針だけではなく、双方向通信で顧客サービスの向上を図るためのデジタル式メーター。

料金を高めに設定することも可能です。施設の稼働率を上げ、**給水能力**を平準化できる可能性があります（スマートウォーターの実現）。

日本でも水道料金メーターの遠隔化、電気やガス料金と統合して一括監視するシステムの研究は一〇年以上前から実施されていたのですが、大幅なシステム変更が必要なうえ、個人情報の共有や漏洩《ろうえい》などのハードルを超えるだけのインセンティブもないため、実験レベルでとまっていました。

しかし、総合的に水管理を行う技術として、上水道では、ダムや河川の取水量から、浄水場の管理、配水制御まで、下水道では、ポンプ場や処理場の運転管理、水質の管理までを、遠隔監視システムの連携によって運転管理や異常検知を行うパッケージシステムが広く導入されています。

また、水質センサーの技術開発は日本でも積極的に行われており、魚類や水棲生物を使った毒物混入による危険回避のための**バイオセンサー**が発達しています。しかし、国内では上流側と下流側との取り組みが積極的に行われているとはいえません。その水の用途によって監督官庁が分かれているためです。水資源を一元的に管理監督する組織が必要です。

ITによるスマートウォーターの概念

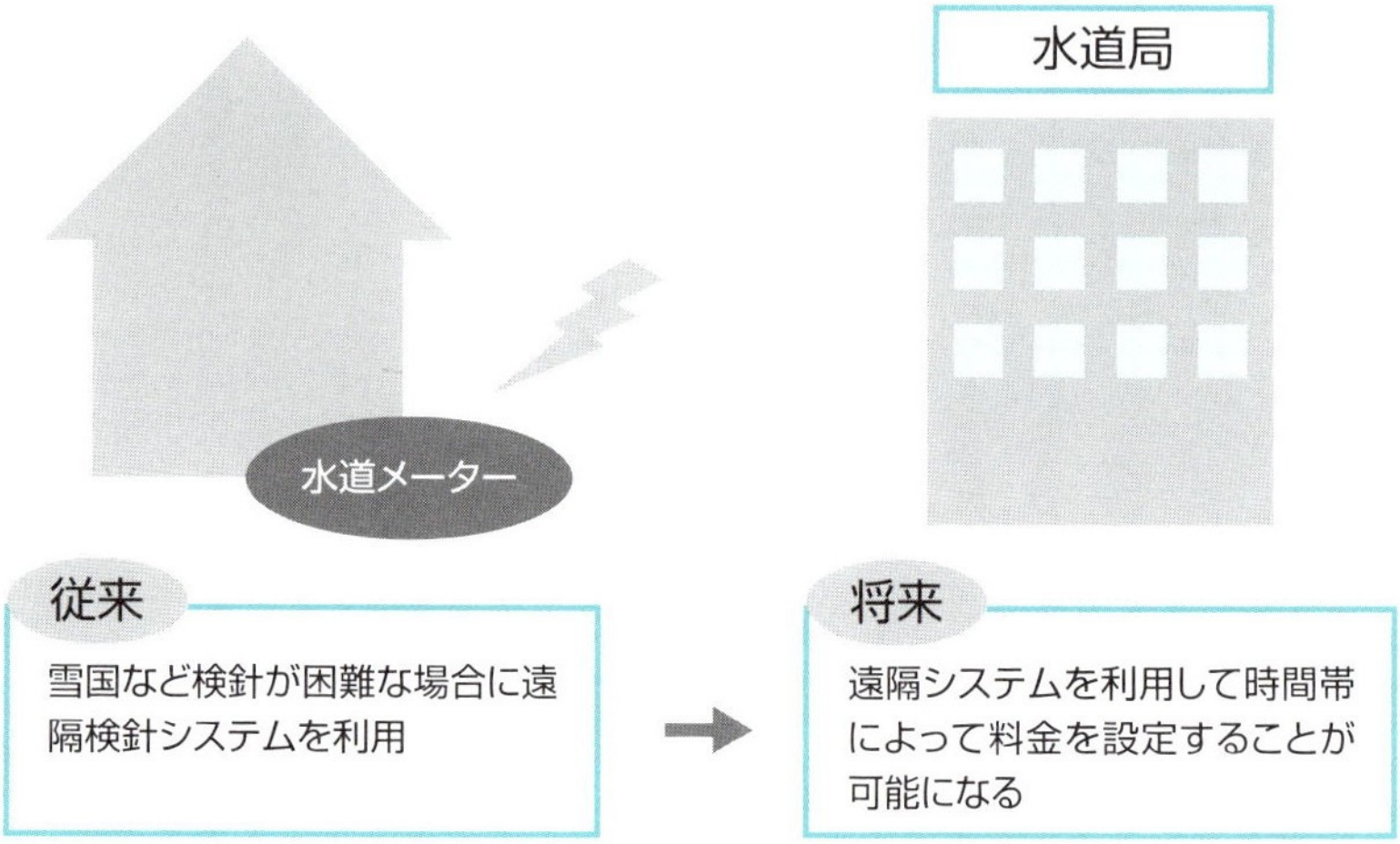
水道局
水道メーター
従来
雪国など検針が困難な場合に遠隔検針システムを利用
将来
遠隔システムを利用して時間帯によって料金を設定することが可能になる

用語解説

＊**スマートウォーター**　ITの技術を活用して水資源を効率的に管理、活用する考え方。

＊**バイオセンサー**　物理化学的な検出方法と生物学的なコンポーネントを組み合わせた検出器。メダカセンサーが多く用いられている。

8 水災害予防システム

水害とは、洪水や高潮など、水によってもたらされる被害の総称で、それを制御することを治水と呼びます。水災害を防ぐための手段として予防システムが構築されています。

災害の種類と対策

災害は、その発生によって細かく分類されており、土砂崩れや土石流災害などは土砂災害、落雷やヒョウによって起こる災害を雷害、雪によるものは雪害、風によるものは風害と呼ばれます。洪水や高潮などを水害と呼びます。津波による被害は、水害と一線を画し、地震災害としてとらえるか、または単に津波災害ととらえるのが一般的です。

水害として最初に想起されるものに堤防の決壊があります。河川の容量や治水施設の設計基準を超える降雨量があった場合などに発生するもので、基準を超える外圧が加わると堤防が決壊して水害になります。**計画高水位**を越えて水が堤防からあふれることを**越堤、溢水**といいます。

また、降水が都市部や農地など、河川以外の場所に集中し、うまく排水できない場合に、**内水氾濫**という水害が発生します。

このような水害に対する備えとして大切なことは、自分が住んでいる周辺に、どのような水害の危険があるかをまず知り、そのうえで対策を練ることです。

降雨、降雪が予想される場合は、気象情報に注意し、危険が予測される場合は避難などを念頭に置いておくことも必要です。避難勧告や避難指示に注意し、できるだけ早めの対応が望まれます。

さらに、浸水しやすい地域では、家屋の構造を工夫したり、緊急時には建物の一階開口部や地下鉄・地下街の入り口、地下駐車場斜路などに防潮板(防水板)や

用語解説

＊**内水氾濫**　豪雨時などに、堤防の内側で水があふれ出ること。大きな浸水被害をもたらす。

土嚢《どのう》を設置して水の浸入を食い止められるようにしておくことも必要です。

公共機関の防災対策

大規模な風水害への対策は、各自治体が**ハザードマップ**などを整備し、住民の安全確保を推進しています。緊急時の素早い対応で、災害を最小限にとどめるための努力が行われています。

そのようななかで、最近危険視されている災害が台風や**ゲリラ豪雨**による内水氾濫です。都市型水害の典型ともいわれ、しばしば大きな被害をもたらしています。

そこで、各自治体では、都市型水害対策の策定が急務となっています。

最も大規模な対策が洪水対策です。大量の雨水による被害を軽減するため、雨水の流出抑制型の下水道の整備を推進しています。

また、雨水の放流先となる河川がないなど、単一行政地域では困難な場合も多々あるため、浸水被害が複数の行政地域にまたがる場合は、国による流域下水道による雨水幹線事業を実施している場合もあります。

氾濫の危険レベルとその防災対策

レベル5	川から水が溢れています	浸水深の急激な上昇や流速が速くなるため気をつけましょう
レベル4	川が氾濫するおそれがあります	これまでには避難を終えましょう
レベル3	避難判断水位を越えています	避難を始めましょう
レベル2	普段よりかなり増水しています	避難の準備をしましょう（要援護者の方は避難を）
レベル1	川の水位が上昇するおそれがあります	TVやラジオ、インターネットなどの情報に注意しましょう

出所：国土交通省の資料を参考に作成

用語解説

＊ハザードマップ　自然災害による被害を予測し、その被害範囲や避難場所などを地図に示したもの。

9 超臨界水

超臨界水は、工業用の反応溶媒として、人工水晶の合成が広く知られています。最近ではその特性を生かして、有機物質に対する反応への応用にも、幅広く活用されています。

液体でも気体でも固体でもない

超臨界水は、液体でも気体でも固体でもない状態で安定した水を指します。

水は通常、液体か水蒸気で存在します。しかし、温度と圧力を上昇させていくと、特定の時点を境に液体と気体の境界線がなくなります。この境を**臨界点**といい、臨界点を超える温度や圧力がかかると超臨界水になります。水の臨界温度は約三七四度、臨界圧力は二二〇気圧です。超臨界状態では、水は液体と気体の区別がつかないような状態になります。

超臨界水の状態になると、物質は気体と液体の特徴を併せ持つようになります。超臨界水の場合は、分子の密度の高さは水に近いにもかかわらず、水蒸気のような粘度の低さと拡散度の大きさを併せ持ちます。つまり、水と同じレベルの密度の高さを持ちながら、水蒸気のように広がりやすく、水では入り込めない微細な隙間にも入り込むことができるということです。

水の密度については、室温で一立方センチメートル当たり一グラム程度ですが、温度を上昇させていくと密度は減少していきます。しかも、通常状態では密度はそれほど圧力に依存しませんが、臨界点付近になると一定の温度でも、圧力を少し変えるだけで密度の値が大きく変わるようになります。この性質を利用すると、温度を一定の状態に保ったまま、圧力を変化させるだけで、密度の小さい気体に近い状態から、密度の大きい液体に近い状態へと変化させることができます。

特性を生かした活用法

超臨界水が注目される理由は、その利用範囲や応用分野にあります。その一つが**超臨界抽出**です。臨界点付近では温度を一定にしたまま圧力を変化させるだけで水の溶解性が変化するため、単一の溶媒で様々な物質の入り混じった物から、特定の物質だけを選択的に取り出すことができます。その活用分野として、鉱物資源の抽出などが考えられています。

また、環境汚染物質の分解などへの応用も考えられます。高温の水に酸素を投入すると、燃焼を起こします。これを**湿式酸化**といい、超臨界水の中で行うものを**超臨界水酸化(SCWO)**といいます。

湿式酸化では燃焼の際、脱水のために無駄なエネルギーを使用しないため、効率良く燃焼させることができ、し尿処理などへの応用が考えられています。また、臨界点の直前では、水の分解反応である**加水分解反応**が促進されます。これは、環境汚染物質を出さずに処分するような分野で応用が進められており、廃棄化学兵器やＴＮＴ爆薬の処理などへの利用も考えられています。

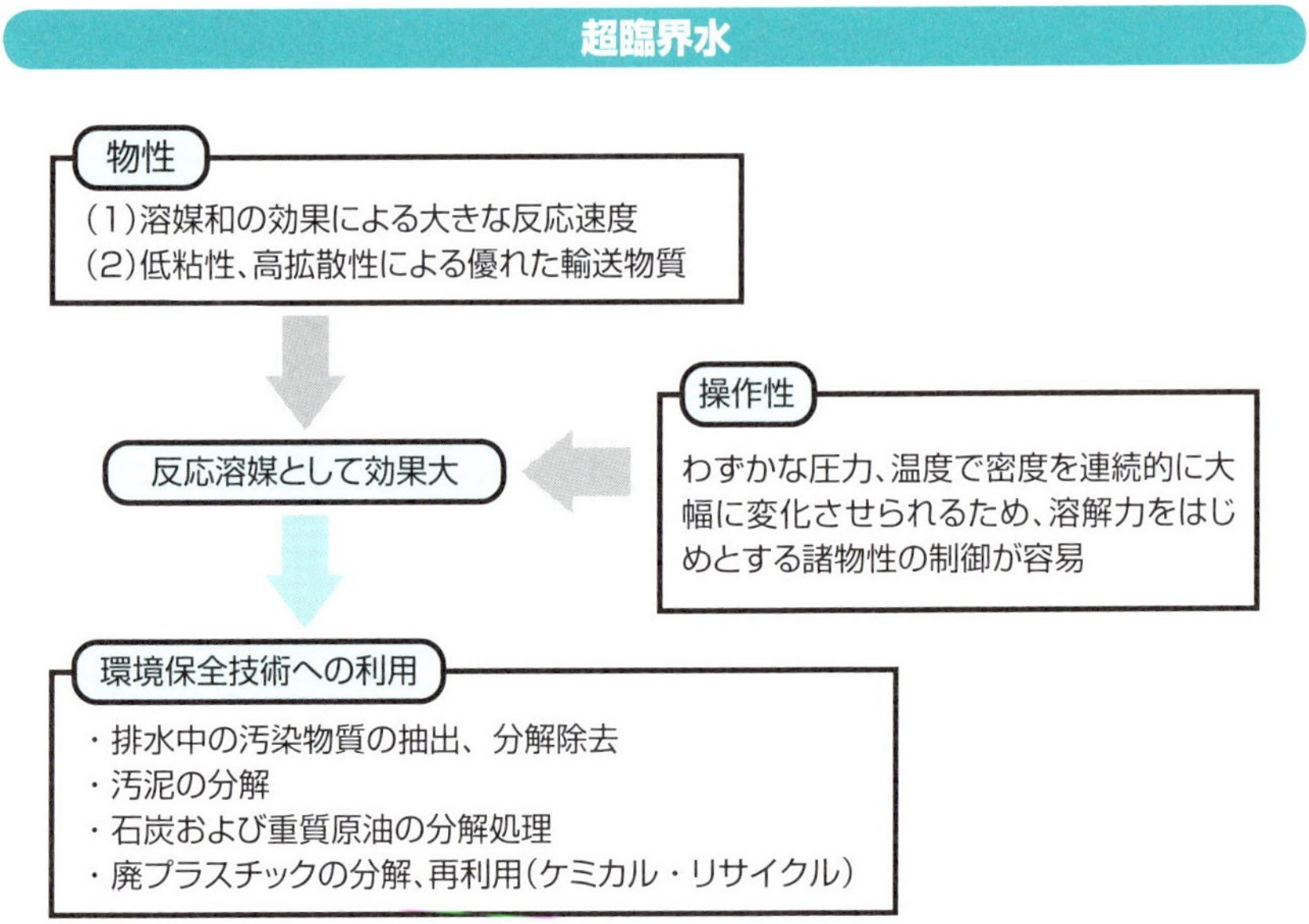
超臨界水
物性
(1)溶媒和の効果による大きな反応速度
(2)低粘性、高拡散性による優れた輸送物質
反応溶媒として効果大
操作性
わずかな圧力、温度で密度を連続的に大幅に変化させられるため、溶解力をはじめとする諸物性の制御が容易
環境保全技術への利用
・排水中の汚染物質の抽出、分解除去
・汚泥の分解
・石炭および重質原油の分解処理
・廃プラスチックの分解、再利用(ケミカル・リサイクル)

10 水圧破砕によるシェールガス採掘

シェールガスとは、頁岩(シェール)層から採取される天然ガスのことで、今、最も注目を集めています。従来は自然にできた割れ目から採取していましたが、最近は水圧破砕によって採取する技術が確立されています。

注目の新エネルギー

シェールガスは、従来の天然ガス田とは異なり、貯留層が砂岩ではなく、泥岩に貯留することから、コールベッドメタン(CBM)、タイトサンドガス、メタンハイドレートといった資源とともに、**非在来型の天然ガス**と呼ばれています。生産国としてはアメリカが知られており、すでに一九九〇年代から新しい天然ガス資源として注目を集めています。また、カナダ、ヨーロッパ、アジア、オーストラリアに存在する潜在的なシェールガス資源も注目されるようになってきました。

最近では、その埋蔵量の多さが話題になっており、二〇二〇年までに北米の天然ガス生産量のおよそ半分はシェールガスになると予想されています。

シェールガスの開発によって、世界のエネルギー供給量が大きく拡大するという見方もあり、アメリカとカナダのシェールガス生産量の増加によって、世界的なガス価格の抑制が期待できるかもしれません。一方、シェールガスは温室効果ガスの排出量を減らすと見られていたものが、最近になって従来の天然ガスや石油よりも温暖化の係数が大きくなるといった指摘も持ち上がり、微妙な状況が続いています。

水の汚染と誘発地震

シェールガス採掘に用いられているのが水圧で頁岩の層を破砕する方法です。一つの坑井に大量の水(三〇〇〇~一万立方メートル)が必要になるため、多くの水の確保が重要になってきます。

用語解説
＊**非在来型の天然ガス**　従来の油田やガス田以外から生産される天然ガス。

また、水圧破砕に使用されるのは、水だけではありません。それ以外に砂（プロパントと呼ばれる砂粒状の物質）八・九五パーセント、その他化学物質〇・四四パーセントで構成されています。このことから、水圧破砕に使用される流体を起因とした、地表の水源や浅部の滞水層の汚染を防ぐため、排水処理が課題となってきます。

実際に、採掘現場周辺では、水道の蛇口に火を近づけると引火したり、色の着いた水や異臭の問題なども発生したりしています。さらに、地下水の汚染による人体や環境への影響も懸念されるなど、エネルギーとしてのメリットとは裏腹に、その採掘に関しては多くの課題が突きつけられています。

もう一つの課題としては、水圧破砕のために地中に注入された水が地震発生の引き金になっていると報告される誘発地震の問題があります。

これは、多くの地震学者が指摘するように、シェールガス採掘後に、地盤沈下を防ぐために戻し注入された水によって、すでに存在していた断層が滑りやすくなった結果と考えられており、エネルギー問題解決のために今後とも避けて通れない課題です。

シェールガスの採掘で使われる水の成分

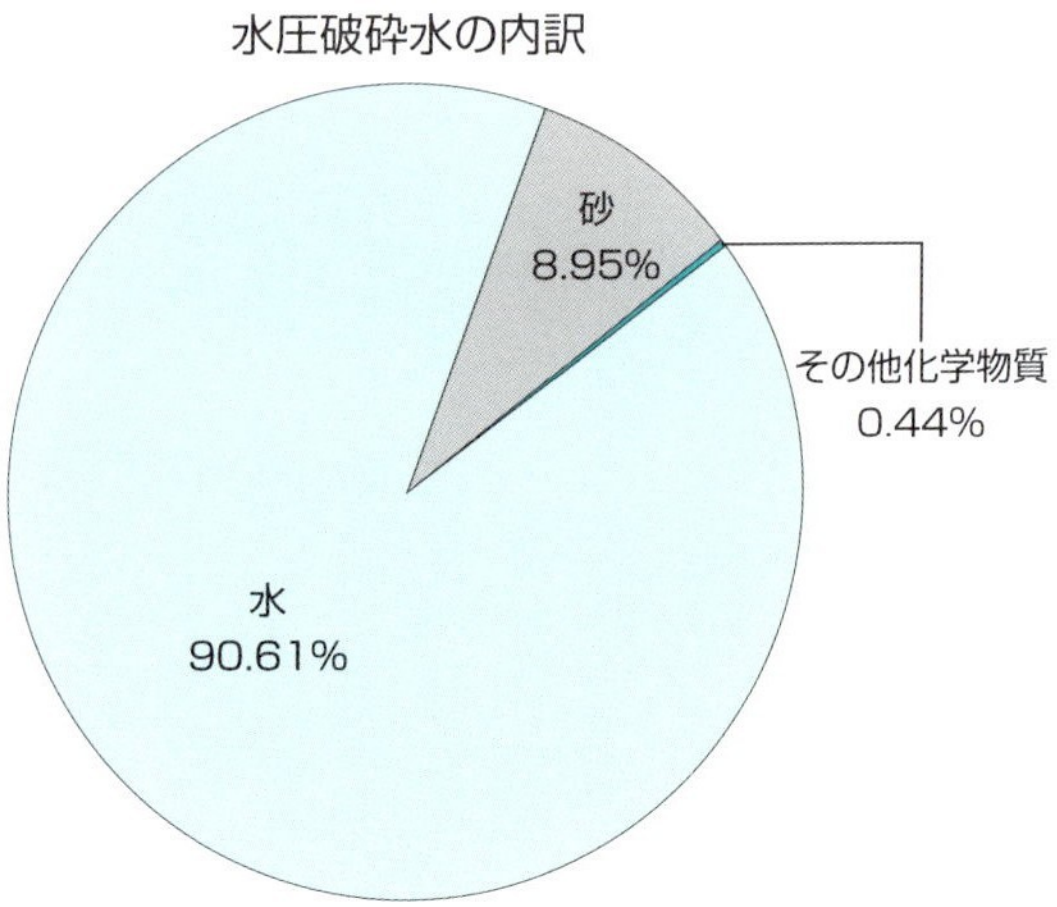
水圧破砕水の内訳
砂
8.95%
その他化学物質
0.44%
水
90.61%

出所：独立行政法人 石油天然ガス・金属鉱物資源機構

11 機能水

機能水は、何かの機能を持つ、水の総称です。飲用水から工業用水まで幅広く需要があります。工業用水では特に半導体デバイスの洗浄に用いられています。

洗浄性機能を持つ水

機能水は、何かの機能を持つ水の総称として用いられています。適用できる分野を特定することなく、物理化学的にも明確な定義は存在しません。

機能水は製造法の違いから、二種類に分類されます。一つめが水を電気分解して製造する殺菌用酸性電解水と飲用のアルカリ電解水、二つめが水に気体（オゾンや酸素、水素、窒素など）を過剰に溶解させ、洗浄性機能や生体活性機能を持たせた水です。

電気分解による機能水製造

食塩などを溶解している水道水や純水を電気分解して陰極側の水を取り出すと、ナトリウムなどの陽イオン濃度の高い、アルカリ性の電解水を得ることができます。逆に陽極側の水を取り出すと、塩化物イオン濃度が高い酸性の電解水が得られます。最近では電解水の効果や各産業における利活用、安全性の評価方法などについて、科学的な論議が行われています。家庭用では、飲用のアルカリイオン水が有名です。産業用では半導体デバイスの精密洗浄分野に大きな市場があり、各社とも技術開発に力を入れています。

気体の過剰溶解による機能水製造

●オゾン水

オゾン水は、純水または超純水にオゾンを溶解させた「オゾンガス溶解水」です。オゾン分子が水中で分解すると、活性酸素種（OHラジカルなど）が生じます。活性酸素種の強い酸化力によって、シリコンウェハー上の有機物を低分子化して除去することができるほか、表面を表面改質したり、微量の金属を除去したりすることができます。オゾンの溶解には、エゼクターを用いて直接溶解させる方法や、膜を用いて精密に溶解する膜溶解法があります。

●水素水

水素水は半導体デバイス製造の酸化雰囲気を嫌う工程で用いられます。この水素水は、超純水中の溶存酸素（水中の酸素）を脱気装置でｐｐｂ（一〇億分の一）レベルまで除去し、脱気された超純水に水素ガスを溶解することで作ることができます。水素水は超音波洗浄装置と併用することで、微粒子の除去に高い効果を発揮します。そのため、集積度の高いデバイス洗浄に多用されています。

●窒素水

窒素水は、脱気した超純水に窒素を溶解させた水です。水素水より洗浄力は落ちるものの、製造時の安全性が高く比較的安価であるため、中集積度のデバイス洗浄に用いられています。

市場規模のある機能水

名称	内容
超純水	純水よりさらに不純物を除去した水 半導体や電子部品、医薬品の製造に用いられる
オゾン水	オゾンを溶解した水で、オゾンの殺菌力、脱色力、脱臭力を生かして、上下水道や産業排水のプロセスに用いられる
アルカリイオン水	水の電気分解により、陰極側にできる水で飲料用や洗浄、農業利用、歯科治療などに用いられる
強酸性水	水の電気分解により、陽極側にできる水で、強い酸性を持ち殺菌作用が強い
海洋深層水	深海の海水で、細菌が少なく清浄であり、汲み上げる場所によりミネラル分が異なり、差別化を図っている
超臨界水	温度、圧力が臨界点を超えた状態にある水で、溶媒のような働きを持ち、物質を溶解したり、物質を抽出する能力が高い

column

世界に誇れる日本のハイテク水洗トイレ

日本で水洗トイレが発売された大正8(1919)年頃は、大小洗浄の区別がなく、1回の洗浄には20リットルの水が使われていました。それから徐々に、使う水の量が減り始め、昭和50(1975)年頃には13リットルほどになりました。平成に入り、「大」と「小」で洗浄水量を操作できる水洗レバーが普及し、平成10(1998)年頃には洗浄水量が「大」洗浄で6〜8リットル、「小」洗浄で4〜5リットルまでに減りました。最近では「大」で4リットル程度の超節水型水洗トイレも発売されています。

日本人のトイレにかける情熱は水洗トイレをハイテクな代物に進化させ、世界を驚かせています。冬場に温かい暖房便座は、常時暖房式と人間を感知し瞬間暖房するセンサー方式があります。また、用を済ませたあとは臭いが気になるものですが、脱臭装置が搭載されているのでひとまず安心です。活性炭フィルターとオゾンを組み合わせて脱臭する方法や、最近ではプラズマ技術を応用した脱臭方法も用いられています。

ボタンを押すと一定時間、便器の洗浄音(擬音)を流す擬音装置は、節水に役立ちます。擬音装置はさらに進化し、最近では、リモコン部にクラシック音楽や好きな音楽を再生できる再生装置が組み込まれている場合もあります。SDカードに自分の好きな音楽を入れ、再生装置に差し込めば、トイレがたちまち優雅な空間に早変わりします。

使用後は自分でレバーを引かずとも、便器のセンサーが人が立ち上がったのを感知し、自動洗浄してくれます。また、電気分解した機能水で尿石を洗い流す強力な洗浄タイプもあります。

極めつきは、健康診断装置付きトイレです。「インテリジェンストイレ」と呼ばれ、「尿糖値」、「血圧」、「体脂肪」、「体重」などを自動測定し、パソコンで健康管理できるトイレも発売されています。

第4章

世界各国の水ビジネスの最前線

海外では、農業による帯水層の枯渇危機や、汚染水の都市部への流入など、様々な問題が起きています。アメリカや中国、新興国で発生している水資源問題や、早期から民営化が進むヨーロッパにおける水ビジネス成功の軌跡などを追うことにします。

アメリカ 大国に忍び寄る水不足

1

アメリカは広大な国土であるため、州ごとに大きな降水量の差があります。また、カナダとの国境である五大湖の水位も過去最低水準に落ち込んでいます。

資源の偏在が水不足を加速

アメリカにおける一人当たりの年間水資源量は一万七五五立方メートルにのぼります。この量を日本と比較すると、約三倍もの水資源を保有していることになります。しかし、広大な国土であるがゆえに、州ごとで降水量に大きな差があります。カナダとの国境にある五大湖の水位は過去最低水準まで減少しています。アメリカにおける水の問題は一九七〇年頃から指摘されてきました。毎年水位が低下し、汚染も深刻化しています。地球温暖化の影響説もありますが、アメリカの水資源の偏在が水不足のおもな原因となっています。

人口の急激な増加も水不足に拍車をかけています。アメリカの人口は現在約三億人ですが、ヒスパニック移民の増加などにより、二〇五〇年までに約四億二〇〇〇万人に増えることが予想されています。

農業を支える化石水の枯渇

人口増加に加え、アメリカは世界最大の農業国であり、世界最大の穀物輸出国でもあります。アメリカが抱えているもう一つの問題として、穀物地帯を支えている、地球最大規模ともいわれる**オガララ帯水層**の枯渇危機があります。日本の国土の一・二倍に当たるこの帯水層は、氷河期からの雨水が何千年とかけて蓄えられた化石水であり、過剰なくみ上げで枯渇の危機に瀕しています。

その取水量は自然の循環で蓄積される量よりもはるかに多いため、元の水量に回復することは困難です。

ワンポイントコラム

【ヒスパニック移民の増加】 アメリカにおいて、中南米から移住した人の総称。スペイン系が多い。2000年の調査では、アメリカ移民の割合で最大だったのがヒスパニック系の移民で全体の59%を占めていたが、2010年の調査では、アジア系移民が急激に増え、アジア系移民が36%、ヒスパニック系移民が31%であった。

各州が抱える水問題

　また、各州の水に関する問題や課題も山積しています。カリフォルニア州は、コロラド川につながるアリゾナ州のミード湖を取水源として利用してきました。しかしこのまま水資源を使い続けると、一〇年以内に枯渇するとアメリカの会計検査院は指摘しています。これにより、カリフォルニア州は深刻な水不足に陥る危険性があります。コロラド川の下流にあるメキシコでは、川が海まで流れない、途中で川が消える**断流**という現象がたびたび起こっています。

　テキサス州では、百年来の干ばつで深刻な水不足に直面しています。水資源の枯渇により、農家が土地を手放す事態も起きています。フロリダ州では地下水を過剰にくみ上げた結果、海水が浸入してしまい、今では膜技術を使って脱塩しなければ飲めない水になってしまいました。

　各地で起こる水資源の問題を解決すべく、オバマ大統領は国を挙げて対策にあたらせています。

オガララ帯水層

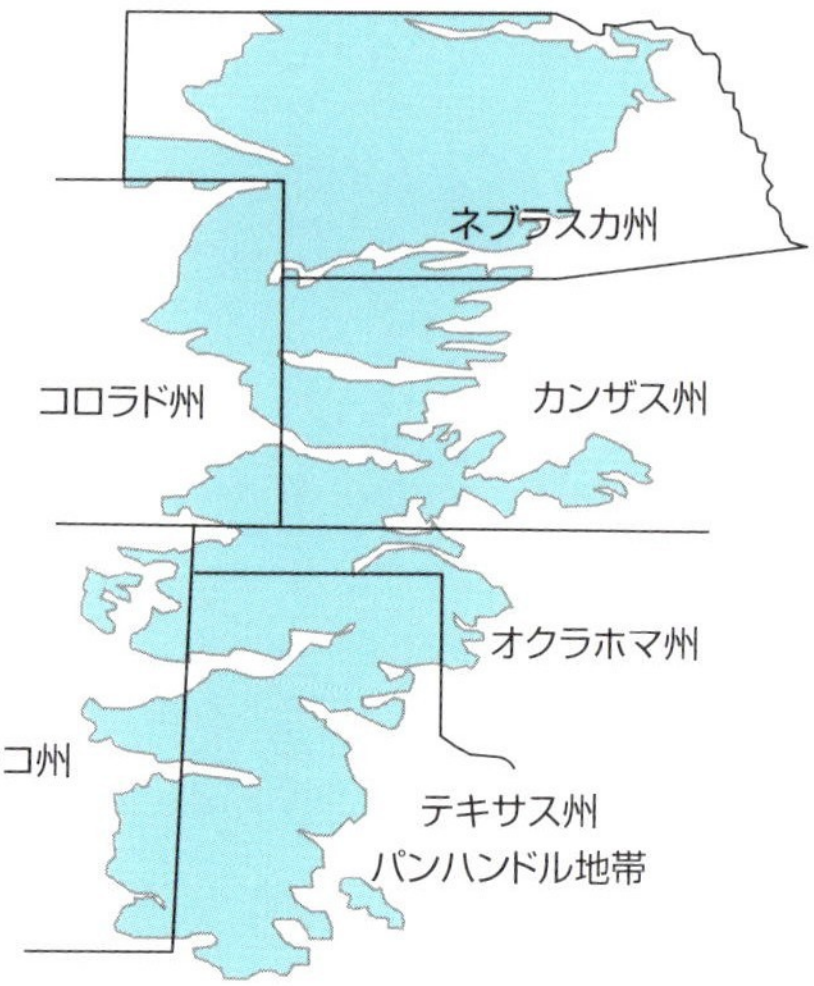

・面積は日本の国土の1.2倍
・世界最大の穀物地帯

※世界最大の帯水層

出所：米国農務省資料

用語解説　＊**オガララ帯水層**　アメリカにある世界最大の帯水層。

2 ヨーロッパ① フランスの技術戦略

国際標準化に取り組むことは、将来的な国益につながります。フランス政府は、二〇〇一年にISO／TC224（上下水道サービスの国際規格化）を提案し、国際標準化に力を入れてきました。

水メジャーが台頭するヨーロッパ

水メジャーとは、石油メジャーにならって称された巨大な水利企業のことです。世界で水メジャーと呼ばれるのは、第2章でも説明したとおり、フランス系企業のヴェオリア・ウォーターとスエズ・エンバイロメント、英国のテムズ・ウォーター・ユーティリティーズの三社です（本文二五ページ参照）。水メジャーは海水を淡水化するビジネスや、大都市向けの上下水道民営化に大きな力を発揮しています。

官民一体で推進した水ビジネス

水メジャーを多く輩出しているフランスの上下水道の事業主体は、日本と同じ自治体ですが、約一六〇年前から上下水道を民間に委託してきた歴史があります。二〇〇八年時点では、上水道の七一パーセント、下水道の五五パーセントを民間に委託しています。

一九九〇年頃はヴェオリア・ウォーター、スエズ・エンバイロメント、そして**ラ・ソー**の三社がフランス国内の上下水道事業を寡占していました。フランスの国内マーケットが飽和してきたため、ヴェオリア・ウォーター、スエズ・エンバイロメントは海外進出を試みました。フランス政府の政治力を後ろ盾として、長年蓄積してきた豊富な経験やマネジメント能力、資本力を駆使しながら、世界の民営化市場を席巻してきました。

大統領がトップセールスマンとして、精力的な活動を行っていて、以前、東京都が朝霞浄水場を建設する際にも、都知事宛てにフランスの大統領から要望書と

用語解説

＊**ISO／TC224（上下水道サービスの国際規格化）** ISO（国際標準化機構）の224番めの技術専門委員会（Technical Committee）。フランスから提案された上下水道サービスにかかわる国際基準作りを行っている。

カタログが送付されてきて、具体的な提案まで書いてあったといいます。

また、横浜市の浄水場の**民間委託（PFI）**事業でも、在日フランス大使館が水のセミナーを開くなど、積極的なプロモーションが行われました。

ＩＳＯ戦略を推進するフランス

フランスは二〇〇一年四月、ＩＳＯ事務局に上下水道サービスの国際規格化を提案し、二〇〇六年に国際規格として標準化されました。フランスが国際規格化を提案した背景には、前述の水メジャーの存在があります。フランスから提案されたビジネスプランの目的には、①上下水道サービスの活動についていっそうの透明性が図られるように消費者、行政当局、水道事業者との対話を促進、②事業者間の業務内容の容易な比較などが盛り込まれています。最初の提案書には、フランス国内の規格の考え方が網羅され、フランス系企業の海外展開を有利にすることからも、各国から反発や疑問が投げかけられましたが、五年間の討議を経て**ＩＳＯ／ＴＣ224**は**ＩＳＯ 24500シリーズ**として発行されました。

国際標準化の目的

- 互換性、相互接続性の促進
- 市場の拡大
- 低コスト化、調達の容易化
- 技術の普及
- 品質、安全の確保

出所：首相官邸の資料を参考に作成

用語解説

＊**民間委託（PFI）**　PFI＝Private Finance Initiative。民間資金を活用し社会資本を整備し、より効率的に公共サービスを提供すること。

3 ヨーロッパ② イギリスとその他の国の動向

イギリスでは民営化の潮流により、三大メジャーの一角であるテムズ・ウォーター・ユーティリティーズが誕生しました。ドイツ、スペインでも民営化の流れが加速しています。

イギリスの海外展開の動向

イギリスの水メジャーであるテムズ・ウォーター・ユーティリティーズは、国内ではロンドンからオックスフォードに至るテムズ川の中流域を中心にイングランドとウェールズの八八〇万世帯に水道を提供し、周辺を含めた一四〇〇万世帯の下水を処理しています。一九八九年のマーガレット・サッチャー政権下でテムズウォーターは民営化されましたが、二〇〇〇年にドイツ第二位の電力会社RWEに買収されました。さらに、二〇〇六年にオーストラリアの水事業会社に売却され、現在に至っています。テムズウォーターは最近はイギリス国内事業の水道料金の改定問題で海外への投資やプロジェクトへの参加は控えている状況です。

ドイツの海外水ビジネスの展開

ドイツは民間企業の国際展開で遅れをとっています。この状況を打開すべく、連邦政府の主導により**ドイツ水道パートナーシップ(GWP)**という官民の協働プラットフォームを組織し、水道事業の海外展開の仕方を検討しています。

ドイツの水関連企業は中小企業が多いため、国際競争力に欠け、企業間や公共機関との連携が取れていませんでした。このためドイツ政府は、二〇〇八年に海外展開に向けた企業間の連携、研究機関や連邦省庁との協調を推進する基盤としてGWPを設立しました。民間企業約一四〇社が参加し、情報交換、技術革新を推進しています。

スペインの海外水戦略

スペインは長年、降水量の不足と干ばつに悩まされています。特に内陸での水資源の確保がむずかしく、それを補完するため、海水淡水化プラントが多く建設されていて、累計八〇〇カ所以上に及んでいます。さらなる需要に対応するため、新たな水源確保として海水淡水化能力を二〇一〇年の五億立方メートルから、二〇一五年に一二億立方メートルと増大させ、さらに、再利用水の能力を四億立方メートルから三倍の一二億立方メートルにする計画を推進しています。

OECD調査報告書によると、スペインの上下水道施設の民間委託率は高く、上水道の民間委託率は人口の四五パーセント、下水道は五二パーセントにのぼっています。水道事業を海外に事業展開しているのは、**アグバル・グループ**と**アクアリア**です。アグバル・グループは**アグアス・デ・バルセロナ**の傘下で水・環境事業を行っています。海水淡水化技術を有しているアグバル・グループと**アクシオナ・グループ**は海外水ビジネスに積極的に取り組んでいます。

ドイツ水道パートナーシップ

- ・ドイツ連邦環境省（BMU）が窓口
- ・水ビジネス業界の企業間の連携強化
- ・市場開拓での関連研究機関、連邦省庁による支援
- ・海外からの問い合わせ窓口の一本化
- ・国際見本市でのプレゼンス強化

背景：世界の水処理技術の 16.5% がドイツ製

有望市場：東欧、アジア中進国、途上国

出所：ドイツ連邦環境省

用語解説

＊**OECD調査報告書**　ヨーロッパ諸国を中心に日本やアメリカを含め34カ国が加盟する国際機関の報告書。

＊**アグバル・デ・バルセロナ**　スペインの水道会社。

中国　世界が狙う水市場

4

広大な国土を保有している中国では、国民一人当たりの年間水資源量が世界平均の五分の一程度です。水不足と国や地方政府の予算難で上下水道のインフラ整備が遅れています。そのため現在、民間資本による上下水道の整備を急ピッチで進めています。

水質汚染と水不足が進む中国

中国の**水資源広報二〇〇九年版**によると、水資源量は約二・四兆立方メートルとされています。一人当たりの年間水資源量では、約一八〇〇立方メートルと換算できます。これは世界平均からすると、五分の一程度の水準です。特に中国北部の華北地域（北京市、天津市、河北省、山東省）では、一人当たりの水資源量が約四〇〇立方メートルであり、世界平均の五パーセントに満たない状況です。国家を支える経済と農業の中心地に、水資源が少ないということになります。

この状態を改善するために、中国政府は長江上流から取水し、水量の多い南部地域から北部に水を移送する計画として**南水北調プロジェクト**を進めています。しかし、近年では長江の水質汚染が激しく、中央ルートが完成しても農薬と重金属が含まれた汚染水が流入してくるのではないかと危惧されています。

中国における水ビジネスの動向

中国において上下水道のインフラ整備で民間資本が本格的に導入されたのは、一九九〇年代以降であり、フランス系水メジャーが大都市に参入しました。二〇〇〇年以降、ヴェオリア・ウォーターは、中国の主要都市、北京、上海、天津などで二三プロジェクトを、またスエズ・エンバイロメントは香港、重慶、無錫、青島などで二一プロジェクトを獲得し、大規模な水ビジネスを開

用語解説

＊**南水北朝プロジェクト**　中国南方で取水して北方地域に引水し、慢性的な水不足を解消するための国家プロジェクト。3つのルートで進んでいる。

始しました。二〇〇二年からは外国資本が参加できなかった水道管路の整備や更新事業が市場開放され、海外資本による水ビジネスが急拡大しました。二〇〇八年以降は、中国の財閥系企業や地元企業が水ビジネスの中心的存在になっています。自来水公司（水道局）や排水公司（下水道局）は中国国内の多くの県や市、地方政府が設立した項目公司（プロジェクト・カンパニー）が運営することになっています。外国企業や国内企業は項目公司と組んで、浄水場の建設や水質管理、管網の維持などの事業を行っています。

中国では、上水道に比べ下水道が遅れています。今後は下水処理した際に発生する汚泥処理が大きなビジネスになることでしょう。現在は、濃縮された汚泥は十分な処理がなされずに下流に放流されたり、また埋立地で野積みになっていたりする例が多く、無害化、資源化することが重要な課題となっています。

また中国の沿海部では、水不足が深刻であり、海水淡水化のプロジェクトが次々と計画されています。下水や工場排水のリサイクル（再生水）が一部義務付けられたことから、海水淡水化や再生水のビジネスが拡大すると予想されます。

中国における外資系水企業の活躍

企業名	トピック
ヴェオリア（約1兆円にのぼる22プロジェクト実施中）	天津、成都、北京、上海、ウルムチなどの上下水道事業経営、O&M契約
スエズ（約9,000億円にのぼる21プロジェクト実施中）	重慶、青島、常熟などの上下水道、上海石化排水
GE	・上海に研究センターを設置（50億円投資） ・膜処理で中国市場を攻める
シーメンス	・CNCウォーターテクノロジーを買収、膜処理に強み

5 韓国　水ビジネス成功の軌跡

韓国は国を挙げて水ビジネスに取り組んでいます。すべての産業において世界に通用する韓国メーカーを作り出すことを目標に、水ビジネスにおいても世界に通じる企業を育成しています。

韓国における水資源の取り組み

韓国の李明博大統領は、ソウル市長時代に、川にかかる高速道路を撤廃し、清渓川を復活させるなど水問題に対して積極的な取り組みで知られています。李大統領が打ち出した**韓国版グリーンニューディール政策**には四大河川の改修、上下水道の整備増強が織り込まれ、環境部（日本では環境省の役割）が中心となり韓国環境技術振興院、水処理先進化事業団、水資源公社、ソウル大学などが産官学を挙げて水産業育成のプロジェクトを推進しています。具体的には二〇〇四年に**先進的水処理技術等に関する研究開発事業（Eco-STAR）**を開始し、六年間で一〇〇〇億ウォンを投資しました。また水資源公社は二〇〇五年に**水処理膜開発事業（SMART Project）**を実施し、国土海洋部は二〇〇六年に**海水淡水化関連技術開発に係る大型国家プロジェクト（SEAHERO）**を開始しました。開発期間は五年八カ月にのぼり、二五大学、六研究機関、民間企業二八社から約五〇〇人もの研究者が参加する一大プロジェクトであり、予算総額は一六〇〇億ウォンにのぼりました。

韓国における水ビジネスの取り組み

韓国は、今後、膜技術で世界を席巻する日本を追い抜き、海水淡水化市場のトップに躍り出る戦略です。革新的な膜開発だけではなく、システム構成や省エネのプロセス開発にも力を入れています。二〇〇六年に発表された**水産業育成方策**では、①水産業を二〇一五

用語解説
＊**韓国版グリーンニューディール政策**　韓国政府によるグリーン成長戦略に雇用政策を融合させた政策で、96万人の雇用創出を目指している。

年までに二〇兆ウォン規模に育成させる、②世界一〇大水企業の中に韓国企業を二社以上ランクインさせるという目標を掲げています。

積極的な海外展開

海外展開に力を入れている一社が**韓国水資源公社（K-ウォーター）**です。一九六七年に設立された公社で、ダム開発から用水供給事業や広域水道事業を担当する国営企業です。株式は韓国政府が九〇・四パーセント、韓国開発銀行が九・五パーセント、地方自治体が〇・一パーセント保有しています。

K-ウォーターでは、国内の一二カ所のダム管理や韓国国内の約五割の用水供給（一日当たり一七〇〇万トン）を担っています。水資源開発調査などを積極的に海外展開しており、パキスタンやカンボジア、モンゴル、ベトナムなどで実績を積んでいます。今後は、韓国メーカーが設置した水処理装置のオペレーションやメンテナンス事業を受託し、水資源から用水供給まで一貫して手掛けることを目標としています。

韓国版グリーンニューディール政策

（2009〜2012年）

主要事業	投入予算	雇用創出
四大河川整備および周辺整備事業	17兆9,917億ウォン	27万5,973人
グリーン交通網の構築	11兆1,438億ウォン	16万2,121人
グリーン国家情報インフラの構築	7,456億ウォン	2万77人
代替水資源確保および親水環境中小ダムの建築	1兆6,302億ウォン	3万985人
グリーンカー、グリーンエネルギーの普及	2兆2,765億ウォン	1万5,179人
資源再活用の拡大	2兆8,628億ウォン	5万4,722人
山林バイオマス利用の活性化	3兆3,232億ウォン	22万7,330人
エネルギー節約型グリーンホーム・オフィス・スクールの拡大	9兆4,116億ウォン	15万4,992人
快適なグリーン生活空間の形成	6,638億ウォン	1万5,041人
合計（27の連携事業を含む）	50兆492億ウォン	95万6,420人

出所：韓国企画財政部

6 シンガポール　水ビジネスへの挑戦

シンガポールは、隣国からの水資源供給交渉を契機として、自国で水資源を創出すべく、下水の再利用を推進しています。

シンガポールの水戦略

シンガポールの水ビジネス政策は世界的にも有名です。国内の水需要の五〇パーセント以上を隣国マレーシアから輸入していたシンガポールは、長期水購入契約の更新にあたり、マレーシアから当初の価格の一〇〇倍（現在は二〇倍で交渉中）の要求を突き付けられました。このままでは国家の安全が損なわれるおそれがあることから、国を挙げて水問題解決に取り組みました。

海水淡水化、雨水の回収、下水の再処理水利用、海を仕切って淡水湖の貯留による水資源創出に取り組むにあたり、早期に成果を上げるため、世界中の水に関する企業に国家プロジェクトへの参加を呼び掛けました。シンガポール政府は一〇〇億円以上を投資し、外国人研究者や企業が研究開発しやすいように**ウォーターハブ**（世界の水研究、水ビジネスの中心となる研究開発センター）を設立しました。この動きを受け、アメリカの**ゼネラル・エレクトリック（GE）**、ドイツの**シーメンス**、フランスのヴェオリア・ウォーター、日本から**東レ**、**三菱レイヨン**、**旭化成ケミカルズ**など、名だたる企業が競ってシンガポールに水ビジネスの研究拠点を設置しました。

その成果は海水淡水化プラントや下水処理場に反映され、下水から飲用水を作り出す**ニューウォーターセンター**などを短期間に完成させることができました。

なぜ企業が続々とシンガポールに進出したかというと、税制優遇策など、外国企業に多くのインセンティブが約束されたからです。

用語解説

＊**ウォーターハブ**　シンガポール政府が進めている水ビジネスの研究開発、製造の拠点。自国企業への水処理技術の蓄積を図っている。

シンガポールでは、国所有の上下水道施設や国内の民間企業が保有する排水処理装置などを革新的な実証試験場として積極的に外国企業に解放しています。

ニューウォーター計画

ニューウォーター計画とは、通常の下水処理水を膜を用いて飲料に適した水を作り出すプロジェクトです。二〇〇三年、ベドック地域にある下水処理場で初の水処理プラントが完成しました。現在五つあるニューウォーターのプラントを合わせると、現在のシンガポール水需要の約三〇パーセントを賄うことができます。製造されたニューウォーターは現在、工業用水や産業用に使われていますが、その一部は本来の目的である飲料水にも使われています。もちろん飲用水は、一度貯水池に滞留させてから再度、浄水処理を経て、給水されているため安全です。

下水を飲用水に再生する、心理的な抵抗を少なくするために、シンガポール政府は小中学生にニューウォーターセンターの見学を義務付け、帰りにはニューウォーターのペットボトルを持ち帰らせています。

ニューウォーター製造

処理施設で全国水需要の30%を確保
クランジ
セレター
チャンギ
ウルパンダン
ベドック

出所：シンガポール公益事業庁（PUB）

用語解説

＊**ニューウォーターセンター** シンガポール政府がつけた造語で、下水から膜処理などを用いて飲料水まで作り出す水再生センター。

7 インド 開拓のむずかしい市場

インド政府の水資源省の発表では現在でも水不足が深刻であり、二〇三〇年には、さらに年間六〇〇立方キロメートルの水需要(現在の一・五倍)が見込まれてます。水ビジネスはこれからです。

大都市の上下水道の現状

インドは三二八万七千平方キロメートル、日本の八・七倍という南アジア最大の国土面積を持ち、年間の水資源量も日本の四・六倍に当たる一九〇〇立方キロメートルにのぼります。しかし人口が多いため、一人当たりの年間水資源量は日本の約半分に当たる一六〇八立方メートルしかありません。インド南部は降雨量が多く、六月初めから四カ月間でインド全土の年間降雨量の四分の三に当たる雨が降りますが、貯水池や灌漑用水路が少ないために、洪水となって流れ去ってしまいます。そのため、乾いた灼熱の大地だけが残されるのです。インド政府の水資源省の発表では、二〇三〇年に、年間六〇〇立方キロメートルの水需要が予想されています。水資源が国の将来を左右するため、インド政府は水資源の確保に奔走し、国民にも節水を呼び掛けていますが、いまだ効果は上がっていません。一つの理由としては、インドは多民族国家であり、使用されている言語は八〇〇語以上にものぼるためです。

インドの水ビジネス

上下水道の普及状況については、都市ごとに大きく異なります。インドの都市開発省のレポートによれば、大半の都市は水道普及率は四〇〜八〇パーセント、送水しても料金収入にならない無収水率が三〇〜五〇パーセントにのぼります。また給水時間は、一日当たり二〜一〇時間、下水道普及率は二〇〜八〇パーセントほどです。しかし現実はもっと厳しいようです。首都

ワンポイントコラム　【多言語国家インド】国が発行するお札は、17もの言語で印刷されている。

のデリーでさえ水道普及率が七〇パーセント、漏水、**盗水**率が五〇パーセント、給水時間は一日当たり三時間です。したがって水道水がくるタイミングで容器に貯めておかなければ、一日中水を使うことはできないのです。

インドの水市場開拓のむずかしさ

インドが抱える最大の問題は、水にお金を払う習慣のない人が多いことです。インド最大の都市ムンバイの人口は一八〇〇万人といわれていますが、スラム街に居住しているのは、九〇〇万人とも一〇〇〇万人ともいわれていて、ほとんどが電気代や水道代を払っていません。水道料金は極端に安いため、利益を得ることがむずかしい状況にあります。

そんななかで、ボトルウォーター産業が躍進しています。インドではボトルウォーターが金額ベースで、年間約二六〇〇億円ほどで販売され、二〇二〇年にはその金額はガソリンの販売総額を抜くのではないかと予想されています。過去五年間の統計によると市場の伸びは二五パーセントにのぼります。

インドの水資源

①面積(千㎢)	②人口(千人)	③平均降水量(㎜/年)
3,287	1,181,412	1,083
④年降水総量(=①×③)(km³/年)	**⑤水資源量(km³/年)**	**⑥1人当たり水資源量(=⑤÷②)(m³/人・年)**
3,560	1,900	1,608

出所：国土交通省「平成23年版日本の水資源」

8 中東　国際河川をめぐる紛争

世界人口の約五パーセントを占める中東地域ですが、地下水はすでに枯渇寸前で、希少な水源である河川は数カ国を流れ、水資源は中東地域の国々の紛争の種となっています。

水資源が争いの種に

世界の人口のうち、約五パーセントを占める中東地域。この地域で利用可能な淡水は世界の一・一パーセントしかありません。地下水はすでに枯渇寸前であり、もう一つの希少な水源である河川は複数の国をまたがって流れているため、紛争の種となっています。

多数の水源を持つトルコは、中東地域で最も水資源が豊富であり、シリアは水需要の約五〇パーセントをトルコに依存しています。親米派としてトルコと軍事的協調関係にあるイスラエルは二〇〇四年に、自国の戦車および軍事技術と引き換えに、一年当たり、国内需要の三パーセントに当たる、五〇〇〇万立方メートルの淡水を二〇年間トルコから輸入することに合意し、世界を驚かせました。

ヨルダン川をめぐる紛争

ヨルダン川は、イスラエル、シリア、レバノン国境の山脈やゴラン高原を水源とし、ヨルダン、イスラエル、シリア、ヨルダン川西岸地域、レバノンを流れ、死海に注ぎます。

ヨルダン川流域の水資源の支配関係を決定付けたのは、ヨルダン川の**転流工事**着工をきっかけとする一九六七年の第三次中東戦争でした。イスラエルはシリアに勝利し、一年中保水力の高いゴラン高原とヨルダン川西岸地域の帯水層を管理下に治めました。その結果、イスラエルによりヨルダン川の全取水量の七五パーセントが同国内に供給され、一方、パレスチナでは二週

用語解説　＊**転流工事**　ダム工事の際に、川の流れを一時的に他の場所に流す工事のこと。

間に一回の頻度で、数時間しか供給されないという不均衡な水分配が行われることとなりました。イスラエルの過剰取水により、ヨルダン川西岸地域の帯水層に海水が侵入し、深刻な塩水化に陥っています。

シリアは、ゴラン高原を取り返すべくイスラエルとの協議を重ね、またヨルダンは、一九九四年にイスラエルから一年に七二〇〇万立方メートルの淡水を輸入することで合意しましたが、まともに約束が果たされず水資源確保に苦戦している状況です。

資源を求めて紛争が続いている中東諸国ですが、この窮地を救うのが海水淡水化であり、中東が今後、最大の市場となりつつあります。オイルマネーが豊富な**湾岸協力会議（GCC）**に属するアラブ首長国連邦（UAE）、サウジアラビア、クウェート、カタール、オマーン、バーレーンの六カ国では、巨大リゾート、工業団地、タワービルディングなどの建設プロジェクトが進み、電力、水需要は上昇する一方です。河川からの取水が期待できない地域であるために、海水淡水化の需要が高まっているのです。

中東の水ビジネス市場の事業分野成長見通し

（上段：2025年…合計7.5兆円、下段：2007年…合計3.1兆円）

業務分野 事業分野	素材・部材供給 コンサル・建設・ 設計	管理・運営サービス	合計
上水	1.3兆円 （0.7兆円）	2.3兆円 （0.9兆円）	4.7兆円 （2.5兆円）
海水淡水化	1.1兆円 （0.9兆円）		
下水処理	2.1兆円 （0.5兆円）	0.7兆円 （0.1兆円）	2.8兆円 （0.6兆円）
合計	4.5兆円 （2.1兆円）	3.0兆円 （1.0兆円）	7.5兆円 （3.1兆円）

出所：Water Market Middle East2010　注：1ドル＝100円換算

用語解説

＊**湾岸協力会議（GCC）**　GCC=Gulf Cooperation Council。中東・アラビア湾岸地域における地域協力機構。

9 アフリカ　水問題は永遠の課題

アフリカの水問題は、永遠の課題です。これまで、国連機関や先進国が水の供給施設に資金を投入してきましたが、維持管理の費用問題などから水の安全供給に対する問題の解決には至っていません。

アフリカの水問題と貧困

各地で進む水問題は、全世界で取り組むべき最重要課題です。

国連では、発展途上国における貧困や飢餓をなくすためのミレニアム開発目標を掲げました。その中で、「二〇一五年までに、安全な飲料水と基礎的な衛生施設を持続可能な形で利用できない人々の割合を半減させる」と言及しています。これによると、二〇一五年までに、多くの発展途上地域で、飲用水目標を達成するめどが立ちます。発展途上国の人口の八六パーセントに安全な飲用水が行き届くとしています。

飲用水の環境は、改善を見せているものの、アフリカのサハラ以南の地域では、いまだ水道の普及率が低く、全人口の六〇パーセント程度にしか行き届いていません。

特に都市部と農村部の格差が大きく、都市部では八三パーセントが改良された水源を利用しているのに対し、農村部ではわずか四七パーセントほどにとどまっています。

アフリカの水ビジネス

アフリカ諸国の大半は政情が不安定であり、あらゆる公共インフラ整備が望まれていますが、資金難で遅々として進んでいません。水に関していえば、アフリカの人口約一〇億人中、約半数の五億人はいまだに水道の恩恵を受けていません。この状況を改善するために、世界銀行や**国際通貨基金（IMF）**が上下水道の民営化を融資の必須条件として打ち出しましたが、成功している例は少ないのが実情です。成功している例としては、一九六〇年代、フランス第三位の水道事業会社であるラ・ソーはコートジボワール、ギニア、中央アフリカ、セネガルとフランスの旧植民地を中心にビジネスを広げてきました。

一九九七年、ヴェオリア・ウォーターはガボンにおける電力、水道の二〇年間にわたる**コンセッション**を受注しました。二〇〇〇年にはチャドの水道リース、二〇〇一年にはニジェールで一〇年間の水道リース事業、さらにモロッコのタンジェ市における二五年間の電力、水道のコンセッションを契約しています。一方のスエズ・エンバイロメントは一九九五年にギニア、一九九七年にはモロッコのカサブランカで電力、水でコンセッション契約を結び、二〇〇〇年にはカメルーンの国営水道会社の株を取得、二〇〇一年には南アフリカ共和国のヨハネスブルクの水道の運転管理を獲得しています。

アフリカの水需要将来見通し

		1995年	2025年	1995年／2025年
生活用水	(10億m³)	17	60	3.5
工業用水	(10億m³)	10	19	1.9
農業用水	(10億m³)	134	175	1.3
合計	(10億m³)	161	254	1.6
人口	(100万人)	743	1,558	2.1
1人当たり生活用水使用量(リットル／人・日)		63	105	1.7
1人当たり合計水使用量(リットル／人・日)		593	446	0.8

出所：Assessment of Water Resources and Water Availability in the World;Prof.I,A. Shiklomanov,1996（WMO 発行）

用語解説

＊**コンセッション** 民間事業者が水道事業を運営する権利を得ることができる契約。一方、水道事業体が設備を建設し、民間事業者が運営することをアフェルマージュ契約という。

10

中南米 民営化が進展する地域

中南米は世界で最も上下水道の民営化が進んだ地域で、二〇〇三年当時の民営化率は、チリが六〇パーセント、アルゼンチンが五六パーセント、メキシコが一八パーセントに及んでいます。

日本企業が積極的に進出するチリ

チリは、都市部の水道普及率が九八パーセント、トイレの水洗化率は八九パーセントと先進国並みであり、一九九〇年以来、水道事業の効率的な運営を図るために一三の国有水道会社に補助金を与え支援してきました。しかし、都市下水の普及率が低いため、これを解決するために、チリ政府は国有の水道会社の売却を進め、約半数の水道会社を民営化しました。

二〇一〇年現在、チリの水道事業を担っているおもな事業者は、スエズグループ、カナダの年金ファンドが保有する**チリ水道公社**、**アグアス・ヌエヴァ**です。アグアス・ヌエヴァは、二〇一〇年に日本の商社、**丸紅**に買収されました。丸紅はチリのバルディビア市で水道会社を経営する**デシマ**も買収し、水道事業に参入しています。

民営化で揺れたアルゼンチン

一九八〇年代、アルゼンチン国内は二三の州とブエノスアイレス首都圏で水道事業が行われていましたが、水道管路のカバー率が低く、コスト高で水道料金の徴収率も悪いため、破たん寸前でした。一九八九年にメネム大統領は**国家行政改革法**を成立させ、ガス、サービス、水道分野の民営化が促進されました。

一九九一年から水道民営化が始まり、二〇〇〇年時点で六五パーセントの水道事業が民営化されました。しかし民営化の目標とされていた水道料金の引き下げは、まったく期待できず、かえって値上げが相次ぎまし

用語解説 ＊**国家行政改革法** 国の行政機関の再編成や行政組織の減量、効率化を目指す法律。

た。また、設備更新も不十分であるために、市民からの抗議運動が盛んになり、二〇〇六年、水道事業の再国営化を宣言し、現在に至っています。

首都の水道事業を分割したメキシコ

メキシコの首都、メキシコシティには周辺人口を含めて約一九〇〇万人が暮らしています。利用可能な水源は地下水であり、都市の巨大化につれ、地下水の過剰くみ上げで深刻な地盤沈下を引き起こしました。

一九九二年にメキシコ政府は水利権を設け、メキシコシティを四つに分割し、それぞれの地域を民間水道会社に委託することを決定しました。フランス系のオンディオ、ヴェオリアグループとイギリス系のユナイテッドユーティリティーズ、セバーントレントの二つのコンソーシアムが一〇年間の契約を確保し、一九九四年から事業を開始しています。メキシコでの日本勢の活躍は、二〇〇八年に三井物産が現地のアトラテック(旧アーステック)を買収し、二〇〇九年にメキシコ第二の都市圏、グアダラハラ市で二〇年間の下水処理サービス事業を獲得しています。

中南米の水道民営化率

	(民営化人口)総人口	民営化率
メキシコ	(1,700万人)9,600万人	18%
ブラジル	(950万人)1億6,000万人	6%
アルゼンチン	(2,000万人)3,600万人	56%
チリ	(880万人)1,460万人	60%

出所：氏岡庸士著「水道ビジネスの新世紀」(水道産業新聞社)

11 マレーシア、オーストラリアの水道事業

マレーシアでは、国家上下水道事業委員会から認可を受けた民間事業者が上下水道事業を行っています。一方オーストラリアは州ごとに水道事業の経営の仕方が異なり、民間同士を競争させてサービスの質を高めている州もあります。

マレーシアの水道事業

マレーシアはマレー半島とサバ州およびサラワク州があるボルネオ島から成り立っています。いずれも赤道に近く熱帯雨林気候であり降雨量には恵まれています。マレーシアにおける上水道事業は、施設の保有と事業運営を分離しているのが特徴です。施設の運転は国家上下水道事業委員会から認可を受けた民間事業者が行っています。下水道事業も同様の構造でしたが、一九九三年の**下水道事業法**により地方自治体から連邦政府に権限が移管されました。

国が一元的に管理し、運営することを目標にして、国営企業である**インダー・ウォーター・コンソーシアム(IWK)**に委託しています。IWKは二〇一〇年一〇月現在で五七五〇カ所の公共下水道処理施設および一万三〇〇〇キロメートル以上の管網を管理しています。今後の課題としては、都市部の水道普及率は九九パーセントですが、その漏水率が三〇パーセント以上あり、漏水対策が急務です。

マレーシアは、海外への水ビジネス展開はほとんどしていません。以前、クアラルンプールとセランゴール州の民営化について地元民間企業とフランスのスエズ・エンバイロメントが共同の事業会社を興し、二〇〇四年に三〇年契約を交わしましたが、料金問題や投資回収の問題が起き、現在も紛争中です。

マレーシア向けの水ビジネスを考える場合には、無収水率の高さや、水道料金の低さが課題となっています。民営化を考える際には、水道料金の引き上げが不可欠です。

用語解説 ＊**下水道事業法**　下水道事業を促進させる法律。

民間の競争促すオーストラリア

オーストラリアの水道事業は、これまで州政府や自治体が担ってきました。その後、一九九〇年頃に、水道事業を手掛ける事業が独立法人化されました。その経営の仕方は州によって異なります。例えば、最大面積の西オーストラリア州では、州政府が保有する独立法人**ウォーターコーポレーション**が上下水道事業を行っています。南オーストラリアでは、独立法人の水道会社が設立されましたが、その業務の大半を民間に委託しています。州都アデレードではイギリス系のテムズ・ウォーター・ユーティリティーズと**ユナイテッドウォーター**が一五年間のO&M契約を締結しました。また、ビクトリア州の水道事業は一九九四年の経営改革で四つの水道事業体に分割されました。常に互いを競争させることによりサービスの向上と経営の効率化を求めています。

最近では、河川による水資源そのものの確保がむずかしくなり、給水管の整備にも資金がかかるために、海水淡水化計画が進んでいます。

オーストラリアの下水道・水リサイクル

事業場所	事業内容	概要	おもなライセンス取得企業
ローズヒル・カメリア地区	下水リサイクル	民間企業2社が下水リサイクル施設や配水管、貯水施設の建設、維持管理を行う。	ヴェオリア・ウォーター・ソリューションズ&テクノロジーズ(オーストラリア)(フランスの水メジャー、ヴェオリアのグループ企業)
シドニー市内	下水リサイクル	シドニー都市部における民間企業によるビル開発に合わせて下水リサイクル事業を導入。 リサイクル水は新規に建設されるビル内のトイレや冷房などに用いられる。	アクアセル社(オーストラリアの企業)
ダーリングハーバー地区	下水リサイクル	州機関であるシドニー湾岸機構の中心市街地再開発事業に合わせて下水リサイクル事業を導入。 リサイクル水は新規に建設されるビル内のトイレや冷房などに用いられる。	ヴェオリア・ウォーター・ソリューションズ&テクノロジーズ(オーストラリア)
バイロンベイ	下水道サービスの提供	NSW州北端の都市で新規に分譲、建設される住宅31戸を対象に下水道サービスを提供。	シモンズ&ブリストー(オーストラリアの企業)

出所：ニューサウスウェールズ（NSW）州水担当局、2010 Metropolitan Water Plan および IPART ウェブサイト

用語解説

*インダー・ウォーター・コンソーシアム(IWK)　マレーシア政府が全株を保有する下水道サービスを展開する民間企業。

column

地下水の権利

地下に蓄えられた地下水や水脈の権利は、いったいだれのものなのでしょうか。

地上にある淡水、つまり河川や湖沼などの表流水は、そのほとんどが法によって管理者、所有者に水利権が規定されています。

一方で、日本における地下水の権利は、明確な定義がありません。また地下水を規制する官庁も法律もありません。

ところで、温泉はどのように権利関係を規定しているのでしょうか。通常「温泉」と呼ばれる場合、「温泉法」や「温泉利用権」が絡んできます。しかし、温泉と地下水の確たる区別がありません。井戸を掘っていて温泉が出たときの権利問題や、逆に温泉を掘り当てようとして掘削したら、温泉は出なかったもののミネラル水が湧き出たなどというときの取水権などでもめることになるわけです。

地方公共団体として、また国として、利権争いが激化する前にその所有権の考え方や規定を定めておく必要があるのではないでしょうか。

諸外国に目を向けてみても、イタリアのようにローマ法の時代から水法が整備されており、「水は公水」という概念が定着している国はまれで、土地の所有者に権利を認めている国が大半です。権利に関する規定は、国や州により千差万別です。まさに「水もの」であるのです。

第5章

水ビジネス 国外主要企業

フランスでは、160年前から水道の民営化が始まっていました。この経験やノウハウをもとにして海外での水道事業を受託しているのが、フランス国籍のヴェオリア・ウォーターとスエズ・エンバイロメントです。海外の水ビジネスの覇権をめぐり、シンガポールや韓国などの新興企業も名乗りを挙げ、激戦となっています。

1 ヴェオリア・ウォーター

ヴェオリア・ウォーターの前身は、一八五三年に設立されたジェネラル・デゾーで、リヨン市の水道事業を手始めにフランス各地の水道事業を受託してきました。

企業の取り組み

ヴェオリア・ウォーターは、一八五三年に設立されたフランス国籍の企業で、環境事業で世界をリードするヴェオリア・エンバイロメントの水事業部門です。

親会社のヴェオリア・エンバイロメントは、世界七七カ国に社員約三二万人が在籍し、総合的な環境サービス事業を提供できる世界最大級のグループ企業です。

フランスでは、一九九二年に制定された**水法**によって上下水道は地方自治体が直接または間接的に手掛けることになっており、総人口の実に約八割が委託水道会社から給水を受けていますが、その給水事業を行う三社のうちの一社になっています。

ヴェオリア・ウォーターは、一八七九年には海外に初の子会社を設立しており、イタリア、スイス、ポルトガル、トルコなどに事業エリアを拡大してきた経緯があります。近年では、上海、ベルリン、ブカレストの各市などから大型の上下水道事業を受託するなど、グローバル企業として認知されています。

水事業のサービスの提供国は、二〇一〇年時点で六七カ国、上水道サービス人口は約一億人、下水道サービス人口は約七〇〇〇万人となっています。また約五〇〇〇カ所の浄水処理施設と、約三三〇〇カ所の汚水処理施設を管理しています。

地域別の売上比率では、フランスおよびヨーロッパが全体の約七割を占めています。

日本市場にも参入

ヴェオリア・ウォーターは、創業以来一六〇年以上に

用語解説 ＊**水法** フランスにおける河川を流域ごとに管理する制度。

ヴェオリア・ウォーター

- 国籍　フランス
- 設立　1853年
- URL
  http://www.veoliawater.com/
  http://www.veoliawater.jp/ja/（日本法人）

わたって積み重ねてきた水道の維持管理ノウハウが強みです。事業内容は、上水、下水処理施設の運転維持管理、上水、下水処理施設の設計・施工・管理、顧客サービス、管路維持管理といった水事業全般のほか、産業用水供給・排水処理事業や超純水および再生水事業が対象になっています。二〇〇二年五月には、日本法人の**ヴェオリア・ウォーター・ジャパン**を設立し、日本市場にも参入しました。各地で水処理プラントの運用保守契約を獲得し実績を伸ばしているほか、二〇〇八年には国内企業の**西原環境テクノロジー**を子会社化し、市場シェアのさらなる拡大を狙っています。

ヴェオリア・ウォーターの地域ごとの売上高

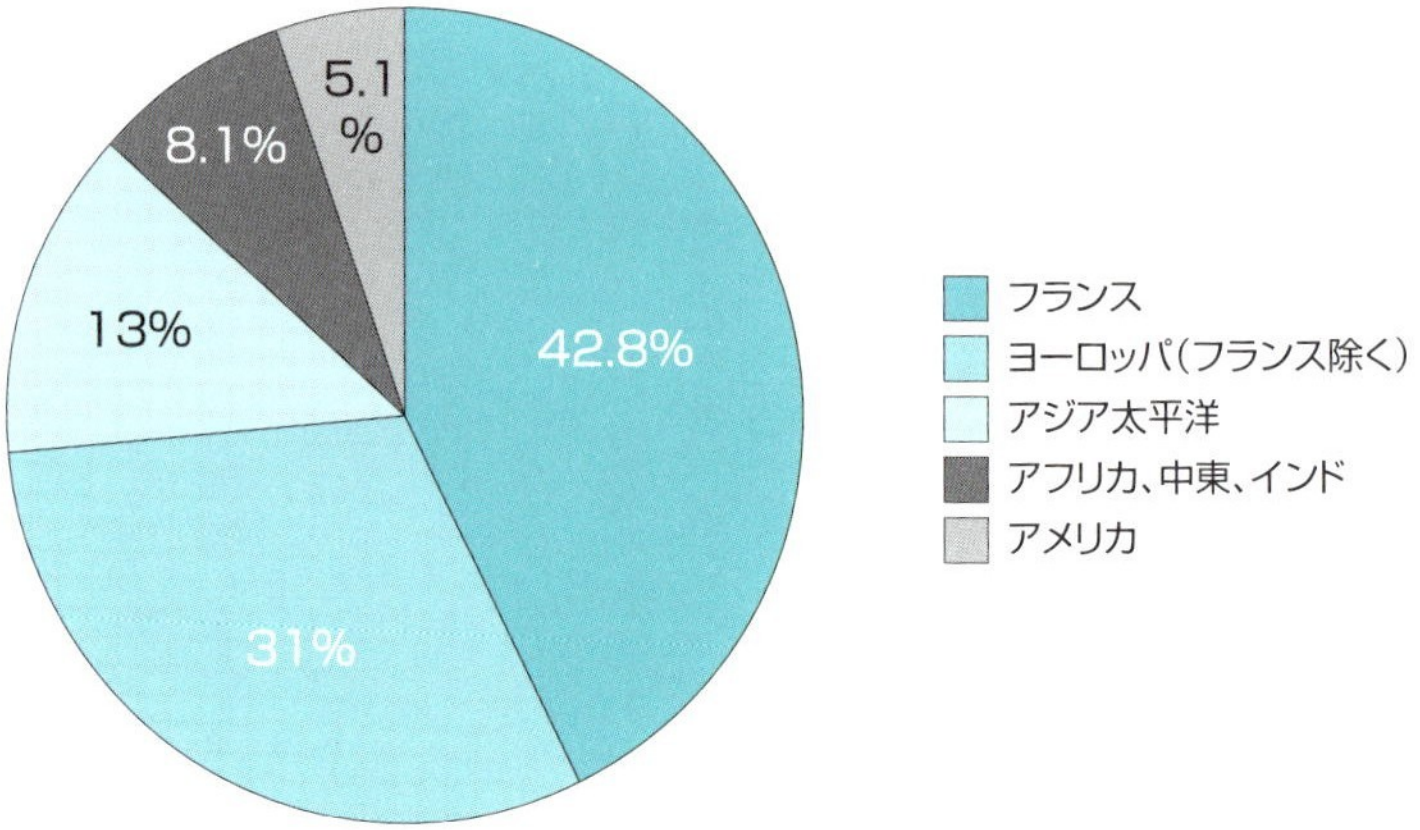

42.8%
31%
13%
8.1%
5.1%
フランス
ヨーロッパ（フランス除く）
アジア太平洋
アフリカ、中東、インド
アメリカ

水事業全売上高121億2,800万ユーロ（2010年）

出所：ヴェオリア・ウォーター

2 スエズ・エンバイロメント

スエズ・エンバイロメントの前身は、一八八〇年に設立されたリオネーズ・デゾーで、カンヌ市の水道事業を手始めに、フランスの保護領であったモロッコやチュニジアでも水道事業を展開しています。

企業の取り組み

スエズ・エンバイロメントは、一八八〇年にフランスで設立されたリオネーズ・デゾーを母体とする企業で、パリを本拠に水道事業および廃棄物処理をおもに手掛ける多国籍企業です。

カンヌ市の上水道供給から事業をスタートさせ、その後フランスの保護領であったモロッコやチュニジアでも水道事業を展開し現在の地位を築きました。

スエズ・エンバイロメントの水関連事業は、設計・建設コンサルティング、エンジニアリング、上下水道施設の運転維持管理、インダストリー関連水処理事業の四つの分野で構成されており、それぞれの分野にグループ企業を抱えています。

世界では約七〇カ国で事業を展開しており、上水道サービスを提供している人口は約九一〇〇万人、下水道サービスでは約六一〇〇万人にのぼっています。売上高は約一四〇億ユーロ、従業員数は約六万五〇〇〇人の主要水メジャーの一社です。

水事業部門は旧スエズの一部門でしたが、親会社がフランスガス公社と合併して**GDFスエズ**となり、その後水処理・廃棄物処理の部門が分社化し、スエズ・エンバイロメントとなりました。GDFスエズはスエズ・エンバイロメントの株式の約三五パーセントを保有しています。

さらに、事業を拡大していくなかで、水処理事業を得意とする、同じくフランス国籍の**デグレモン**を買収して傘下に収めました。デグレモンの実績やノウハウ

用語解説
＊ **GDFスエズ**　フランス国籍の企業で、電気・ガスなどの公益事業を主力とする。子会社にスエズ・エンバイロンメントを保有する。

を生かして、エジプトをはじめ、イランやインドネシア、ペルーなどにも進出し、事業展開を果たしています。

海水淡水化分野にも進出

同社は、海水淡水化分野にも進出し、グローバルに様々な活動を開始しています。その活動内容は幅広く、海岸線の保護、水源にアクセスできない人々への水の供給、**代替水源**からの水の配給や土壌の除染などを含む多くの分野に及んでいます。

スエズ・エンバイロメント
- 国籍　フランス
- 設立　1880年
- URL
  http://www.suez-environnement.com/

スエズ・エンバイロメントの地域ごとの売上高

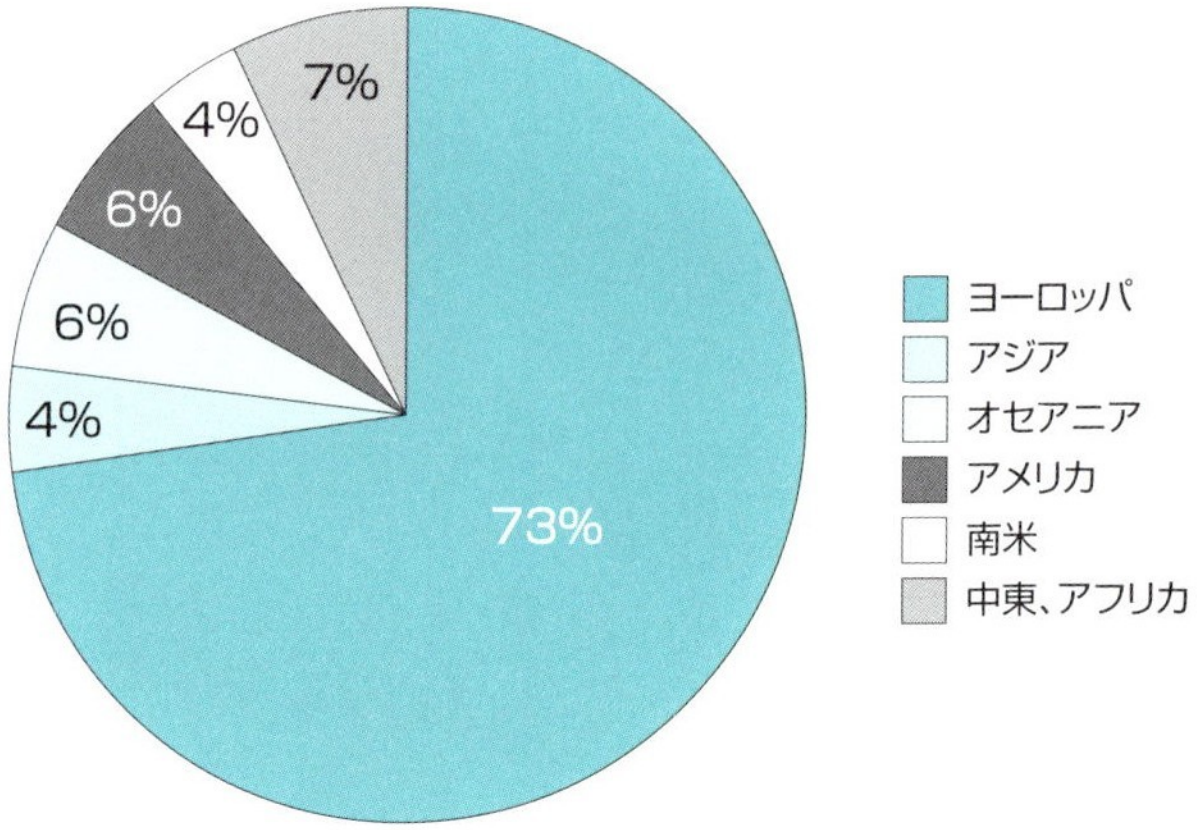

全売上高138億6,900万ユーロ(2010年)

出所：スエズ・エンバイロメント

用語解説　＊**代替水源**　河川水など、表流水に代わる水源。この場合は海水淡水化による水源のこと。

テムズ・ウォーター・ユーティリティーズ　3

イギリスの水道公社の民営化により誕生したテムズ・ウォーター・ユーティリティーズは、イギリス国内の八八〇万世帯に上水道のサービスを提供しています。近年は干ばつに見舞われやすいイギリス国内の水需要を満たすため、ロンドンに海水淡水化プラントを設置しました。

企業の取り組み

テムズ・ウォーター・ユーティリティーズは、イギリスの首都ロンドンとその近郊で、上下水道サービスを提供しているイギリス国内最大の水企業です。毎日二・六ギガリットルの飲用水を供給しています。その前身はイギリスの水道公社であり、一九八九年にサッチャー政権の方針のもと民営化され、現在では世界を代表する水メジャーの一つとなっています。同社は、二〇〇〇年にドイツのRWEに買収され、そのグループ会社となっていましたが、RWEが水道事業から撤退するのにともない、オーストラリアの水道事業会社**ケンブル・ウォーター・ホールディングス**に八〇億ポンドで売却されました。同社は海外戦略にも力を入れ、一九九七年から中国の上海市で一〇〇万世帯を超える水道の供給を開始しました。二〇〇二年には**チャイナ・ウォーター**の株式を半数近く取得し、中国市場の開拓に注力しています。また、中東のトルコやUAEのほか、タイやインドなどのアジア地区にも展開の幅を広げています。

海水淡水化プラントと中国進出

テムズ・ウォーター・ユーティリティーズでは、深刻な水不足を抱えるロンドン市民のために、イギリスでは初となる海水淡水化プラントをロンドン東部のベックトンに開設し、干ばつに備えた長期的施策を行っています。

用語解説
＊**ケンブル・ウォーター・ホールディングス**　オーストラリアを拠点とするマッコリー投資グループ傘下の水事業会社でテムズ・ウォーター・ユーティリティーズが保有。

ロンドンは、一般的に雨や霧のイメージが強いですが、実際はそれほど降水量が多くありません。二〇〇五年から二〇〇六年に見舞われた干ばつの経験から、河川と地下水という従来の水資源だけでは、ロンドンの予測需要を満たすことはできないと判断し、海水淡水化プラントの建設に至っています。

同社では現在、ロンドンとテムズバレーに住む八五〇万人に一日二六億リットルの飲用水を提供していますが、この海水淡水化プラントさえあれば、テムズ川の水から、最高一億五〇〇〇万リットル（一〇〇万人分）の飲料水をロンドン市民に提供できるといいます。

テムズ・ウォーター・ユーティリティーズ

●国籍　イギリス
●設立　1989年（民営化の年）
●URL　http://www.thameswater.co.uk/

テムズ・ウォーター・ユーティリティーズの重要業績評価指数（KPI）

重要業績評価指数			
パフォーマンス測定	2012年3月（百万ポンド）	2011年3月（百万ポンド）	変化（%）
売上高	1,694.9	1,623.1	4.4
営業費用	675.4	629.6	−7.3
営業利益	643.9	600.2	7.3
税引前利益	182.2	208.5	−12.6
設備投資	1,063.8	1,006.6	5.7

出所：テムズ・ウォーター・ユーティリティーズ

用語解説
＊**チャイナ・ウォーター**　中国で水事業を展開する大手、中国水務集団有限公司。香港市場に上場している。

4 アイビーエム（IBM）

世界的な大手コンピュータメーカーであるアイビーエム（IBM）は、世界の水資源から水インフラ整備、上下水道の運営までをITで管理するシステムを各国政府やエンジニアリング企業に提供することで、水ビジネスを支援する戦略を打ち出しています。

企業の取り組み

IBMは今後急拡大が予想される水ビジネスへの参入を、二〇〇九年の**世界水フォーラム**で宣言しています。直接的に水メジャーとして、上下水道事業に参入するのではなく、水インフラの整備や上下水道事業の管理、運営までにかかわる、すべての情報を管理するシステムの提案を事業の柱にすると宣言しています。そのうえで、独自開発したセンサーやモニタリングシステムを世界中のエンジニアリング会社や政府に提供し、水の統合的な管理を支援していく戦略を打ち出しています。

IBMが提供するのは、水の供給を効率化する統合管理システムです。このシステムの提供とともに、汚染された地下水からヒ素と塩類を除去する画期的な脱塩膜技術と水のろ過技術もライセンス化して提供する計画です。

具体的には、ハドソン川の水管理、アイルランド、マルタ島の水資源管理などでシステムの実証を実施しており、日本国内においても、国土交通省や北九州市などで水管理を実施しています。

水の安定供給を推進

IBMは今、Smarter Planet（スマータープラネット）を推進しています。Smarter Planetは地球上にある無駄や非効率、リスクを技術で排除し、より豊かな世界を実現することをコン

用語解説
＊**世界水フォーラム**　フランスが主導している世界最大の水に関する国際会議。3年ごとに世界各地で開催される。

セプトとしています。

水分野にこの考え方を適用すると、河川や海から取水する水量や、貯水設備や配水管に関連した水量と水質なども自動的に管理し、安定的で効率的に水の供給をできるようにするということです。

IBMでは、システムをパッケージとして提供することで、低コストでシステム構築が可能になると見ています。しかも、様々なシステム供給事業者が参入すれば、競争によって必要な技術を導入するコストが下がることにもつながります。従来、システム管理にかかっていたコストを、より公共性のある事業に活用すれば、利用者への利益還元も可能になると考えられます。

アイビーエム

- 国籍　アメリカ
- 設立　1911年
- URL
  http://www.ibm.com/
  http://www.ibm.com/jp/ja/（日本法人）

IBM　グリーンイノベーションズ

河川・河口域の観測ネットワーク（センサーによる見えざる川の可視化）

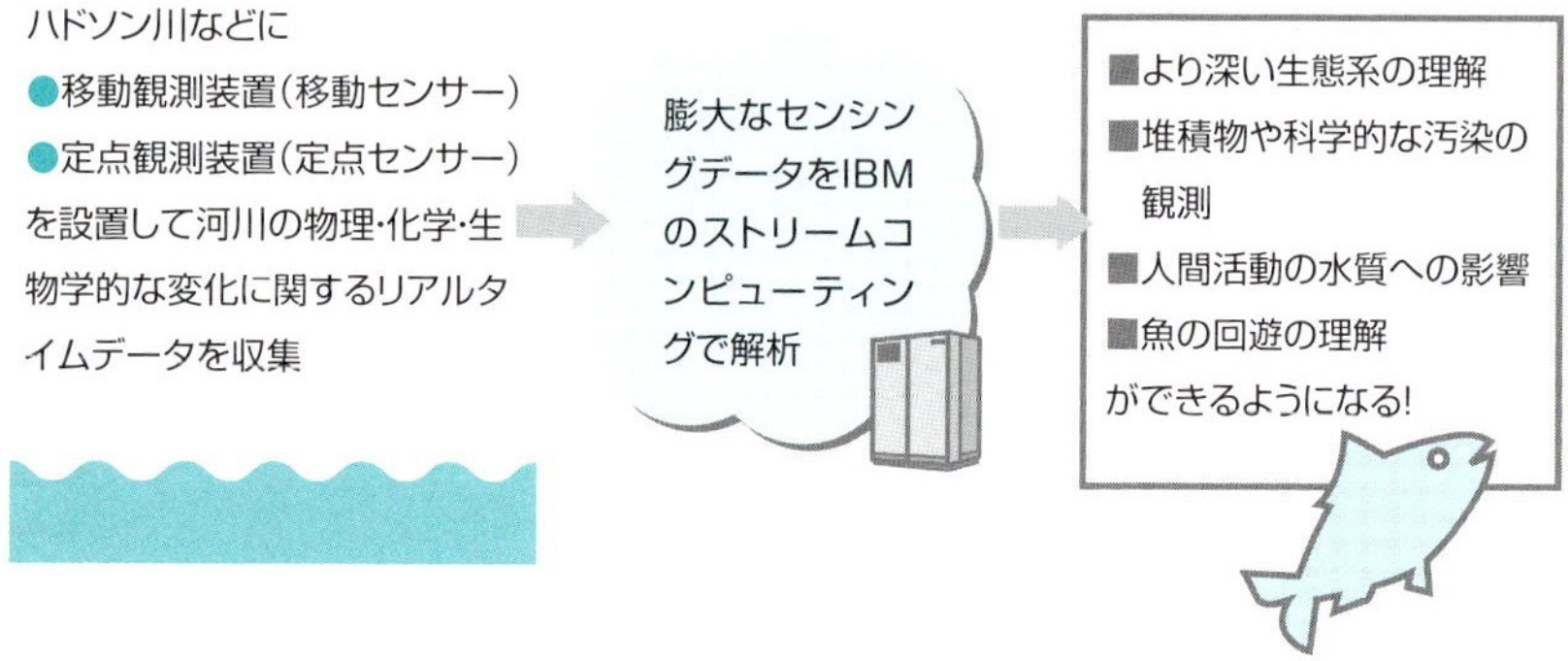
ハドソン川などに
●移動観測装置（移動センサー）
●定点観測装置（定点センサー）
を設置して河川の物理・化学・生物学的な変化に関するリアルタイムデータを収集
膨大なセンシングデータをIBMのストリームコンピューティングで解析
■より深い生態系の理解
■堆積物や科学的な汚染の観測
■人間活動の水質への影響
■魚の回遊の理解
ができるようになる!

用語解説

＊**ストリームコンピューティング**　未来型コンピュータシステムの一つで、リアルタイムに発生するデータを分析し、アクションにつなげるためのコンピュータシステム。

5 ゼネラル・エレクトリック（GE）

ゼネラル・エレクトリック（GE）は、成長戦略「エコマジネーション」を提唱し、エネルギーの次のターゲットとして水に注目するとともに、豊富な資金で水に関する会社を次々に買収しています。

企業の取り組み

米国GEの一部門である**GEウォーター&プロセス・テクノロジー**は、水処理技術に秀でたグローバル企業です。

GEでは、革新的な環境関連ソリューションや顧客にとって価値ある製品やサービスを提供することをコンセプトとする「**エコマジネーション**」を提唱しています。戦略を推進するにあたって、水処理薬品を提供している**ベッツディアボーン**をはじめ、膜処理の技術を有する**オスモニクス**、イオン交換による水処理技術を得意とする**アイオニクス**、カナダの中空糸膜で世界的シェアを持つ**ゼノン**など、水ビジネスに関連する企業を次々に買収しました。

現在は海水淡水化事業を推進し、中国の水処理ビジネスにも積極的に乗り出しています。

近年の事例では、二〇〇八年の北京オリンピック開催時、国営体育館（鳥の巣）をはじめ、カヌー競技の会場の水の供給と再生水の処理にGEのシステムが導入されました。

四分野で製品展開

GEウォーター&プロセス・テクノロジーでは、水やプロセス処理に関連した四つの分野で、数多くのソリューションをラインアップしています。

一つめは、ケミカル関連で、上水製造、排水処理、石油精製、石油化学の各プロセスにおける汚れや装置・配管類の腐食、微生物の繁殖、油水分離の悪化や泡の発生といった生産性低下を防止するソリューションを提供しています。問題解決と同時に、生産プロセスの改善提案も行っています。

二つめは膜およびフィルター製品です。RO膜、ナノ膜（NF膜）、UF膜、MF膜に加えて、熱殺菌や熱プロセスに適用可能な耐熱膜や油水分離膜などの特殊な膜も提供しています。

三つめは、膜を使用した水処理に関する膜分離装置であり、MBRのシステムなどを提供しています。

四つめは、**TOC（有機炭素）分析計／ホウ素測定装置**であり、様々な分野の用途に合わせて提供しています。

ゼネラル・エレクトリック（GEウォーター＆プロセス・テクノロジー）

●国籍　アメリカ
●設立　1878年
●URL
http://www.ge.com/
http://www.ge.com/jp/
（日本法人）

ゼネラル・エレクトリックによる企業買収事例

年	国	買収対象企業	買収額
2002	アメリカ	ベッツディアボーン	18億ドル
2003	アメリカ	オスモニクス	2億7,760万ドル
2004	アメリカ	アイオニクス	11億ドル
2006	カナダ	ゼノン	6億8,900万ドル

出所：ゼネラル・エレクトリックのホームページを参考に作成

用語解説

＊**TOC（有機炭素）分析計／ホウ素測定装置**　水中の有機物を迅速に計測する装置。特に水中のホウ素を計測に用い、海水淡水化の指標。

6 シーメンス（シーメンス・ウォーター・テクノロジーズ）

シーメンスは、技術的な内容を拡充するために、革新的な技術を持つ企業の買収を積極的に手掛けており、膜メーカーなど数多くの優秀な企業を傘下に収めることで、水ビジネスを加速させています。

企業の取り組み

ドイツに本拠を置く多国籍企業、シーメンスのグループ傘下である**シーメンス・ウォーター・テクノロジーズ**では、上下水処理を中心に事業を手掛けています。一七九カ国、全世界で約六〇〇〇の従業員が水処理関連事業を提供しています。

現在は、中国や旧共産圏、北米の市場開拓に注力しています。中国では**CNCウォーターテクノロジー**を買収し、中国展開の拠点としています。

具体的な導入事例としては、中国の石油化学最大手シノペックが所有する、中国安徽省の精油所に排水処理システムを供給しています。毎時五〇〇立方メートルの処理能力を持つシステムが建設されました。排水処理システムの建設は、環境への負荷軽減と排水処理のコスト削減が狙いと考えられています。

親会社のシーメンスも水処理技術を持つ企業であり、二〇〇四年にはアメリカの膜メーカー、**USフィルター**を買収し、二〇〇七年には、活性炭メーカーなど関連企業を四社買収しており、水ビジネスの地盤を固めました。

企業買収でビジネスを加速

親会社のシーメンスは、技術的な内容を拡充し発展させるために、革新的な技術を持っている企業を買収して、自社の製品、ソリューションに取り込む戦略を展開しています。

買収戦略により、前述の企業だけでなく、製鉄の水

用語解説　＊**CNCウォーターテクノロジー**　同社は中国で水処理や海水淡水化に実績を持つ企業。

シーメンス（シーメンス・ウォーター・テクノロジーズ）

- 国籍　ドイツ
- 設立　1847年
- URL
  http://www.siemens.com/
  http://www.siemens.co.jp/（日本法人）

処理に強いオーストリアの**VAI メタルズ・テクノロジー**、オイルとガスの分野でノウハウを持っているアメリカの**モノセップ**、そして汚水処理、汚泥処理に強いイタリアの**セルナジオット**を傘下に収めています。

最も注目している、中国を含めたアジアにおける市場開拓を加速するため、二〇〇七年に、シンガポールに世界規模の水処理技術センターを設立しました。このセンターには、ここ数年間で、五〇〇〇万シンガポールドルもの研究費が投じられたと見られています。

シーメンスによる企業買収事例

年	国	買収対象企業	買収額（ドル）
2004	アメリカ	USフィルター	9億9,300万ドル
2005	オーストリア	VAI メタルズ・テクノロジー	11億8,000万ドル
2006	アメリカ	モノセップ	非公開
2006	中国	CNCウォーターテクノロジー	非公開
2006	イタリア	セルナジオット	非公開

出所：シーメンスのホームページを参考に作成

用語解説

＊**USフィルター**　アメリカ最大の水処理会社で、現在はドイツのシーメンス傘下。上下水道経営、水関連機器販売を主力とする。

7 アクシオナ・アグア

アクシオナ・アグアは、スペインのインフラ系複合企業です。公共インフラや水力発電に強く、海水淡水化事業も推進しています。

企業の取り組み

アクシオナ・アグアは、スペインのインフラ系複合企業で、公共インフラやエネルギー関連に注力している企業です。

一九九七年に、エントレカナレス・アンド・タヴォラとクビエルタス・アンド・エメソフの合併によって設立されており、新エネルギー、環境事業、インフラ事業、不動産事業などの事業内容で知られています。

従業員は全社で三万一〇〇〇人を数え、六五〇億ユーロ以上の売り上げを計上しています。

海水淡水化の技術力が高く、ヨーロッパはもちろんのこと、オーストラリア(アデレード)、アメリカ(フロリダ、カリフォルニア)、チリ、ベネズエラ、アルジェリアで海水淡水化事業を推進しています。

各国で運用されるプラント

アクシオナ・アグアの水処理プラントは、ヨーロッパだけでなく、全世界で運用されている実績があります。

アルジェリアでは、カナダのエンジニアリング大手SNCラバリンと合弁会社を設立し、国営企業、**アルジェリアン・エナジー・カンパニー(AEC)**と提携して水処理プラントを建設しました。今後は二五年間にわたってプラントの運営、維持管理を行うとしています。

一日当たり二万立方メートルの海水淡水化の処理が可能な水処理プラントです。処理した水資源は、アルジェリアの首都アルジェ西部とゼラルダ地域の住民、約五〇万人に供給されています。

用語解説

＊**アルジェリアン・エナジー・カンパニー(AEC)**　アルジェリアで発電事業と海水淡水化事業を行っている公益事業会社。

また南米では、コロンビアで下水処理施設の建設を三億四七〇〇万ドルで受注しています。これは、韓国の現代建設、現代エンジニアリングとコンソーシアムを組み、落札したものです。

日本の三井物産と共同で参画したのが、二〇一三年に操業するメキシコの下水処理事業です。メキシコシティ郊外に、世界最大級の下水処理場を建設するもので、日量約三六〇万トンの処理能力を持ち、人口二〇〇〇万人を抱えるメキシコ首都圏の家庭排水の約六〇パーセントを処理できます。

アクシオナ・アグア
- 国籍　スペイン
- 設立　1997年
- URL
  http://www.acciona.com/

アクシオナ・アグアの地域ごとの売上高

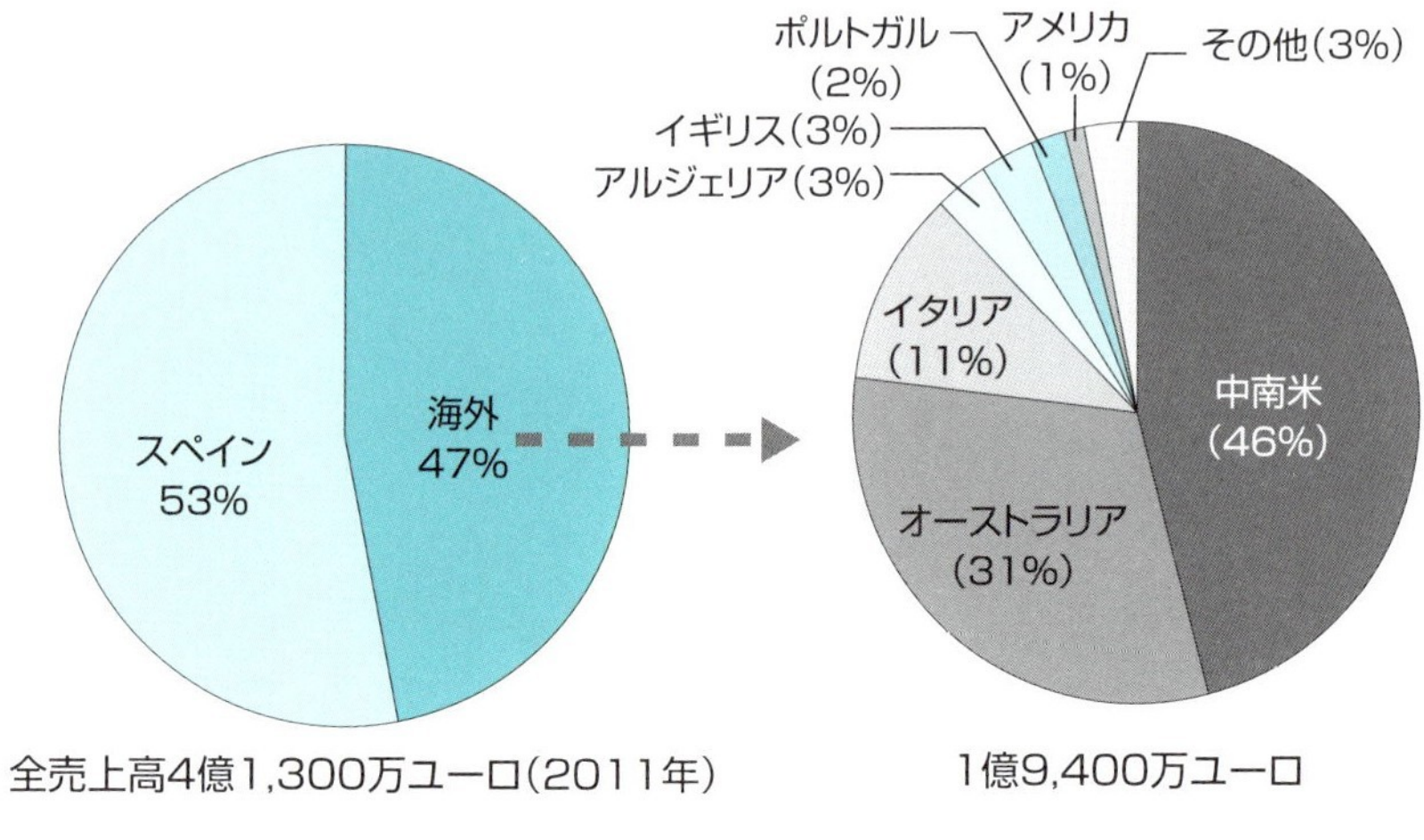
スペイン
53%
海外
47%
全売上高4億1,300万ユーロ(2011年)
ポルトガル
(2%)
アメリカ
(1%)
その他(3%)
イギリス(3%)
アルジェリア(3%)
イタリア
(11%)
中南米
(46%)
オーストラリア
(31%)
1億9,400万ユーロ

出所：アクシオナ・アグアのホームページ

8 アクアリア

アクアリアは、スペイン国内における水道の民営化市場の約三四パーセントを占める水処理企業です。国内はもとより、ポルトガル、メキシコ、チェコ、ポーランドなど、海外でも広く水ビジネスを展開しています。

企業の取り組み

アクアリアは、スペイン最大の公共サービスを主体とする、FCCグループの傘下にある企業です。同社は、飲用水、農業用水、工業用水、効率的な水力装置など、すべてのソリューションを提供できることを強みとしています。同社によって水道の民営化が進むスペイン国内での市場シェアは約三四パーセントに達しています。

また、海外では、二〇〇七年にイタリア、シシリー島で水道のコンセッション契約を結びました。ほかにもアルジェリアの海水淡水化プラントの受注のほか、ポルトガル、メキシコ、チェコ、ポーランドなどにおいて、積極的なビジネスを展開しています。FCCグループ全体でも、総売上高のうち約半分が国外からの収益で構成されていて、もともと海外事業に強いのが特徴です。

アルジェリアでの事業展開

アルジェリアでの事業展開の例を見てみると、国営企業AECと共同の体制を取りながら、湾岸都市のモスタガネムなど二カ所の巨大海水淡水化プラントの建設、管理を請け負っています。アルジェリアにおける、この二つの施設建設は、一一億ユーロ以上の事業といわれており、スペインの大手建設会社OHLとその子会社のプラント企業であるイニマなどとコンソーシアムを組んで、海水淡水化プラントの半分の管理を行うことになっています。

アクアリア

- 国籍　スペイン
- 設立　2002年
- URL
  http://www.aqualia.es/

また、アクアリアは、三億六〇〇〇万ユーロでエジプトの首都、カイロの下水処理施設の設計や建設、二〇年間の維持管理という官民共同プロジェクトにおける初期融資の契約を締結しています。

アクアリアの親会社であるFCCは、近年、さらに海外での事業展開を強化しています。必然的にアクアリアもその方針に則り、スペイン国内にとどまることなく、海外市場に積極的に打って出る、水ビジネスに対する企業の姿勢を鮮明にしています。

アクアリアのサービス展開

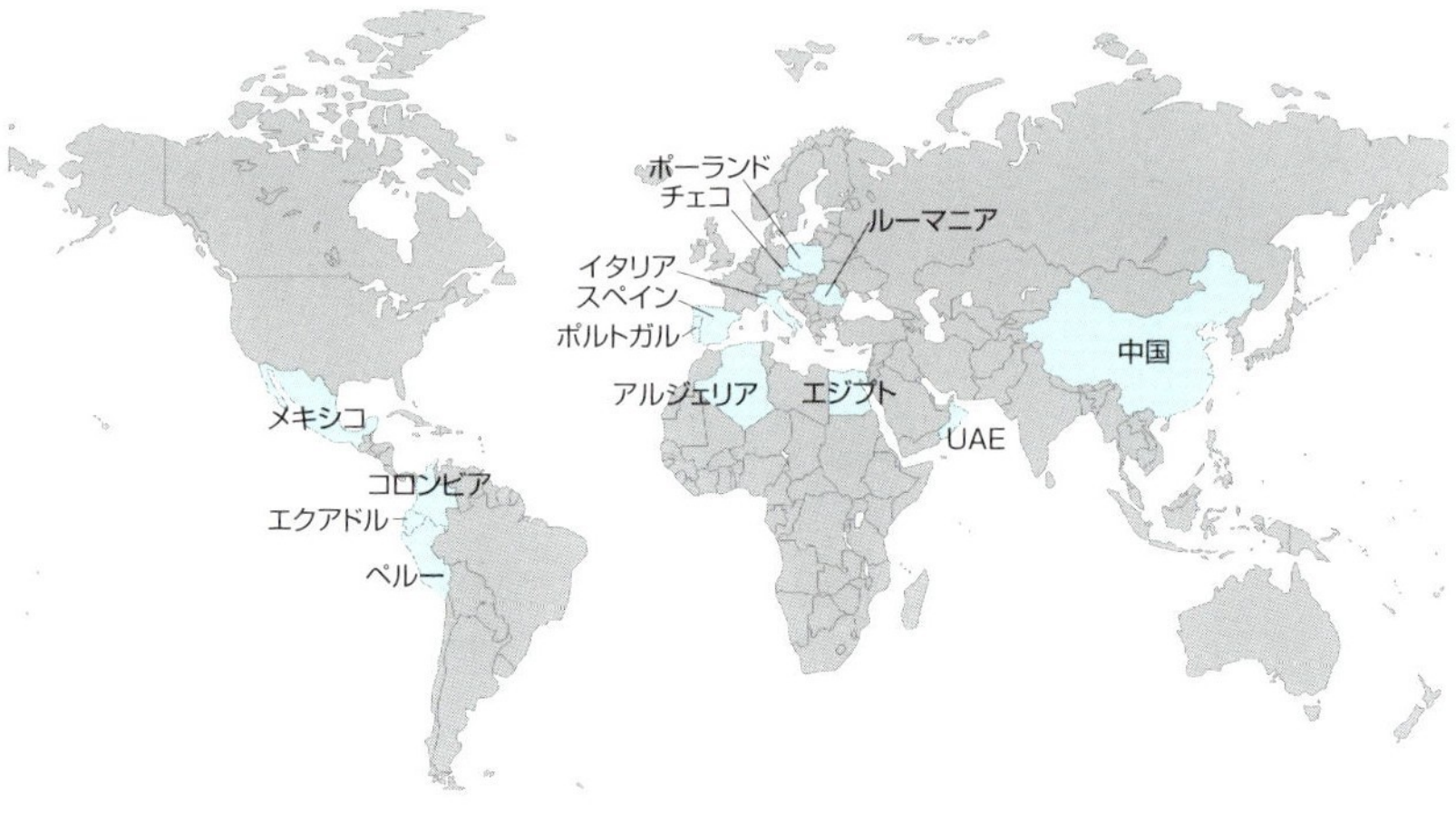
ポーランド
チェコ
ルーマニア
イタリア
スペイン
ポルトガル
アルジェリア
エジプト
UAE
中国
メキシコ
コロンビア
エクアドル
ペルー

出所：アクアリアのホームページを参考に作成

9

ハイフラックス

ハイフラックスは、シンガポール国内やマレーシア、インドネシア、中国などにおいて、水処理プラントや装置を販売している企業で、技術開発を重要視し、水処理用の膜も自社開発しています。

企業の取り組み

ハイフラックスは、**オリビア・ラム**氏によって一九八九年に設立されたシンガポールの企業です。

設立当初は三人の社員でスタートしました。技術開発を重要視しており、一九九九年には、自社の技術力だけで水処理用の膜を開発する成果を挙げました。

二〇〇一年にはシンガポール証券取引所に上場しており、技術力をもとに、資金源を得た同社は、二〇〇四年に中国・天津での海水淡水化事業に進出しています。二〇〇六年にはインドへの事業進出を果たし、二〇〇八年にはアルジェリアの海水淡水化事業を獲得するなど、海外四〇〇カ所にも及ぶ地域でビジネスを展開する飛躍的な成長を遂げました。

その戦略を見てみると、二〇〇五年までは受注の大半が施設の設計、調達、建設を主としていたのに対して、二〇〇六年からは、主体を設計、調達、建設に加えて、施設の運転、維持管理へと変遷させ、安定した収入源を確保するまでになっています。

二〇一〇年度の同社のアニュアルレポート（年次報告書）では、売上高は五億六九〇〇万シンガポールドル（約四〇〇億円）で、利益率は一五・六パーセントと非常に高い数字を維持しています（前年度の利益率は一四・四パーセント）。地域別の売上高比率は、シンガポール国内が一三・一パーセント、中国が二六・五パーセント、**MENA（中東、北アフリカの略称）**が六〇・四パーセントという構成になっています。

用語解説
＊**オリビア・ラム**　シンガポールの企業、ハイフラックスのCEOでアジアの水の女王と呼ばれている。

中国などの大規模水道事業を受注

シンガポールは、大きな河川がないため、下水再生水による水資源を確保する取り組みに力を入れています。これにより、年を追うごとに水の自給率を引き上げることに成功しています。同社が自社開発したフィルター膜で、下水をろ過し、細菌までを取り除いたニューウォーターを作り出す技術は、下水を飲用水に転用できる画期的な新技術として、世界的に注目されています（本文九二ページ参照）。ハイフラックスはシンガポール最大の水処理会社として、中国やMENA地域で大規模水道事業の受注に成功しています。

ハイフラックス
- 国籍　シンガポール
- 設立　1989年
- URL
  http://www.hyflux.com/

ハイフラックスの地域別水関連インフラプラント数

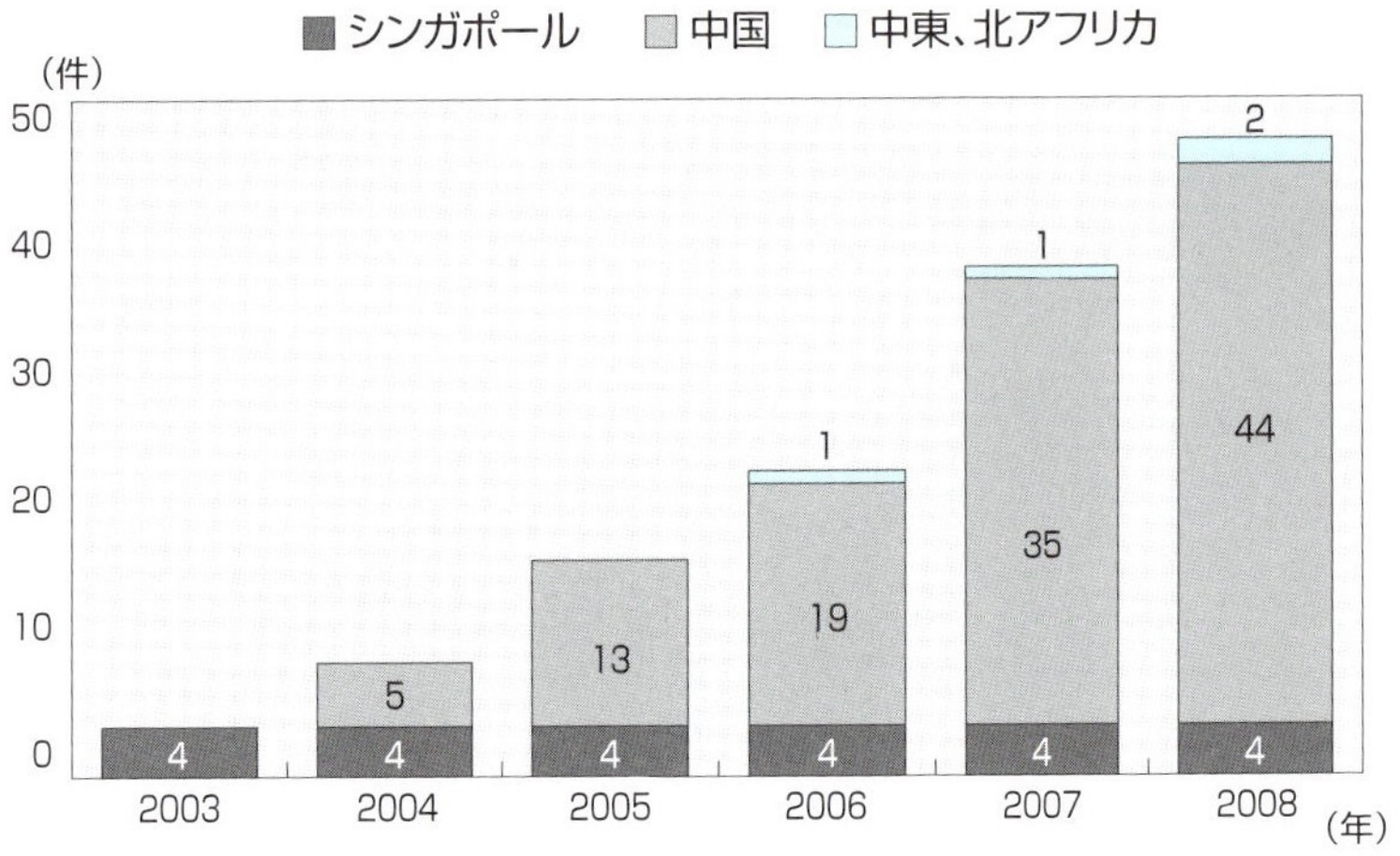

出所：ハイフラックスのホームページ

用語解説
＊MENA（中東、北アフリカの略称）　これからのビジネスが期待される市場。Middle EastとNorth Africaの頭文字から呼ばれている。

10

ケッペル

ケッペルは、シンガポール政府系の複合企業で、油田開発、海洋事業、環境エンジニアリングを手掛けている企業です。環境技術にフォーカスし、研究・開発を進めています。

企業の取り組み

一九六八年に設立された**ケッペル**は、株式の約二割をシンガポールの政府系ファンドが所有している複合企業です。

同社は、油田開発をはじめ、海洋事業、環境エンジニアリングなどの事業を手掛けています。グループ全体の売上高は約一〇一億シンガポールドルで、従業員数は三万二〇〇〇人にのぼります。

同社では今、環境技術に注力しています。二〇〇七年にはケッペルの環境部門である**ケッペル・インテグラル・エンジニアリング（KIE）**が、研究開発（R&D）施設として**ケッペル環境技術センター（KETC）**を開設しました。

ケッペル環境技術センターでは、五〇人規模の研究者を集め、廃棄物からのエネルギー回収や、エネルギー回収による副産物の最小化、在来型の資源以外から水を回収する膜技術の応用に重点を置き、環境問題解決のための研究を進めています。

海水淡水化と排水処理、再利用を展開

ケッペルは、シンガポール最大のニューウォーター（再生水）施設（ウルパンダン）を施工しています。このセンターは、シンガポール全体の水需要の一〇パーセントを生産しています。

また、発電所の廃棄熱などを利用した最新の海水淡水化技術であるMemstill®技術実証プラントを設計しています。

海外事業では、カタールのドーハ北地区でのDBOプロジェクトに参画するなど、グローバルに事業展開しています。カタールでは、中東最大規模の排水処理および同地域初の総合固形廃棄物管理事業などを受注しています。

合計受注額は三一億シンガポールドルで、廃棄物施設としては、一日当たり二三〇〇トンの混合固形廃棄物と五〇〇〇トンの建設廃材を処理するように設計されています。

ケッペル
- 国籍　シンガポール
- 設立　1968年
- URL http://www.kepcorp.com/

ケッペルの売上高推移

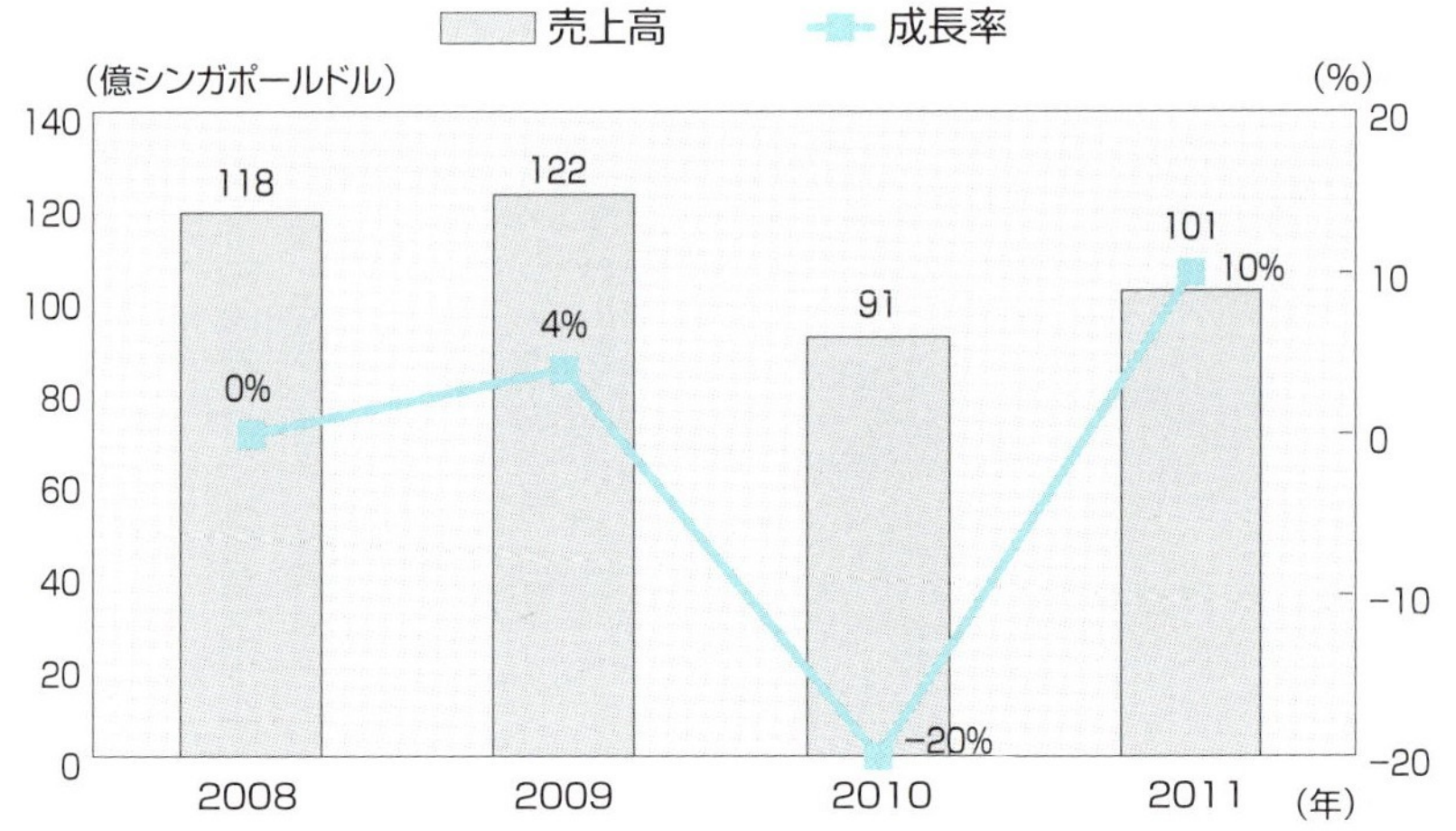

出所：ケッペルの資料を参考に作成

用語解説

＊**DBOプロジェクト**　DBO＝Design Build Operate。公共が資金を担い、民間事業者に委託するプロジェクト。

11 セムコープ・インダストリーズ

セムコープ・インダストリーズは、一九九八年に設立されたシンガポール政府系の複合企業として、上下水道をはじめ、電力、ガスなど公共インフラや海洋エンジニアリングなどを総合的に手掛けています。

企業の取り組み

セムコープ・インダストリーズは、株式の半分をシンガポール政府系の投資会社が保有している複合企業で、一九九八年に設立されました。

水道事業のほかにも、電力やガスなどの公共インフラ事業や海洋エンジニアリング、工業団地造成に至るまで、総合的な事業を展開しています。水分野にフォーカスすると、飲用水や工業用水の供給から、特殊な工業廃液処理、水の再利用、海水淡水化などを提供しています。

売上高は二〇一一年度に約九〇億シンガポールドルを計上し、また、従業員数は九〇〇〇を数えています。そのうち、公益事業部門は約四九億シンガポールドルの売り上げがあります。水事業は純利益でみると約三億シンガポールドルの約二六パーセントで八〇〇〇万シンガポールドルほどを占めます。近年は、オランダの水処理企業の**カスカル**を買収したことで、水処理能力を五〇パーセント増大させました。

今後は、買収したカスカルの既存の販売網とノウハウを活用して、これまで未開拓だった南アフリカ、中南米、インドネシア、フィリピンなどの国々への進出を狙っています。

セムコープ・インダストリーズ
- 国籍　シンガポール
- 設立　1998年
- URL http://www.sembcorp.com/

用語解説
＊**複合企業**　多くの業種を保有する国際的な企業でコングロマリットとも呼ばれている。

セムコープ・インダストリーズの公益事業製品別純利益

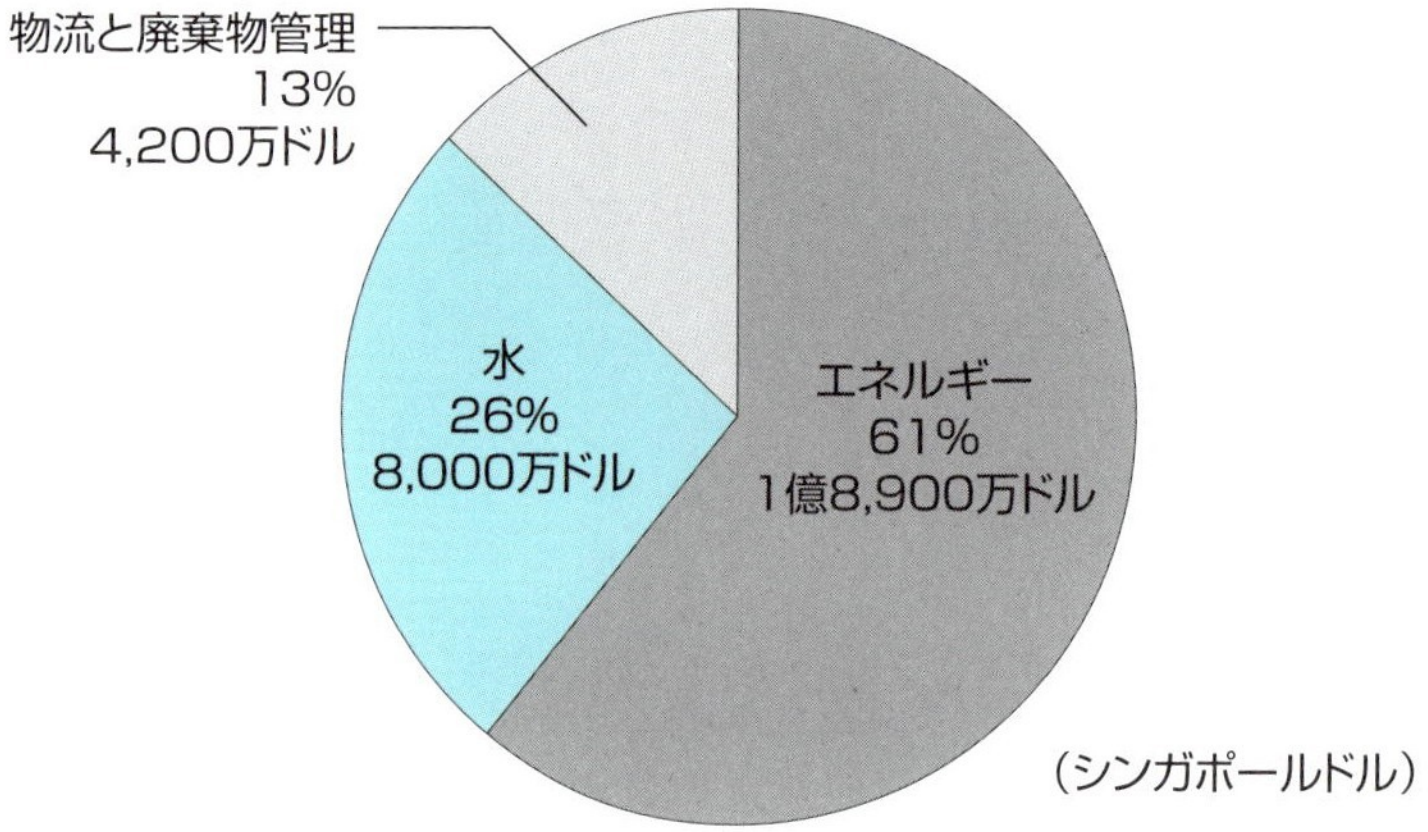
物流と廃棄物管理
13%
4,200万ドル
水
26%
8,000万ドル
エネルギー
61%
1億8,900万ドル
（シンガポールドル）

セムコープ・インダストリーズの2006～2011年全売上高推移

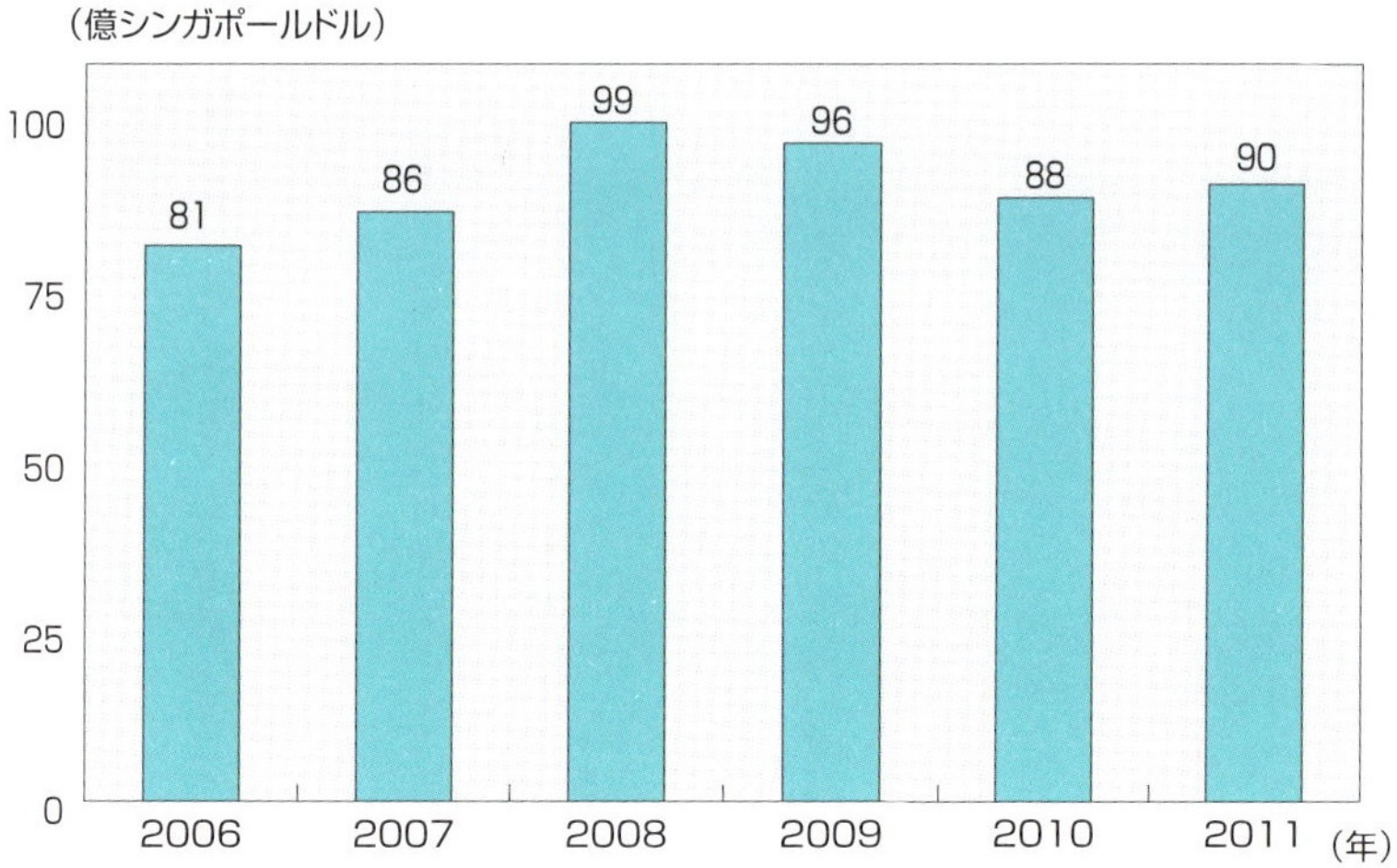
（億シンガポールドル）
100
75
50
25
0
81
86
99
96
88
90
2006
2007
2008
2009
2010
2011
（年）

出所：セムコープ・インダストリーズの資料を参考に作成

斗山重工業

斗山(ドゥサン)重工業は、サムスン重工業や現代(ヒュンダイ)重工業と肩を並べる、韓国を代表する重工業会社の一つです。同社は電力、産業、鋳造・鍛造、建設の部門と水事業を展開しています。

企業の取り組み

斗山重工業は、世界的な企業に成長したサムスン重工業や現代重工業と並ぶ、韓国を代表する重工業企業の一つです。

韓国財閥の斗山グループに属する総合重工業企業であり、電力、産業、鋳造・鍛造、建設の部門を主力として、水処理事業も手掛けています。プラント設備では、特に海水淡水化プラント設備に強いという特徴があり、過去にはアラブ首長国連邦で八億ドル相当の超大型淡水プラントを受注した実績を持っています。

政府の後押しで海外にも展開

前述のとおり韓国政府は水ビジネスで長期的な研究開発プロジェクトを実施し、国内水ビジネス関連産業を世界で通用するものにすべく、積極的に育成しています(本文九〇ページ参照)。図のように、中東やアフリカへ積極的に事業展開を図っています。アメリカでもビジネス展開を行い、革新的な海水淡水化プラントの構築や、世界各地の人々への飲用水供給で海外展開しています。

斗山重工業
- 国籍　韓国
- 設立　1962年
- URL
  http://www.doosanheavy.com/

斗山重工業のおもなプラント建設（リビア、サウジアラビア）

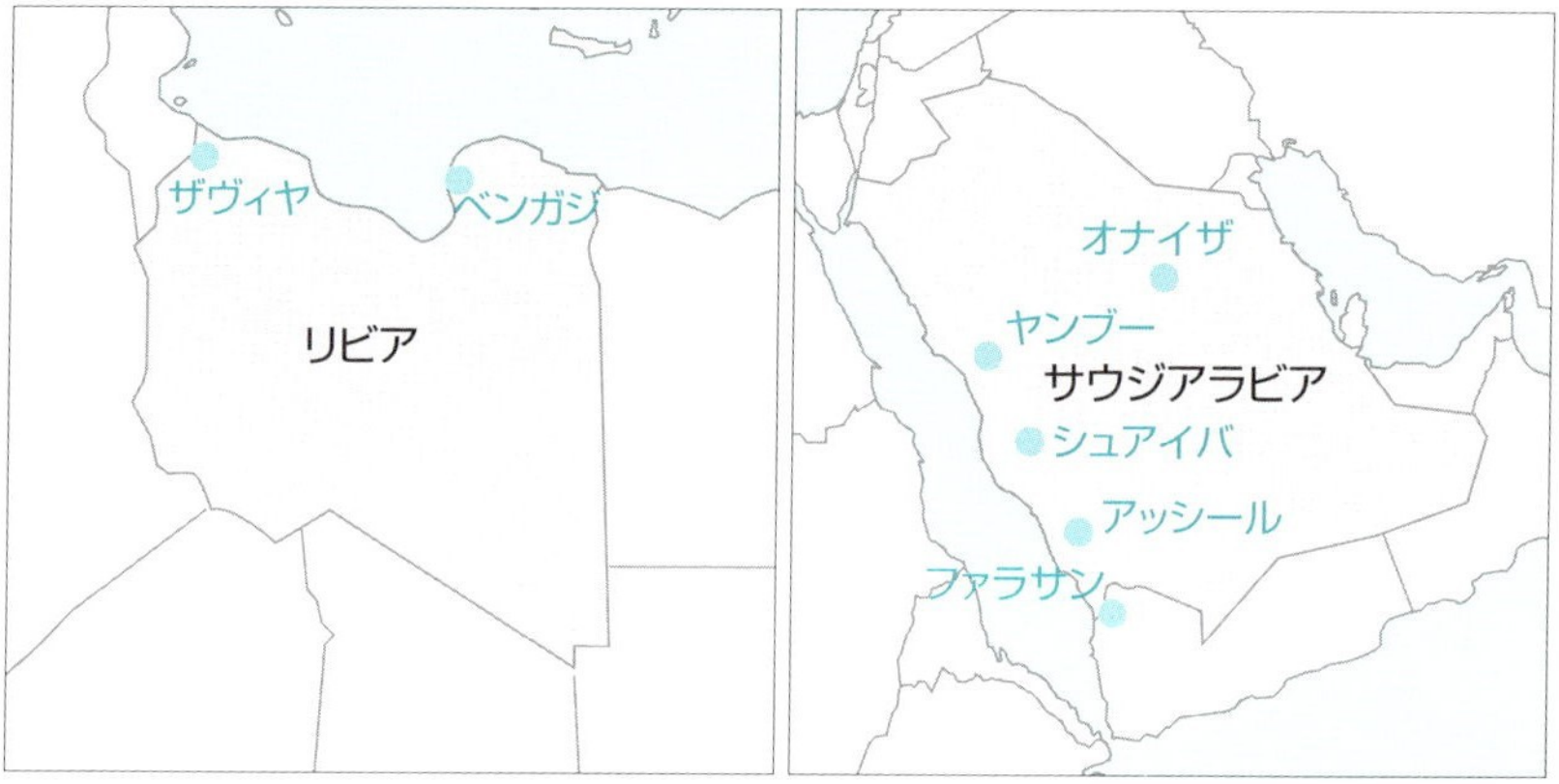
ザヴィヤ
ベンガジ
リビア
オナイザ
ヤンブー
サウジアラビア
シュアイバ
アッシール
ファラサン

斗山重工業の強み（2009 年時点）

- これまで 300 以上の各種プラントを国内外で建設
- 海水淡水化で強みがあり、多段フラッシュ方式（MSF）、多重効用缶型蒸発方式（MED）、逆浸透膜法（RO）を取り扱う。
- MSF の世界シェアは 40%

出所：経済産業省「水ビジネスを取り巻く現状」を参考に作成

13 韓国水資源公社（K-ウォーター）

韓国水資源公社（K-ウォーター）は、ダム開発から用水供給事業や広域水道事業を担当する韓国の国営企業です。現在、韓国一二カ所のダム管理のほか、国内の約五割の用水供給事業を担っています。

企業の取り組み

韓国水資源公社（K-ウォーター）は、一九六七年に設立されました。

韓国国内では同公社が設立された翌六八年に、**韓国水資源公社法**が制定され、設立以来、多目的ダム、給水ダム、地域の水供給システムなどに関する国家水資源管理政策の旗振り役を担ってきました。

株式は、国が九〇・四パーセント、韓国開発銀行が九・五パーセント、地方自治体が〇・一パーセントを保有しており、ダム開発から用水供給事業、広域水道事業を担当する国営企業という立場です。韓国国内の一二カ所においてダム事業を管理し、国内の約五割に当たる、一日に一七〇〇万トンの用水供給を担い、公共向けと産業向けの水を提供しています。

K-ウォーターの事業は、韓国国家経済の発展に大きく貢献し、国民の生活の質を格段に向上させる成果を生みました。

他の水処理企業同様、海外活動にも注力しています。従来は直接的に利益を生む投資プロジェクトではなく、ODA資金による途上国向けのエンジニアリングプロジェクトが主体になっていました。今後はODAの海外プロジェクトでの経験を生かして、国内市場や海外市場で更なる成長戦略を講じています。

国家レベルで水資源管理を推進

海外ビジネスでは、パキスタンやカンボジア、モンゴル、ベトナム、東チモールなどで、水資源開発調査など

用語解説

＊**韓国水資源公社法**　韓国の水資源を統合的に管理するための法律。これにより韓国水資源公社（K-ウォーター）が誕生した。

の受注実績があります。

K-ウォーターの海外事業は急激に成長しており、二〇一〇年にプラントが完成したのは一八カ国、三〇プロジェクトに及び、総額三五七億ウォンにのぼります。また、建設が進行しているプロジェクトは、一二カ国で一四プロジェクトまで拡大しています。前年度の二倍のプロジェクトを受注するなど、好調な事業展開を見せています。

今後は、他国のメーカーが設置した水処理プラントの運転から保守事業までを一括で受託する戦略を展開しようと目論んでいます。これは一企業単独ではなく韓国という国として、水資源から用水供給までを一貫して事業提案する一大プロジェクトです。

韓国水資源公社
(K-ウォーター)

- 国籍　韓国
- 設立　1967年
- URL
  http://www.kwater.or.kr/

K- ウォーターの財務状況

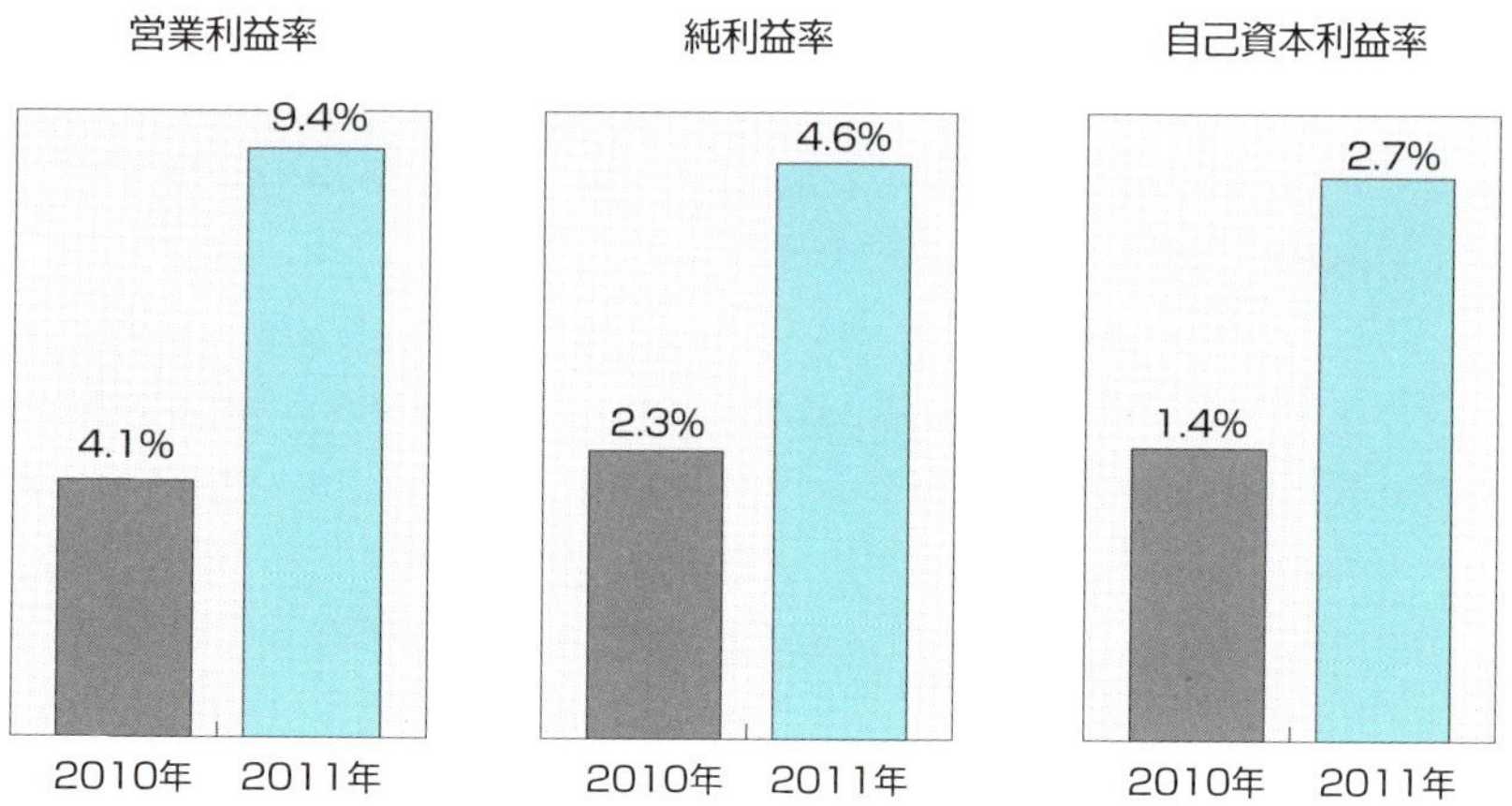

出所：K-ウォーターのホームページを参考に作成

column

なぜ日本の山林が外資に狙われるのか

今、外国資本による、日本の山林の買収が進んでいます。なぜ日本の山林が外資により狙われているのでしょうか。それには三つの理由が考えられます。一つめは、わが国の山林は不当に安いことです。林地の価格は平成4年以来、20年連続で下落し、昭和48年の価格水準まで低下しています。木材資源としての立木価格も25年以上にわたり下がり続けています。外資にとっては、まさに“今が買い時”なのです。

二つめの理由は、水資源(地下水)を確保することにあります。日本人には実感しづらいことですが、世界は水不足に直面しています。人口が70億人を超えた今、世界各国は経済発展と人口増加に対処するために、国を挙げて水資源の確保に乗り出しています。

オーストラリアは2005年から厳しい干ばつが続き、国内最大のマレー・ダーリング流域河川が枯渇の危機に瀕し、政府は厳しい水の使用制限を国民に課しています。隣国の中国では、水不足はさらに深刻です。中国には世界人口の20%が居住していますが、水資源の保有量は世界の6%しかありません。その貴重な水資源も工場排水や生活汚水により汚染が進んでいます。中国にとって、水資源の確保は国家の命題であり、モンゴルやチベットからの導水、メコン川上流からの取水など国家を挙げて取り組んでいるところです。水資源確保で苦労している国にとって、日本は全国津々浦々、どこでも安全でおいしい水が大量に確保できる最高の「採水地、水がめ」なのです。

また、三つめの理由としては、日本の山林は外国人がだれでも自由に買うことができるからです。世界の国々が外国人に対して適用している土地所有制度を見ると、通常外国人は自由に土地を買い求めることはできません。外資の土地所有を一切認めない中国やベトナム、フィリピンなど、制限付きで認める韓国やシンガポール、土地の所有や使用が国益に反しないように厳しく規制しているアメリカ、ドイツなど様々です。日本だけが、農地や市街地を除き、外国人が自由に土地を買え、しかも使用制限がまったく付かないのです。先進国ではきわめて珍しい国といえます。

第6章

水ビジネス
国内主要企業

日本は膜素材や水処理プラント、ポンプなど、部品提供で強みを持ち、特に膜では世界市場の7割を占有するほどの優位性を誇っています。ここでは膜、パイプ、ポンプなどを提供している、おもな国内企業を紹介するとともに、水ビジネスに力を入れる商社や金融の動きも併せて紹介します。

1 水処理プラントメーカー① 概要

プラントメーカーとは、EPCと呼ばれる、設備や施設のエンジニアリング(Engineering)、調達(Procurement)、建設(Construction)の全体をまとめて提供している企業を指します、水ビジネスでは、日本はこのEPC分野で強みを発揮しています。

アライアンスが潮流に

プラントメーカーは、EPC以外に施設の維持管理サービスも提供しています。国内のトップテンに入るプラントメーカーは海外でも事業展開していますが、コスト競争力の弱さがネックとなり、海外メーカーに比べると規模は小さくなります。海外で存在感を示すためには、コスト競争力や意思決定のスピードを向上させていくことが必要です。海外でのビジネスを拡大させるため、最近ではプラントメーカー同士が**アライアンス**(協業)を組むことが潮流となっています。

水処理のおもなプラントメーカーとしては、**日立プラントテクノロジー**や**水ing**、**メタウォーター**、**水道機工**などが挙げられます。

得意分野を中心に海外展開

プラントメーカーはそれぞれ得意分野があります。

水道機工は、水処理を基軸とした事業活動で、水資源の効率的な活用と、造水、リサイクルなど、水を核とした循環型社会の構築を目指す企業です。東レグループ傘下にある水道機工は、グループ内で協力して水ビジネスを展開しています。上下水道をはじめ、汚泥再生、ごみ浸出水処理に代表される公共水処理分野、膜技術などを駆使した環境ソリューション提案で海外事業への展開を強化しています。

神鋼環境ソリューションは、下水、汚泥処理に強い総合エンジニアリング企業で、特に資源回収(バイオマス、

用語解説 ＊**アライアンス** 複数の企業が共同・連携して行動する同盟、企業提携。

リン回収など）で多くの実績を持っています。バイオ資源からメタン発酵による発電事業やメタンガスから都市ガスへの転換などエネルギー関連のソリューションが得意で、海外展開はこれからが勝負です。

栗田工業は、薬品ビジネスに強く、腐食防止剤やスケール防止剤などに、卓越した技術を持っています。海外で薬品販売拠点を増やしており、民間企業の需要に特化した水ビジネスの専門メーカーとして、半導体や液晶向け超純水ビジネスにも注力しています。また、自己資本で装置を設置し、水の使用量で収益を得る「水売りビジネス」でも高利益を上げています。

オルガノは、電力会社向けの水処理システムで優位性を持ち、アジア地区の発電事業向け水処理事業に力を入れています。アジアに海外拠点を持ち、水処理装置のリース、レンタルサービス事業を展開しています。

野村マイクロ・サイエンスは、台湾や韓国の半導体・液晶メーカー向けに超純水ビジネスを展開しています。

ウェルシィは、地下水ビジネスの草分け的存在で、病院、大学など、大口需要者を開拓しています。

プラントメーカーの事業内容

水処理プラントメーカー	水道機工	神鋼環境ソリューション	栗田工業	オルガノ	野村マイクロ・サイエンス	ウェルシィ
得意分野	プラント・水処理事業全般	下水、汚泥処理	薬品	水処理装置	超純水	地下水ろ過
事業内容	上工水事業、汚水処理事業、環境エンジニアリング事業、O&M事業、海外事業	下水処理設備、排水処理設備、工業用水処理設備、純水・超純水製造設備、汚泥処理・減容化設備、汚泥焼却・溶融・資源化設備、コミュニティプラント、ごみ浸出水処理設備、海水淡水化設備、農業・漁業集落排水処理設備、維持管理・運転	薬品類の製造販売およびメンテナンス・サービスの提供を行う水処理薬品事業と、水処理に関する装置・施設類の製造販売を行う水処理装置事業	・水処理装置事業：産業向けの純水装置、超純水装置、排水処理装置、発電所向けの復水脱塩装置、官公需向けの上下水設備などを製造、納入、メンテナンス事業・薬品事業：工業薬品、イオン交換樹脂、食品添加物などの販売	水処理プラント・機器、プロセス機器・機能商品、配管・環境材料、水処理ユニット（超純水ユニット）、薬品、受託業務	水道施設工事、管工事、さく井工事、電気工事、機械器具設置工事、水質分析、自家用専用水道（地下水膜ろ過システム）、工業用水飲料化システム（SADWシステム）、災害時非常用浄水装置（セオエール）、地中熱ヒートポンプシステム（ウェルサーマルヒートポンプ）、地下水調査、超活性イオン装置（除菌・脱臭など）、水道施設関連設備、水リサイクルシステム、膜ろ過装置、砂ろ過装置、純水装置、軟水器
売上高	124億4,700万円	510億円	1,812億円	610億9,700万円	220億円	49億円

出所：各種資料をもとに作成

用語解説　＊**スケール防止剤**　配管中に析出する金属酸化物やカルシウムなどを除去する薬剤。

2 水処理プラントメーカー② 日立プラントテクノロジー

水処理プラントとその制御や運用に多様な技術を持ち、国内において約五五〇の浄水場や、約二八〇〇の下水処理場への設備、約九〇〇の監視制御システムを納入してきた実績を誇る企業です。

インテリジェントウォーターシステム

日立プラントテクノロジーは、長年にわたって築き上げてきたノウハウと、IT技術を組み合わせることによって、「**インテリジェントウォーターシステム**」を実現させ、世界の水環境の改善に貢献していく構想を掲げています。

また、海水淡水化システムも手掛けていて、水不足の解消に貢献するとして早くから取り組み、海水淡水化プラントは、国内はもとより、海外でも広く導入されています。さらに現在は、効率が高く、空調システムの冷熱源などへの転用も可能な、海洋深層水を活用した海水淡水化技術の開発も進めています。

水資源管理と再利用

産業排水処理分野では、物理化学処理、生物処理、膜処理、晶析処理、汚泥処理など、各種工場やプラントの排水処理、純水、超純水製造において、広範な技術対応力を備えています。沈砂池設備をはじめ、合流改善設備、高度処理のシステム、汚泥処理や脱臭設備までカバーし、総合的な水資源管理を実現しています。

日立プラントテクノロジー
- 設立　1929年
- URL　http://www.hitachi-pt.co.jp/

用語解説
＊**インテリジェントウォーターシステム**　クラウドコンピュータシステムを用いて水資源を統合的に管理・運営するシステム。

日立プラントテクノロジーの水に関する最近のおもな動向

年	トピックス
2012年6月	中国の成都市で上水道運営事業の経営に参画
2012年3月	中国の大連市でリサイクル産業モデル工業地区「大連国家生態工業モデル園区」での水インフラ整備事業の覚書を締結
2012年1月	LG電子とともにLG日立ウォーターソリューションズの設立を発表
2010年12月	雄洋海運が「日立バラスト水浄化システム」の稼働開始を発表
2010年11月	中国西部地区の大手水事業企業グループ興蓉集団と水環境ソリューション事業に関する協業で合意
2010年9月	シンガポールにある日立グループのROシステムメーカーの体制の強化を発表
2010年5月	水環境ソリューション事業の強化を発表
2010年4月	モルディブの上下水道運営事業会社への事業参画を発表
2010年3月	新エネルギー・産業技術総合開発機構(NEDO)と山口県周南市が水循環システムの技術開発拠点「ウォータープラザ」を開設することで合意、覚書を締結したことにともない、東レとともに「ウォータープラザ」を建設し実証を行うと発表
2010年2月	NEDO、東レとともに北九州市に先進の水循環システムの技術開発拠点「ウォータープラザ」の開設を発表
2010年2月	東レとともに「海外水循環ソリューション技術研究組合」を設立

出所：日立プラントテクノロジーの発表をもとに作成

3 水処理プラントメーカー③ 水ing《スイング》

水ingは、水処理のパイオニアである荏原製作所の水部門と、三菱商事、日揮の三社提携によって、事業体制を強化する目的で設立されました。二〇一一年四月に、現在の社名に変更しています。

日本を代表する総合水事業会社

水ing(スイング)は、荏原製作所と三菱商事、日揮の合弁企業です。三社の提携により、ポンプなどの開発をはじめとし、風水力事業が主力である荏原グループが培ってきたエンジニアリング力と、施設の維持管理ノウハウ、三菱商事の販売網、さらに日揮の海外エンジニアリング力とプロジェクトマネジメント力を併せ持った水処理専門企業になりました。三菱商事がフィリピンの地元企業と設立したマニラウォーターのノウハウも継承していることを強みに、国内外で水処理施設の建設から運転、維持管理までを展開しています。

海外では積極的な市場開拓を行っていて、約五〇カ国、五〇〇件ほどの納入実績を持っています。発展途上国向けには、ODAを介して上水・下水のインフラ施設を提供しています。海外に生産拠点を持つ日系企業には、工業用水、工場排水処理設備のEPCから運転、維持管理を提供しています。

水のトータルソリューションを提供

水ingでは、上水から下水処理、廃棄物の最終処分場における水処理まで、一貫したソリューションを提供しています。上水・工業用水道事業では、安全な水の供給を維持するため、日本全国の浄水場の水処理システムや最新技術を提供しています。下水道事業では、下水道施設の設計、建設を行っています。維持管理では全国に四五〇カ所の拠点があり省エネに配慮した機器の導入や、機器のランニングコストを最小限にでき

用語解説

*ODA　ODA＝Official Development Assistance。政府開発援助資金。日本は水と衛生に関するODA資金の最大拠出国。

る運転管理も技術を提供しています。

一方、産業水処理事業では、工場からの排水を、再び再利用する水処理施設の設計や建設、維持管理を手掛けています。

汚泥再生やバイオマス利活用事業、最終処分場浸出水処理事業も提供し、最新技術と長年蓄積したノウハウを活用して、最適な水処理プロセスを提供しています。

また、薬品事業では、水処理プラントなどで必要となる薬品を、これまで培った水処理施設における経験にもとづいて最適化することで、あらゆるニーズに応えています。

水ing

- 設立　1977年
- URL
  http://www.swing-w.com/

水 ing の事業概要

- 汚泥再生施設
- 浄水場
- バイオマス利活用施設
- 下水処理場
- オペレーション事業
- 薬品事業
- 廃棄物最終処分場
- 工業用水道施設
- 産業用水処理施設
- 海外事業
- メンテナンス事業

4 水処理プラントメーカー④ メタウォーター

メタウォーターは二〇〇八年に日本ガイシの水部門、NGK水環境システムズと富士電機水環境システムズが合併して創設された水専門の総合メーカーで、高い技術力によって、国内外に幅広い市場開拓を進めています。

セラミックフィルターなどで優位性

メタウォーターは、技術優位性のあるセラミック膜をはじめ、オゾン処理装置、汚泥処理技術などで特色あるラインアップを持ち、国内外で幅広く活躍している企業です。**PFI**事業などにも積極的に力を入れています。

上水道関連事業では、浄水場のろ過設備とそのろ過工程で発生した汚泥を処理する機械設備、および浄水場を運転するための受変電設備、計装設備、監視制御設備などの電気設備、これらの設計、製造、施工、維持管理などのソリューションを提供しています。

O-157やクリプトスポリジウムなど、食中毒を起こす要因となる細菌や原虫類を除去できる**セラミック膜ろ過システム**や、発がん性の懸念があるトリハロメタンを生成する物質の分解、異臭味物質を分解できる**オゾナイザ**など、水の安全性を高めることができる製品を主要商材としています。

メタウォーターは下水道分野において、国内のトップクラスの企業として多数の実績を持っています。空気を微細気泡にして水中に注入できる水処理用散気装置、汚泥脱水機、汚泥焼却炉、高速雨水処理システムなどの機械設備のほか、下水処理場の受変電設備、監視制御設備、計装設備などの電気設備と、これらの設計、製造、施工、維持管理サービスも取り扱っています。

メタウォーターでは、セラミック膜やオゾナイザなどを自社の差別化商材として海外に拡販し、サービスや運営まで含めた和製水メジャーを目指しています。

用語解説
＊**セラミック膜ろ過システム**　セラミック膜を用いたろ過装置で、汚染に強く耐久性が高いのが特徴。

環境型ソリューションも開発

また、環境に配慮して、下水処理場のライフサイクルコストを低減できる省エネルギー技術や温室効果ガス削減技術や再生水技術などを研究開発しています。下水汚泥をガス化、燃料化できるシステムも提供することで、汚泥に含まれる資源の回収やエネルギー化が可能になります。一般家庭や事業活動から発生する廃棄物の中には、鉄やアルミなどの金属のほか、ペットボトルやプラスチック類など再資源化が可能な物質など、貴重な資源が多く含まれています。これらの廃棄物から有価物を取り出すシステムの開発にも力を入れています。

メタウォーター
●設立　2008年
●URL
http://www.metawater.co.jp/

セラミック膜のメリット

・急速ろ過方式と同等以上の処理が可能
・施設の維持管理が容易
・省スペース
・強度が高く長寿命

用語解説
＊PPP　PPP=Pubric Private Partnership。官民が連携して事業を行う仕組み。

5 水道用資材メーカー① 膜メーカー

日本が強みを持つ水関連技術の一つが「膜」です。海水淡水化技術が注目されるなか、RO膜は日本が世界市場で勝てる唯一の技術となっています。世界最大の膜メーカーはアメリカのダウ・ケミカルですが、世界市場のシェアの半分以上は日本メーカーが占めています。

RO膜市場で優位性を発揮する日本

水処理に使用する膜としては、MF膜、UF膜、NF膜、RO膜の四種類が代表的で、水処理の用途に合わせて膜を採用します。なかでも海水淡水化をはじめ、生活用水、工業用水の水処理に多く採用されているのがRO膜です。

特にRO膜の製造は技術的にむずかしく、参入企業も数えるほどであり、世界市場では日本メーカーが五割ものシェアを握っています。

本節では、RO膜に強い日本メーカー三社を紹介します。

海水淡水化事業に多くの実績

国内最大メーカーであり、世界トップクラスのRO膜メーカーである日東電工の強みは、世界的な営業力と、アフターセールスのネットワークです。

同社は、世界的な水関連のコンサルティング会社などとつながりが深いアメリカの**ハイドロノーティクス**を傘下に置きました。低エネルギー用の膜や大流量向けの大口径膜を開発し、ハイドロノーティクスを活用して世界展開を図っています。

日東電工に続き、国内二位の東レは、グループで蓄積してきた素材開発の技術力をもとに水処理膜事業を展開しています。

用語解説

＊**中空糸型逆浸透膜モジュール**　マカロニ状の膜を、汚水などに浸し、きれいな水を得るユニットモジュール。

同社は日東電工とともに、日本を代表する世界トップクラスの海水淡水化用ＲＯ膜メーカーであり、すべての膜を自社で生産できるのが強みです。東レは、上水道部門に強い水道機工を関連会社にすることで、エンジニアリングでも海外進出を目指しています。

東洋紡は、国内第三位のＲＯ膜メーカーです。東洋紡は**中空糸型逆浸透膜モジュール**を開発し、注目されています。東洋紡の膜は塩素に強く、汚染された海水でも高い性能を発揮します。

サウジアラビアにある世界最大級の海水淡水化プラントに、東洋紡の膜技術が採用されるなど、多くの実績を積み上げています。

日東電工
- 設立　1918年
- URL
  http://www.nitto.co.jp/

東レ
- 設立　1926年
- URL
  http://www.toray.co.jp/

東洋紡
- 設立　1914年
- URL
  http://www.toyobo.co.jp/

拡大する水処理膜市場

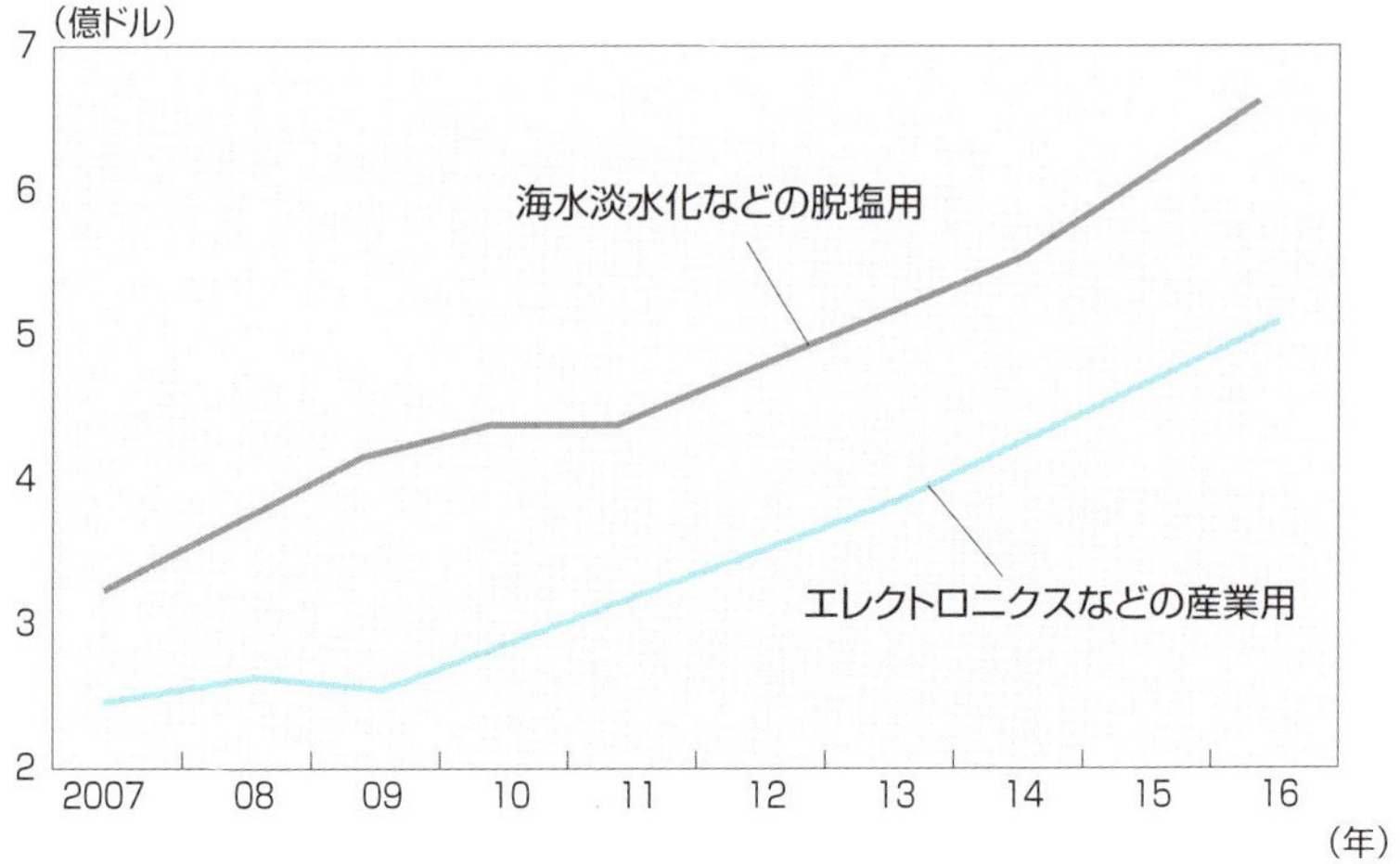
(億ドル)
7
6
5
4
3
2
海水淡水化などの脱塩用
エレクトロニクスなどの産業用
2007
08
09
10
11
12
13
14
15
16
(年)

出所：Global Water Intelligence

【世界最大級の海水淡水化設備とは】　2012年現在で建設される世界最大の海水淡水化プラントはサウジアラビアのラスアルカイル地区に建設されるもの。従来法の蒸発法とRO膜を用いたハイブリッド方式の日量100万m³のプラントである。日本の東洋紡がRO膜を供給する。東洋紡の膜は塩素殺菌に対し強い耐久性を持っている。

ワンポイントコラム

6 水道用資材メーカー② 水道管メーカー

利用者に水を届ける上水道管や、排水を回収する下水道管は、水インフラを支える重要な設備です。水道管メーカーの技術開発により、強度の高いパイプや、老朽化した水道管を補強する優れた技術も投入されています。

インフラを支える鋳鉄管メーカー

現在、水道管は**鋳鉄管（ダクタイル鋼管）**が主流となっています。水インフラを支える鋳鉄管メーカーに、**クボタ**や**栗本鐵工所**があります。

クボタは、下水処理ではMBRにも強いほか、鋳鉄管のトップメーカーとして、耐震管など、世界に誇る技術力を有しています。同社は一八九〇年の創業以来、水道用鉄管による近代水道の整備に貢献してきました。

最近では、パイプ事業を核にグローバルに事業を展開しています。インドに建設した鋳鉄管工場で、中東向け製品を製造しているほか、ヨーロッパ、アメリカ向けにも製品を販売し、幅広く採用されています。

一方、栗本鐵工所は、鋳鉄管でクボタに次ぐ業界二位のメーカーで、上下水道をはじめとする、公共事業向けに製品を提供しています。創業以来、社会のインフラ整備、ライフラインや産業設備の拡充に力を入れていて、災害に強い製品作りに力を入れています。

下水道管の老朽化対策

下水道管は、上水道管のように圧力をかけて水を届ける方式とは違い、水道管に角度をつけることで、重力を利用して上流から下流に汚水を流し、回収しています。上水のように一定基準の水質を保った水が流れるわけではなく、汚泥や薬品で汚染されている場合もあるほか、排水が混合したことで、有害物質が発生す

用語解説
＊**鋳鉄管（ダクタイル鋼管）**　球状黒鉛を主体とする鋳鉄管で、一般鋳鉄の2倍以上の強度が期待できる。

る場合もあります。また下水道管は、大雨などのときに大量に流入する雨水にも対応するため、大口径の管が必要となります。そのため、改修工事が大規模になり、コストが高騰する場合があります。下水管の改修工事で注目されているのが**SPR工法**です。このSPR工法の最大手が積水化学工業です。既設管内に硬質塩化ビニール材をスパイラル状に巻き付けて更生管を製管し、その既設管と更生管の間隙に特殊材を充填することで、増強する工法です。下水を流しながらの施工が可能であり、国道など、止めることのできない幹線道路における下水道管の補強や、耐震強度の向上に使われています。

クボタ
- 設立　1930年
- URL
  http://www.kubota.co.jp/

栗本鐵工所
- 設立　1934年
- URL
  http://www.kurimoto.co.jp/

積水化学工業
- 設立　1947年
- URL
  http://www.sekisui.co.jp/

ダクタイル鋳鉄管の防災面のメリット

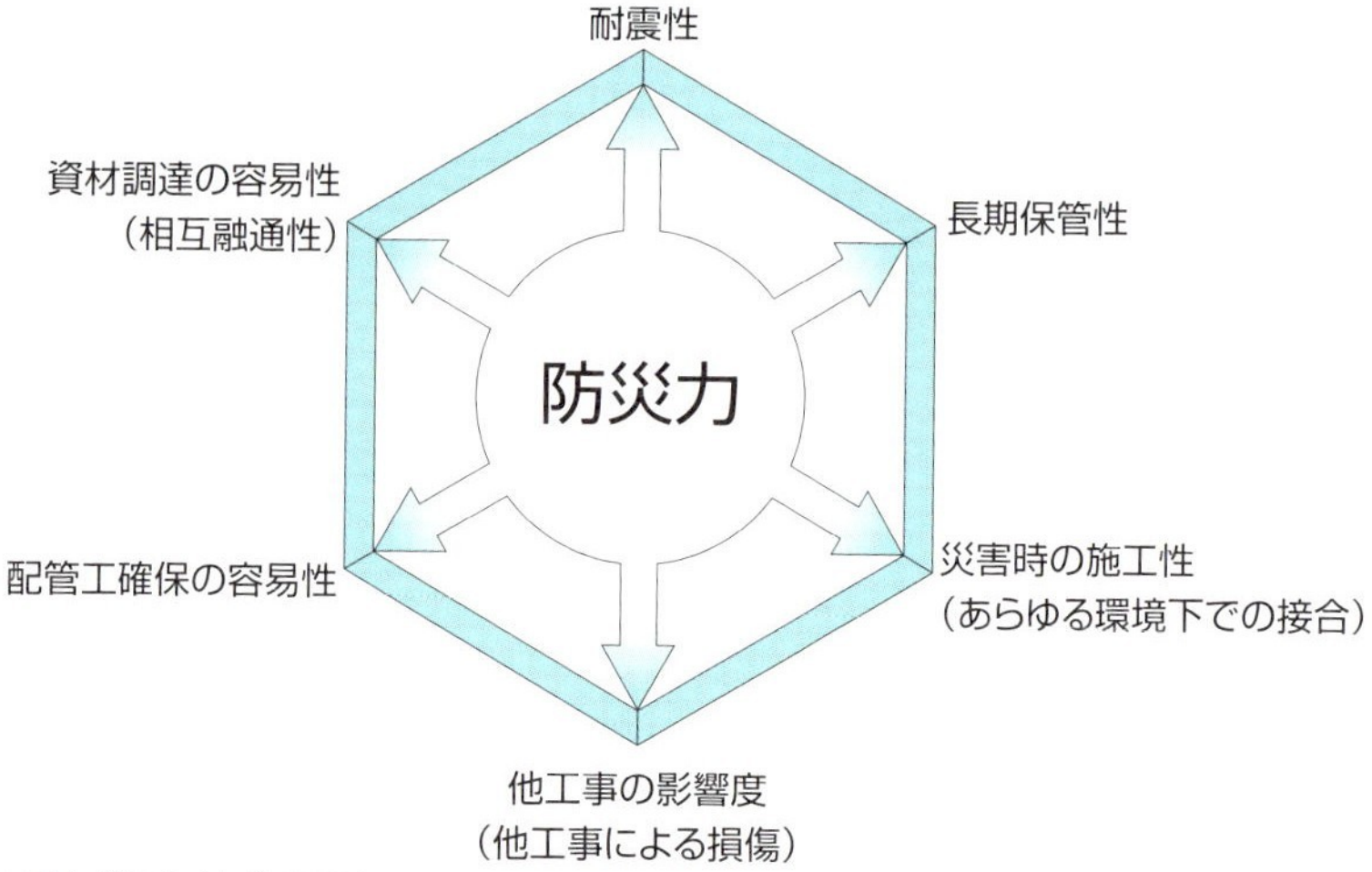
耐震性
長期保管性
災害時の施工性
（あらゆる環境下での接合）
他工事の影響度
（他工事による損傷）
配管工確保の容易性
資材調達の容易性
（相互融通性）
防災力

出所：日本ダクタイル鉄管協会

用語解説

＊SPR工法　既設の下水道管内などで硬質塩化ビニール材をスパイラル状に貼り付ける管の更生工法。

7

水道用資材メーカー③ ポンプメーカー

河川から取水するときや、一般家庭などに配水するとき、いずれもポンプを利用して水を移動させることが必要になります。ポンプメーカーでは、流量や揚程に応じて様々なタイプの製品をラインアップしています。

世界的ブランド「EBARA」

荏原製作所は国内外で活躍する水ビジネスの雄です。同社は幅広いラインアップのポンプを取りそろえ、国内外で高いシェアを獲得しています。水処理プラント用ポンプの世界シェアでは、アメリカの**ITT**がトップですが、モノブランドでいえば「EBARA」の製品が最も有名です。

荏原製作所は、**渦巻ポンプ**の製造からスタートし、創業一〇〇周年を迎えるポンプ業界の老舗です。上下水道の水処理施設や設備の設計コンサルティングを事業とし、国内水道施設のおよそ三割が同社の機器を採用しています。

海外への輸出では、中東で稼働している海水淡水化プラントの取水ポンプのうち、実に六〇パーセント以上が同社のポンプを使用していた実績があります。

また、多様な用途に対応できる**カスタムポンプ**も提供しています。中小規模のポンプから、上水道などのインフラ整備用ポンプ、一般の工場設備用の大型ポンプ、大型水中ポンプのほか、高圧水を用いて脱スケールするデスケーリングポンプに至るまで、**揚程**と水量に合わせ、水処理関連用途のほとんどすべてをカバーできる製品をラインアップしています。

RO膜用のポンプで強い酉島製作所

酉島《とりしま》製作所は、荏原製作所と比べると、シェアは小さ

用語解説

＊**渦巻ポンプ**　渦巻き羽根の遠心力で半径方向に圧力を与え、水を押し出す、最も多用されるポンプ形式。

＊**揚程**　ポンプで水を引き上げる高さ。

いものの、海外向けRO膜用の高圧ポンプや取水ポンプで高いシェアを誇っている有数の企業です。

酉島製作所は水ビジネスが今ほど注目されていなかった一九六〇年代から水不足が深刻な中東地域や北アフリカ、東南アジア、オーストラリアなどを中心に数多くのポンプを納入してきました。海水淡水化分野では四〇年以上の実績があります。RO膜法、蒸発法の一つである**MED（多重蒸発缶効用方式）**など多様な海水淡水化の方式に対応する高効率ポンプにより、安定した水の供給とプラントの省エネルギー化に貢献しています。海水淡水化装置用の高圧ポンプでは、世界市場で約六割のシェアを占めるほどになっています。

荏原製作所

- 設立　1920年
- URL http://www.ebara.co.jp/

酉島製作所

- 設立　1928年
- URL http://www.torishima.co.jp/

揚程と水量で選ぶポンプのタイプ

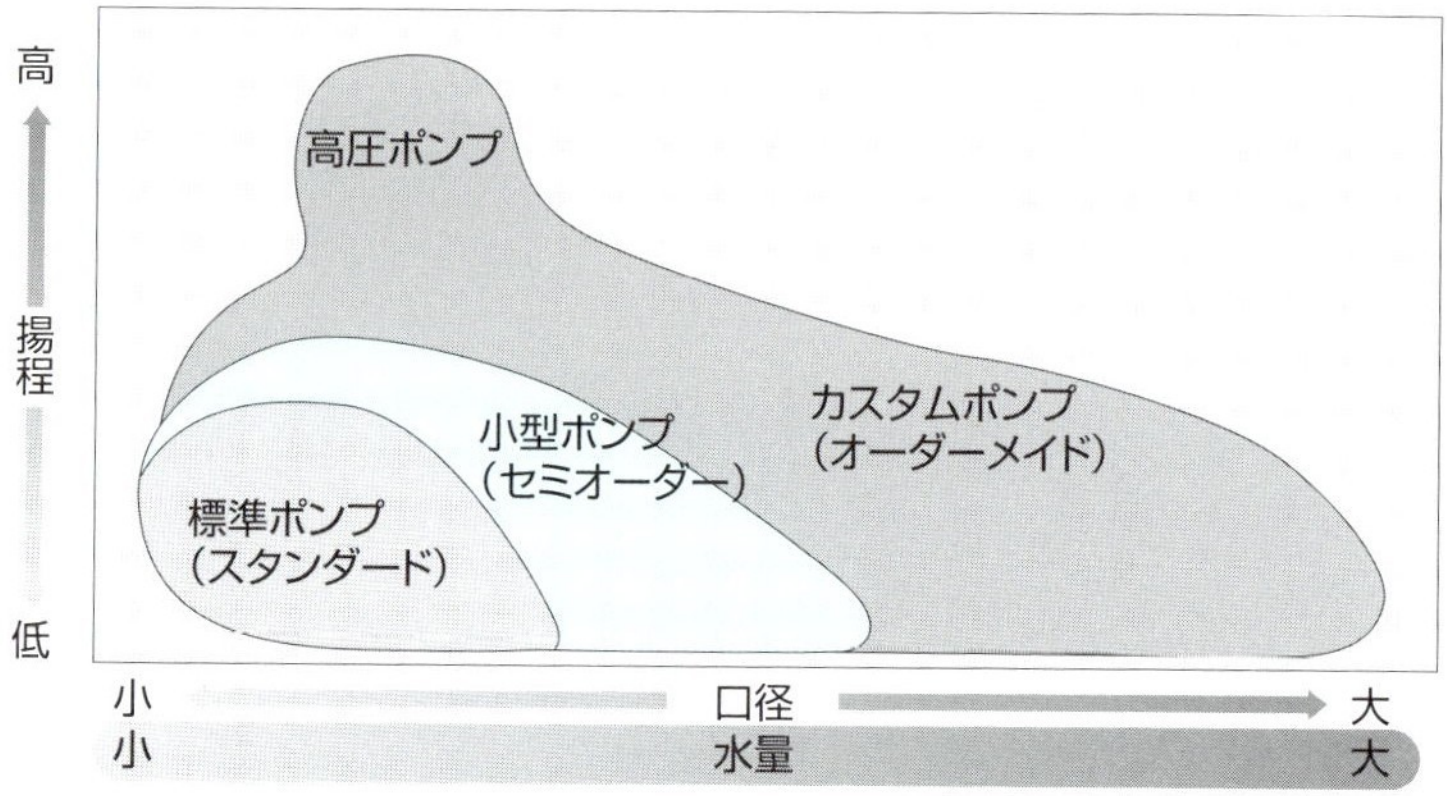
高
揚程
低
高圧ポンプ
カスタムポンプ（オーダーメイド）
小型ポンプ（セミオーダー）
標準ポンプ（スタンダード）
小 口径 大
小 水量 大

中水量・中揚程	大水量 低〜中揚程	小水量 高揚程

用語解説

＊MED（多重蒸発缶効用法）　海水淡水化における、蒸発法の一つの方法で、蒸発質室を多数並べて効率的に過熱して真水を取り出す方法。

8 電気設備メーカー

電気設備メーカーは、電気設備や制御装置だけを提供するのではなく、水処理に不可欠な機器の監視や制御を含む情報を管理するクラウドシステムを構築して、経営の支援までを行います。

管理も受託する電気設備メーカー

電気設備メーカーは、浄水場や下水道の電気設備機器や監視制御機器を提供しています。水分野で代表的な電気設備メーカーは、**明電舎**と**富士電機**です。

明電舎は、全国の上下水道の構築に携わってきた経験とノウハウを生かして、水道事業の維持管理の受託や、産業用排水処理システムの提供など、幅広い分野でサービス展開をしています。同社では電気・計装システムを核に、通信インフラの整備や、その通信インフラを利用した上下水道、自治体システムの高度情報化に積極的に取り組んでいます。

富士電機では、電機メーカーとしての技術力を武器に、営業展開し、省エネルギー、水運用制御、水質管理、無人化、遠方監視、ＩＴ化による作業効率化、作業品質向上などを提供しています。

高度情報化システムを構築

電気設備メーカーでは近年、電気設備や監視制御機器を提供するだけでなく、制御機器や計装設備からのデータを収集し、水道事業の維持管理に生かすサービスに取り組んでいます。具体的には、計装設備を生かして、上水の提供から料金の徴収までの管理を行う**クラウドシステム**の構築などが挙げられます。

これらのシステム構築や管理については、従来関係する行政などが担当していましたが、予算や人員などの問題から、次第に処理場全体の管理を電気設備メーカーやプラントメーカーに委託するケースが増えてきています。

用語解説

＊**クラウドシステム**　ネットワーク上でデータを管理し、いつでもどこでもデータを呼び出すことができるシステム。

電気設備は一般的に五～七年で交換する必要があります。更新頻度が高いことから、水道事業体と電気設備メーカーがより密接な関係となり、委託しやすくなっていると考えられます。

一方、海外では日本の製品が高く評価されていますが、海外展開するうえでは他国の競合メーカーと比べ、コスト競争力がネックになっています。

明電舎では、海外向けにセラミック平膜の量産体制を整備し、事業化することに注力しています。

明電舎

- 設立　1917年
- URL
  http://www.meidensha.co.jp/

富士電機

- 設立　1923年
- URL
  http://www.fujielectric.co.jp/

明電舎の水処理ビジネス戦略

従来事業の収益力強化

■浄水場、下水処理場向け電気設備の新規・更新物件の受注確保

国内における納入実績（30年間計、約1兆円）

■国内公共水道分野の運転維持管理業務の受託拡大

約30の自治体から浄水場の運転維持管理業務を受託

■水道施設への総合的な提案活動推進

オルガノとの業務提携により機械設備、電気設備一体となった更新提案活動を展開

新規分野：海外向け販売を確立

■下水・排水処理用セラミック平膜の事業基盤を確立

セラミック平膜の量産体制を整備中

中国・東南アジアなど海外向け販売を確立

■産業向け排水処理分野の拡大

出所：明電舎

9 維持管理会社

維持管理会社は、地方自治体が保有する上下水道施設や、メーカーが作ったプラントを維持管理していくのがおもな業務です。

水源から蛇口までを管理

維持管理会社の事業範囲を一言で表すと、「水源から蛇口まで」を管理するのが仕事です。プラントメーカーが施工したすべての施設の管理をはじめ、取水量から各家庭や工場などへの配水量までを管理することが維持管理会社の仕事です。維持管理の業務は広く、処理場の管理と、漏水などを調査する水道管網の管理に大別されます。

水道管網は、水道資産の七割を占めていますが、一度設備を構築すると耐用年数が四〇年と長いために、新たなビジネスにつながりづらいのが課題です。

こうした管網の管理には、メーター検針などを請け負っている会社が参入するケースが多くありました。

一方、浄水場内では、取水、給水、排水、下水処理までのプロセスを管理します。水道資産でいうと三割程度ですが、電気設備のように五～七年ごとに設備の更新時期を迎えるなど、定常的に案件が発生するため、今まで水道管網の維持管理を行っていた会社が、処理場の維持管理に参入することを狙っています。

水も漏らさぬ設備維持管理会社

上下水道施設管理の老舗で業界最大手の**ウォーターエージェンシー**（旧日本ヘルス工業）では、全国に管理事務所を有し、水処理プラントの設計、施工から維持管理までを行っています。同社は三菱商事と合弁で、水道事業会社**ジャパンウォーター**を設立しています。ヴェオリア・ウォーター・ジャパンのグループ企業で、維持管理会社の一つである**フジ地中情報**は、管網の維持管理の技術である水道施設管理システムや管網水理計算システムを活用して、水道施設管理業務や浄水場の運転管理から配水管理、料金収納業務までの管理を行っています。

水道料金徴収の大手**ジェネッツ**は、全国自治体から水道メーターの検針業務と料金徴収業務を受託するとともに、浄水場および各種処理場などの運転、保守、清掃など総合維持管理業務を請け負っています。

ウォーターエージェンシー

- 設立　1957年
- URL
  http://www.water-agency.com/

フジ地中情報

- 設立　1972年
- URL
  http://www.fuji-si.co.jp/

ジェネッツ

- 設立　1997年
- URL
  http://www.jenets.co.jp/

水道業務の包括管理

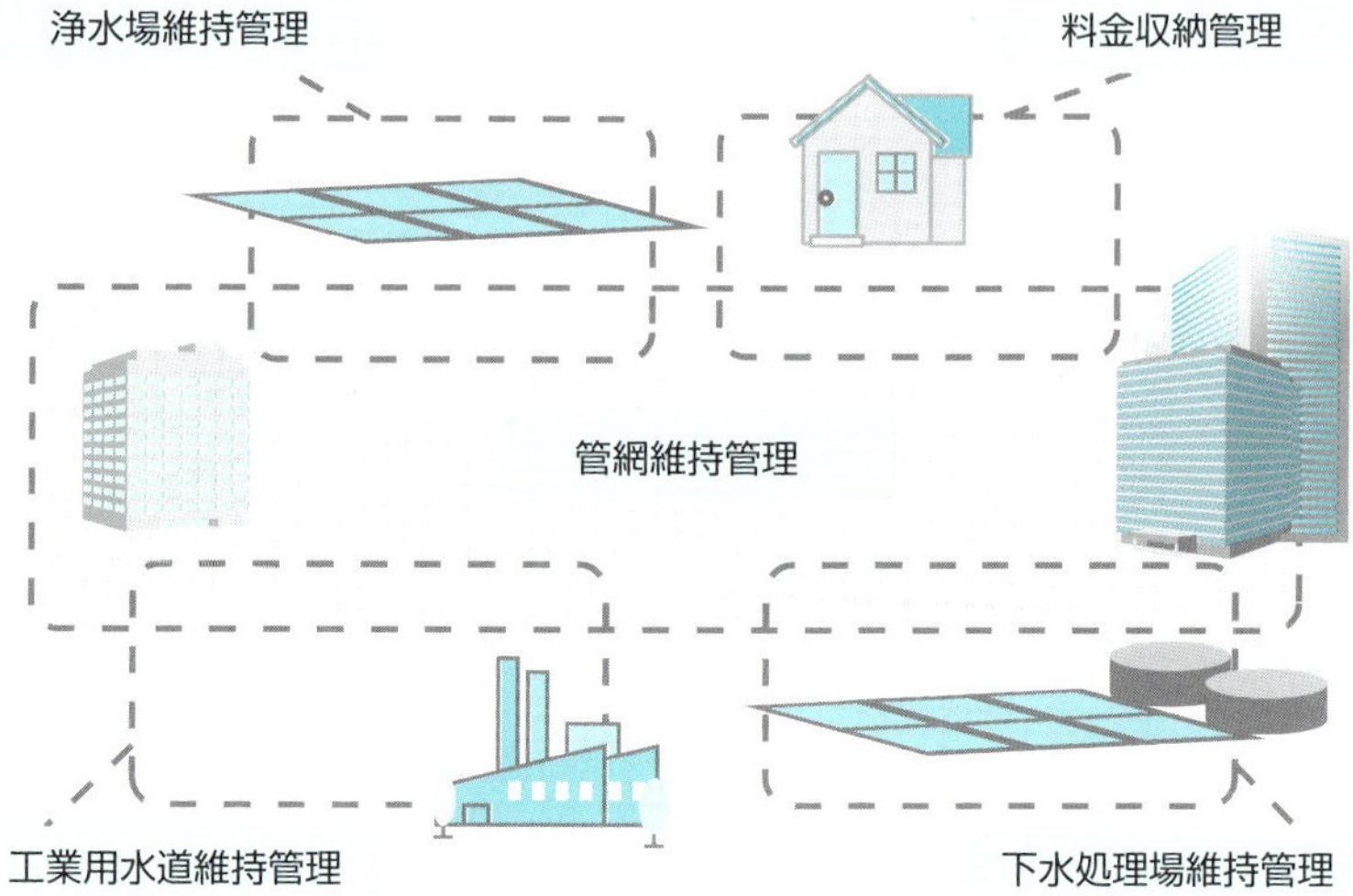

浄水場維持管理
料金収納管理
管網維持管理
工業用水道維持管理
下水処理場維持管理

10

金融関連企業および団体

日本企業、あるいは自治体による海外水ビジネスの展開に際して、側面支援で注目されるのが国際協力銀行（JBIC）ですが、民間企業がコンソーシアムの一員として参加するケースも増えています。

国際協力銀行の役割

水ビジネスにおける、金融機関の動きは慎重です。メガバンクでは積極的に勉強会を開催し見識を深めているものの、いまだ融資という形で具現化された例はありません。日本では民間ではなく政府系金融機関が投資に力を入れています。日本政府が一〇〇パーセント出資する**国際協力銀行（JBIC）**は、インフラビジネスで、**プロジェクトファイナンス**に携わっています。

国際協力銀行では、シンガポールの代表的な水処理企業の一つであるハイフラックスと、アジア太平洋、中東・北アフリカ地域における水ビジネスでの協力関係を構築しています。

また、地方自治体の海外水ビジネス展開に対しても、海外情報を提供するなど、国内外を結ぶパイプ役として機能できる体制を構築しています。海外での水ビジネスに関するノウハウをほとんど持っていない自治体にとって、心強い後ろ盾になると考えられます。

また、次世代の産業の育成という役割を持つ政府出資の投資ファンドや産業革新機構も、海外の水インフラ分野で日本企業の活躍の場を後押しし、海外進出に対して出資だけではなく、企業の技術向上やノウハウを高めることに尽力しています。

コンソーシアムの一員として参加

民間ではリースなどの金融業務を主体とする**オリックス**が海外水ビジネスを受託するためのコンソーシアムに名を連ねています。同社は二〇一一年三月に、日本

用語解説

＊**国際協力銀行**　JBIC＝Japan Bank for International Cooperation。日本政府100%出資の政策金融機関で日本企業に融資・出資を行う。

＊**産業革新機構**　産業再生法にもとづく、官民出資投資ファンド。

企業五社で構成するコンソーシアムの一員として、ベトナムからＰＰＰを活用した**国際協力機構**（**JICA**）のインフラ事業協力準備調査業務を受託し、現在はベトナムの下水道処理場を整備し、運営するため、ハノイ市エンサで下水処理場整備事業準備調査を行っています。

また、二〇一一年八月にインドネシアでもＪＩＣＡが公募していたＰＰＰインフラ事業協力準備調査業務を受託しました。下水道の管網整備、下水処理場整備に関して調査を行い、その事業性評価などをＪＩＣＡに報告するもので、オリックスは代表者として財務、資金計画、リスク分析などを担当しています。

オリックス
- 設立　1964年
- URL
  http://www.orix.co.jp/

PPPにおけるオリックスの役割

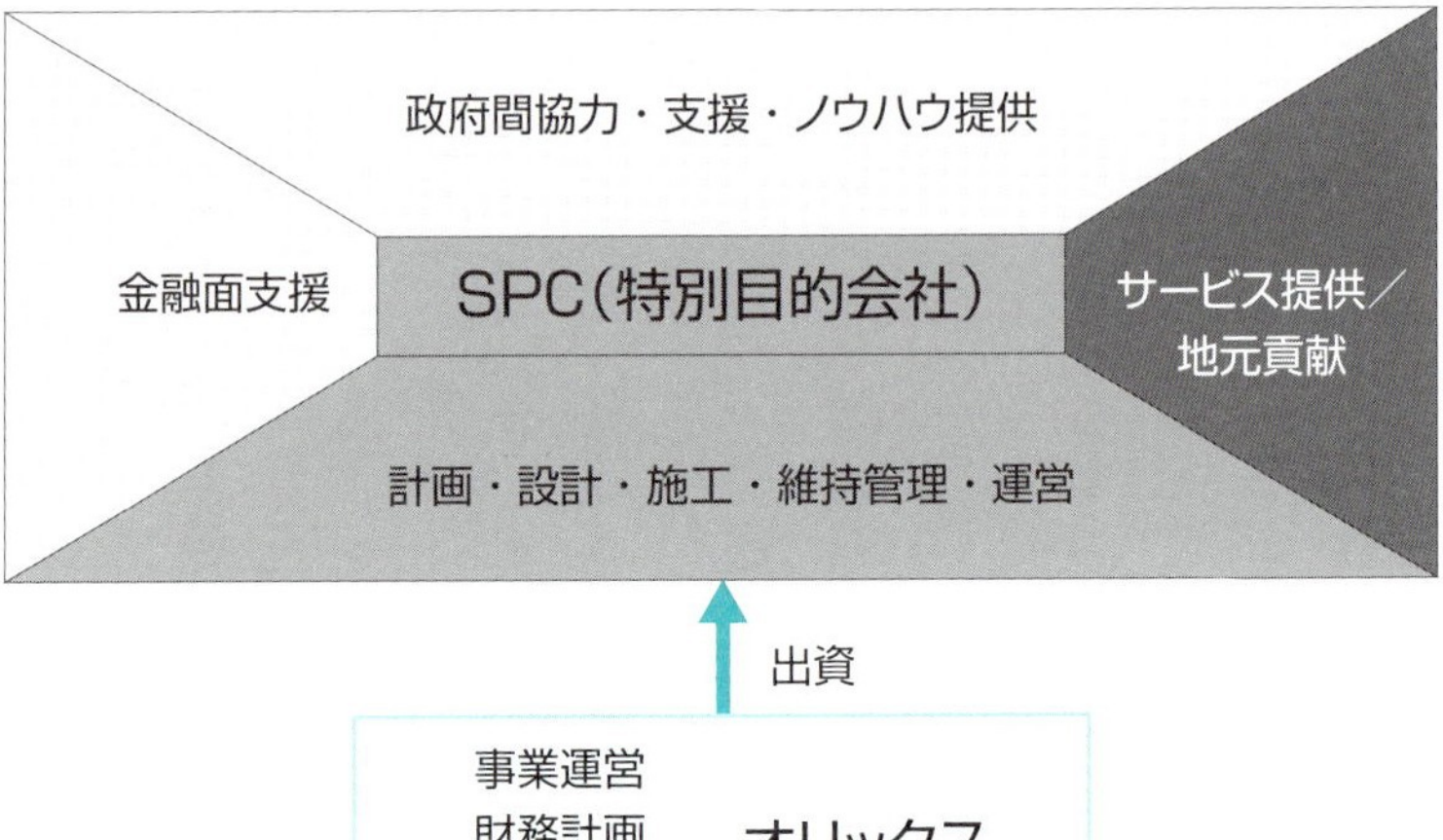
政府間協力・支援・ノウハウ提供
金融面支援
SPC（特別目的会社）
サービス提供／地元貢献
計画・設計・施工・維持管理・運営
出資
事業運営
財務計画
資金調達
オリックス

用語解説

＊**プロジェクトファイナンス**　あるプロジェクトを遂行するために必要な資金集めの方法。

＊**SPC**　SPC=Special Purpose Company。特別目的会社のことで、投資家などから資金を調達する目的で設立する会社。

11

商社

中国をはじめとした新興国において、インフラ需要を背景に水のインフラ関連事業が成長産業として注目されています。日本の産業界は、総合商社が中心となって海外でのインフラ需要を狙っています。

インフラ需要を狙う総合商社

水ビジネスは成長産業として高い注目を集めています。海外と日本では、その主役が異なります。海外では、水メジャーなどをはじめとして水関連企業が中心となっていますが、日本では、商社が海外の水インフラ案件を推進しています。

機敏な商社各社は、すでに海外の水事業会社の買収などによる体制整備を進めており、水分野でもインフラ需要の市場獲得を狙っています。

商社は、石油や化学プラント、発電所などで多くの実績を積んでいますが、これまで水処理プラントのビジネスの実績が少ないという課題がありました。アジアや中東、中南米などにおいて人口増加と都市化、産業化の波が起こっています。水不足が深刻化するなか、日本の商社は水需要の拡大に歩調を合わせるように、急速に海外での水ビジネス参入実績を増やしています。

地元企業との協業も

三菱商事は、いち早く海外水ビジネスに乗り出した、日本での水ビジネスの先駆者です。一五年前、同社は世界最大規模のフィリピン、マニラ首都圏の水道民営化案件の受託に成功しました。地元企業と組んでマニラウォーターを設立し、劇的に無収水率の改善を達成し、収益を向上させたという実績があります。具体的には日本人技術者を現地の指導者として派遣し、日本流の漏水防止技術や料金徴収率の向上、作業環境の改善や社員教育などを徹底したことが奏功しました。

また、丸紅は一九九〇年代半ばに本格参入しました。IWPPで有数の実績を持っています。今後は、グローバルに展開している食糧資源開発部門や鉱山資源開発部門とも連携しながら、水ビジネスを進めていく方針です。また、**三井物産**は一九九五年に水ビジネスに参入しました。プロジェクト開発力や資金調達力、グローバルネットワーク機能による総合力を強みに、受注を増やしています。**伊藤忠商事**は、他の商社と比べて、参入時期は遅かったものの、最近になってイギリスの水道事業に参画するなど、水ビジネスへの動きを加速しています。

三菱商事
- 設立　1954年
- URL http://www.mitsubishicorp.com/

丸紅
- 設立　1949年
- URL http://www.marubeni.co.jp/

三井物産
- 設立　1947年
- URL http://www.mitsui.com/jp/ja/

伊藤忠商事
- 設立　1949年
- URL http://www.itochu.co.jp/

商社による海外水ビジネスのおもな事例

企業名	おもな進出先	概要
三菱商事	フィリピンなど	現地企業と合弁でマニラウォーターを設立し、水道事業を運営。同社は国内でもウォーターエージェンシーと共同でジャパンウォーターを設立し、国内水道事業の委託ビジネスを展開
三井物産	タイ、メキシコなど	2008年にメキシコのエンジニアリング企業を東洋エンジニアリングと共同で買収し、グアダラハラ市の20年間の下水処理事業などを獲得
住友商事	メキシコ、トルコなど	1999年からトルコ・イズミット市の給水事業に、メキシコでは2000年を皮切りに3カ所の下水処理事業に参画
丸紅	中国、チリ、ペルーなど	中国・成都市では1999年から浄水事業に参画。2009年には同国安徽省の下水処理会社にも出資し、事業参加
伊藤忠商事	オーストラリアなど	スエズなどがオーストラリアのビクトリア州に建設する日量40万トン規模の海水淡水化事業コンソーシアム出資参加

出所：各社のWebサイト・プレスリリース、および各種新聞記事などをもとに作成

12

コンサルティング会社

海外向けビジネスの場合は商社が担当することの多いコンサルティングですが、国内のコンサルティング会社の場合は、地方自治体から水に関する調査や委託業務を請け負うことが多くなっています。

パイプ役のコンサルティング会社

コンサルティング会社は行政などに対し、現状調査および課題の洗い出し、効率的な水道整備の提案などを行います。

海外の場合には、水企業とともにコンソーシアムを構成する国家的な取り組みとなる場合があり、大手商社が窓口となり、コンサルティングを担当します。

一方、国内向けビジネスの場合は、地方自治体から委託される水に関連した業務、例えば上下水道、し尿処理、農業集落排水などの調査や更新計画を取りまとめて受託するケースが多くなってきます。

海外事業の場合は資金調達などの業務も含まれますが、国内の場合は専業のコンサルティング会社が自治体から施設の設計業務を受託するため、資金関連の業務に携わることはほとんどありません。

また、以前は水源から浄水場や配水設備まで、包括的なコンサルティングを行っていましたが、大型の建設がなくなった今、処理場だけのコンサルティングや、さらに電気設備と機械設備だけのコンサルティングなど、対象範囲が細分化される傾向にあります。

国内から海外への展開も視野に

水コンサルティング大手の**日水コン**は、上水道分野のコンサルティングに強い会社です。海外コンサルティングにも乗り出しており、インドネシア・ジャカルタ、韓国・ソウル、ベトナム・ハノイにも海外事務所を設立しています。

日本上下水道設計は、上下水道に関するコンサルティングの御三家の一つで、下水道分野に強みを持っている企業です。海外進出も視野に入れ、連結子会社の**エヌジェーエス・コンサルタンツ**が中心に海外戦略を推進しています。

パシフィックコンサルタンツは、総合建設コンサルティングの代表的な会社で、水インフラに関する土木設計に強く、ＪＩＣＡ関連の仕事に多く従事しています。**日本工営**も、ＪＩＣＡの案件や河川、水資源総合管理に強く、調査案件、促進事業に際し、進出先の地元企業と組む例が多くなっています。

日水コン
- 設立　1959年
- URL
  http://www.nissuicon.co.jp/

日本上下水道設計
- 設立　1951年
- URL
  http://www.n-koei.co.jp/

パシフィックコンサルタンツ
- 設立　1954年
- URL
  http://www.pacific.co.jp/

日本上下水道設計（株）の水道事業

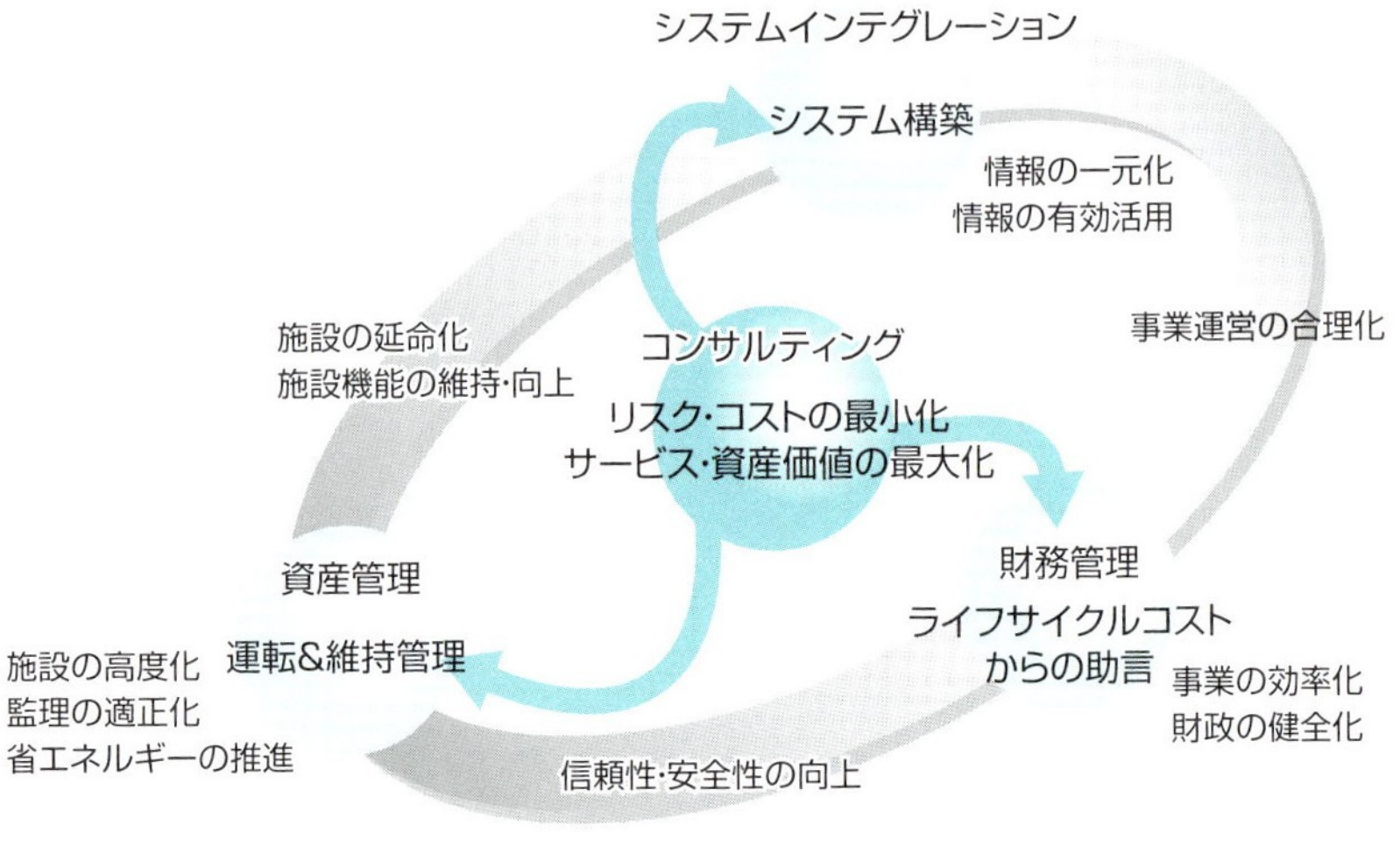
システムインテグレーション
システム構築
情報の一元化
情報の有効活用
事業運営の合理化
施設の延命化
施設機能の維持・向上
コンサルティング
リスク・コストの最小化
サービス・資産価値の最大化
財務管理
ライフサイクルコスト
からの助言
事業の効率化
財政の健全化
資産管理
運転&維持管理
施設の高度化
監理の適正化
省エネルギーの推進
信頼性・安全性の向上

出所：日本上下水道設計㈱

13

業界団体

日本には水関連の業界団体が多く存在します。業界団体は、上下水道に関する技術の調査や国へ提言する場合の窓口の役割を果たします。近年、海外水ビジネスが注目されていることから、業界団体でも海外ビジネス支援を行う動きが出ています。

水に関する業界団体

公的団体は、日本の水業界を代表するメンバーで組織されています。そのおも立った活動は、業界を代表して、関係省庁や地方自治体などといった役所との窓口となることです。おもな業界団体は、**日本水道協会、日本下水道協会、日本水道工業団体連合会(水団連)**などです。

日本水道協会は、水道技術の調査、研究、水道用品の規格策定などを中心に行っている団体です。最近のトピックスでは、同協会がインドネシア水道協会から日本での人材育成研修の依頼を受けたことから、水ビジネスに関心を持っている国内の企業や水道事業体などと連携し、研修を実施すべく、パートナー募集を開始しました。

水団連は、上水道、工業用水道、下水道において、製品や技術を提供する企業の活動支援を目的に、一九六八年に設立されました。水道業界の問題への対処、各団体との連絡調整、技術や経営に対する情報収集と情報提供、輸出の振興策などを検討する場でもあります。

さらに、水団連では、二〇〇八年に「**水道産業戦略会議**」を発足させました。国内の水道事業の経営ノウハウを生かして日本企業の海外進出を推進しています。

日本下水道協会では、下水道事業の調査研究と下水道の普及活動をおもな活動としています。同協会では、二〇〇九年、国土交通省と連携し、下水道技術の海外展開と世界の水と衛生問題の解決に向けた取り組みを推進する**下水道グローバルセンター**を設立しました。

用語解説

＊**下水道グローバルセンター**　日本下水道協会に置かれている日本の下水道技術を国際協力と水ビジネスにつなげるプラットホーム。

水に関するおもな業界団体

組織名	目的／設立／事業概要など	分野など
日本水道協会	・目的：水道の普及と健全なる発達を図る ・設立：1932年5月 ・事業概要：目的を達する調査研究	・水道に係る計画、設計、維持管理、運営
日本水道工業団体連合会	・目的：水道産業界の諸問題について各界への理解の促進、各種水道団体との連絡、調整、産業界の育成など ・設立：1968年9月 ・事業概要：水道産業界における諸問題調整など	・水道に係る設計、維持管理、運営、輸出振興策、人材育成など
全国上下水道コンサルタント協会	・目的：上下水道に係る技術の向上など、上下水道コンサルティング業務の健全なる発展と上下水道の施設整備に貢献し公共福祉の増進に寄与する ・設立：1985年4月 ・事業概要：コンサルタンティング業務の技術の向上	・水道、下水道分野に係る設計、維持管理、経営
水道技術研究センター	・目的：水道技術に係る情報収集、調査、公衆衛生の向上 ・設立：1988年3月 ・事業概要：水道技術に関する情報収集、調査、開発、研究、普及など	・水道に係る計画、設計、調査、研究、維持管理技術など
造水促進センター	・目的：水資源対策とともに環境保全に資するために、排水の再利用、海水淡水化などの研究・調査 ・設立：1973年5月 ・事業概要：造水技術に関する研究、調査、普及啓発など	・排水の再利用、海水淡水化および水利用の合理化に関する技術開発、技術紹介、コンサルティング業務
日本下水道事業団	・目的：地方自治体などの要請にもとづき、下水道の根幹的な建設、維持管理を行う ・設立：1972年11月 ・事業概要：下水処理場の設計、施工、維持管理の実施、技術者の養成	・下水道に関する調査、研究、計画、建設、整備、維持管理、経営実務立案など
日本下水道協会	・目的：下水道に関する調査研究 ・設立：1965年1月 ・事業概要：下水道の技術基準の策定、研究、発表など	・下水道に係る経営、計画、設計、維持管理、運営など
日本下水道施設業協会	・目的：下水道施設業の健全なる発展を図り、国民生活環境の改善、向上に資すること ・設立：1981年11月 ・事業概要：下水道施設に関する調査、研究、技術改善など	・下水処理プラントにおける機械・電気設備などの改善、改良など
日本下水道施設管理業協会	・目的：下水道処理施設の維持管理の改善向上に関する調査、研究、普及活動 ・設立：1977年11月 ・事業概要：下水道処理施設の技術の改善、調査研究、国際交流の推進	・下水道処理施設の改善向上、安全対策の向上、維持管理に関する啓蒙普及活動
日本下水道管路管理業協会	・目的：下水道管路設備の管理（維持、修繕、改築など）に関する調査研究、普及など ・設立：1993年6月 ・事業概要：下水道管路における管理技術の向上、技術者の要請など	・管路施設の災害時の被害復旧指導、管路に関する講習会、研修会の実施
日本水環境学会	・目的：水環境に関する学術的な調査、研究、知識の普及を図る ・設立：1971年 ・事業概要：水環境分野の研究情報の交換、国際交流・協力への参加	・水環境分野の調査、研究、知識の普及に寄与し、学術文化の発展に貢献する

column

利根川水系ホルムアルデヒド事件

平成24(2012)年5月、利根川水系から取水する首都圏の浄水場の水道水から国の水質基準を超える有害物質ホルムアルデヒドが検出され、埼玉、千葉、群馬3県の浄水場で取水を停止しました。首都圏の5市で最大35万世帯が断水し、100万人以上の住民が影響を受け、飲料水を求める人々で首都圏は大混乱しました。この問題に対処するために、千葉県知事は自衛隊の災害派遣を要請し、政府は首相官邸の危機管理センターに情報連絡室を設置しました。約1週間後に厚生労働省と環境省は、おもな原因物質は、浄水場の塩素と結び付くとホルムアルデヒドになる化学物質「ヘキサメチレンテトラミン」であると特定し、この化学物質を大量に扱っている事業所に立ち入り検査を実施しました。

その結果、原因物質を排出した事業者と、それを川に流した産廃業者は判明したものの、塩素と化学反応を起こす物質の法的な規制は困難であり、現行の法体系では法律違反の責任を問えないことも露呈しました。

今後同じような事件や事故が起こった場合、どのような対処をすればよいでしょうか。仮にテロリストの仕業とすると、日本の水道のきわめて脆弱《ぜいじゃく》な安全管理体制が浮かび上がります。今回は検出が容易なホルムアルデヒドでしたが、もし検出がむずかしい化学物質やバイオ製剤であったら、また、分析に時間のかかるクリプトスポリジウム濃縮液や炭疽《たんそ》菌であったなら。これらの物質にどう対処するのか喫緊の課題です。

急性の生体毒の検知については、ヒメダカなどを用いた方法もありますが、人間の体に入り増殖する細菌類については、現在のところ決め手がありません。今できることは、水源の監視強化、水道施設の警備強化や来訪者、薬品、関連図面の情報管理の徹底です。また、クラウドコンピューティングなどを通じて、浄水場の情報システムを自動的に管理する方法が進むと、コンピュータシステムへのサイバーテロ対策も重要な課題となります。

第7章

日本の国家戦略と水ビジネスの将来像

日本企業は海外企業と比べ、要素技術を提供することには優れているものの、水道施設の運営や維持管理といった水システム全体を取りまとめるノウハウを持っていません。運営・維持管理を含めた包括的なビジネスの受託が求められているなかで、どのように水ビジネスで活路を見いだせばよいか、今後の方策を探ります。

1　水ビジネスの国家的な取り組み

水ビジネスにおける国家的な取り組みは、二〇〇六年の「イノベーション25」から始まりました。これを皮切りに、自民党内の研究会を経て、日本の水戦略の礎となっている「チーム水・日本」や「水の安全保障戦略機構」の発足に至りました。

水に関する国の取り組み

水に関して、日本で初めて省庁の壁を越えて指針が示されたのが、二〇〇六年に安倍晋三元総理大臣より策定することが発表された**イノベーション25**でした。イノベーション25では、二〇二五年をめどに、技術革新（イノベーション）を起こすための持続可能な生産性の向上などを目指しました。この中で、持続的な発展を脅かす事項として、水をはじめとする環境に対する課題を挙げ、それを解決する手段として外交や科学技術での戦略的な取り組みが必要であると訴えました。同年開催された水・環境・エネルギー専門家会議では、水資源について討議されました。

その後、二〇〇七年に当時の福田総理大臣の政権下で、**水分野に関する有識者および実務者懇談会**が催され、その年に開催される世界経済や環境関連を議題に話し合われる**北海道洞爺湖サミット**で行う提言内容を議論しました。そこで、ＯＤＡの追加投資などを表明しました。しかし度重なる政権交代により、しばらく目立った活動は行われていませんでしたが、二〇〇七年一二月に発足した**水の安全保障に関する研究会**を中心に、討議が続けられました。

提言により取り組みが大きく前進

水の安全保障に関する研究会を前身として、のちに発足した**水の安全保障研究会**により、以下の提言が取

用語解説
＊**北海道洞爺湖サミット**　2008年に北海道洞爺湖で開催された主要国首脳会議。世界経済から気候変動まで幅広い問題が論議された。

りまとめられました。

①政治主導による機動的かつ大胆な政策を可能とする制度構築、②産学官の知恵と経験を活用する総合連携（コンソーシアム）構築、③循環型の水資源社会のための国際貢献の枠組み、④国民の全員参加の国際貢献のための方策などです。

①では**水の安全保障戦略機構**を設立し、行政分野の枠を超えた政策を提言することに言及しました。②では産学官の知恵を結集した**チーム水・日本**の結成とともに、日本の技術と知識を世界に発信すること、国際機関への人的派遣や財政的な連携により、世界の水の情報センターとなるべきと提言しました。また、③では計画策定、施設整備での資金的支援、人的技術的支援、人材育成への貢献、ODA施設の維持管理に配慮すべきこと、ODAを質量ともに地位にふさわしい水準に戻すことが必要であると訴えました。④では外務省（在外公館含む）などの人員増強、関係機関の連携強化やOB人材活用制度を整備する必要性を投げかけました。この提言が、今日の取り組みである、チーム水・日本、水の安全保障戦略機構の設立につながりました。

日本のおもな取り組み

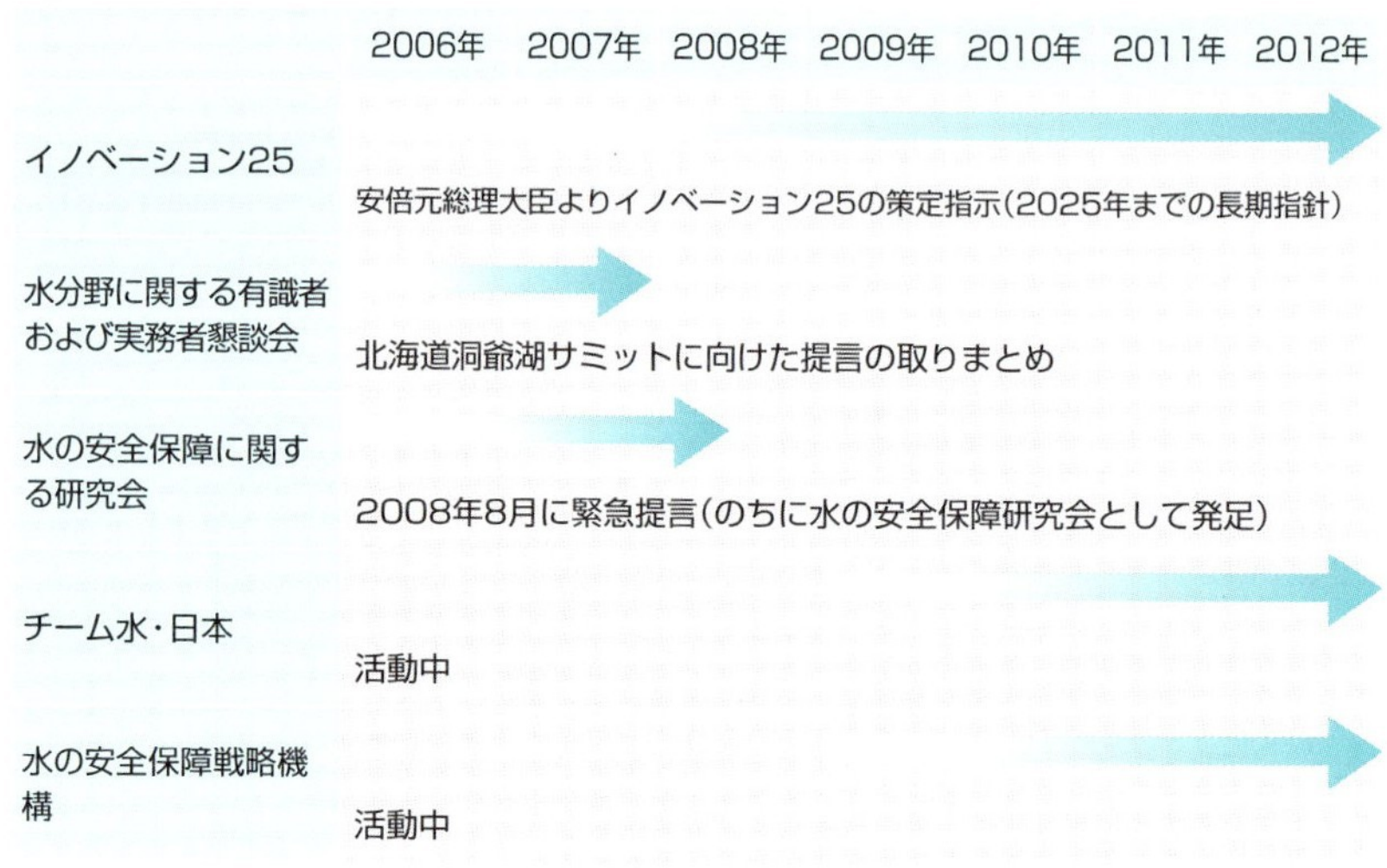
2006年　2007年　2008年　2009年　2010年　2011年　2012年
イノベーション25
安倍元総理大臣よりイノベーション25の策定指示（2025年までの長期指針）
水分野に関する有識者および実務者懇談会
北海道洞爺湖サミットに向けた提言の取りまとめ
水の安全保障に関する研究会
2008年8月に緊急提言（のちに水の安全保障研究会として発足）
チーム水・日本
活動中
水の安全保障戦略機構
活動中

ワンポイントコラム

【水の安全保障に関する研究会】　2008年7月に開催された洞爺湖サミットに向けて、当時の政府与党である自民党の政務調査会の中に設けられた特命委員会。各界から専門家を集め、わが国の水行政、水分野における国際貢献のあり方など幅広く論議された。近代水道120年の歴史の中で、水に関する事項が産学官を挙げて話し合われたのは、この研究会が初めて。

2 産学官による研究会の発足

産学官の連携によるチーム水・日本は、国のリーダーシップのもと、行政の枠と企業の自前主義を乗り越えて知恵を結集し、国内外の水問題解決を目指すための枠組みの総称です。

チーム水・日本の役割

チーム水・日本は、産学官の枠を超えて結成された各チームが行動主体となります。この枠組みの目的は、それぞれのチームが提案する水問題を、早期に解決するために、活動しやすい環境を整えることです。「来る者拒まず」のスタンスで、活動チームは水問題解決に向けた行動をしようとする組織、企業、個人、有志の集まりであればどのような参加形態でもかまいません。自主的にチームを作って参加できる自由な仕組みになっています。

チーム水・日本には現在、多くのチームが登録し、活動を始めています。

水の安全保障戦略機構

水の安全保障戦略機構は、チーム水・日本の活動を支援し、国際社会の一員としての役割を果たすことで、世界全体の水の安全保障に資することを目的とした組織です。

国を挙げて取り組む水の安全保障戦略機構は、その目的として「分野を横断する水分野の提言」、さらに「円滑な行政、学術研究、民間企業の海外活動、NPOや市民レベルの活動」を強力に支援していくことを掲げています。具体的には、産学官からなる専門家、検討チームや専門家、実行チームを配置し、情報収集、分析、戦略立案、戦略にもとづいた施策を行います。

機構の中には、基本戦略委員会、分野連携委員会、技術普及委員会の三つの専門委員会が設けられており、戦略の効率的な推進を基本的なスタンスとしています。

なかでも、分野連携委員会は「行政の壁、異なる分野の壁を越えて連携し、解決すべき課題の検討」を行い、技術普及委員会は「日本の技術が世界展開するための戦略の検討」を行うことを主としています。この戦略機構は従来の各省庁の縦割り行政がゆえに解決できない課題などを取り扱い、水に関する省庁に横断的な提言やあっ旋を主体的に行うことが役割として定められているのです。

水に関する諸問題は広範にわたります。水の安全保障戦略機構の活動に携わる専門家だけではなく、水にかかわる人々の意見を集約し、積極的に行動を起こすことも不可欠です。

この組織、企業、NGO、NPO、市民など水にかかわる多くの人々の活動と、機構の活動を有機的に連携し、具体的なアクションを行う中核としてチーム水・日本があるのです。

水の安全保障の確立

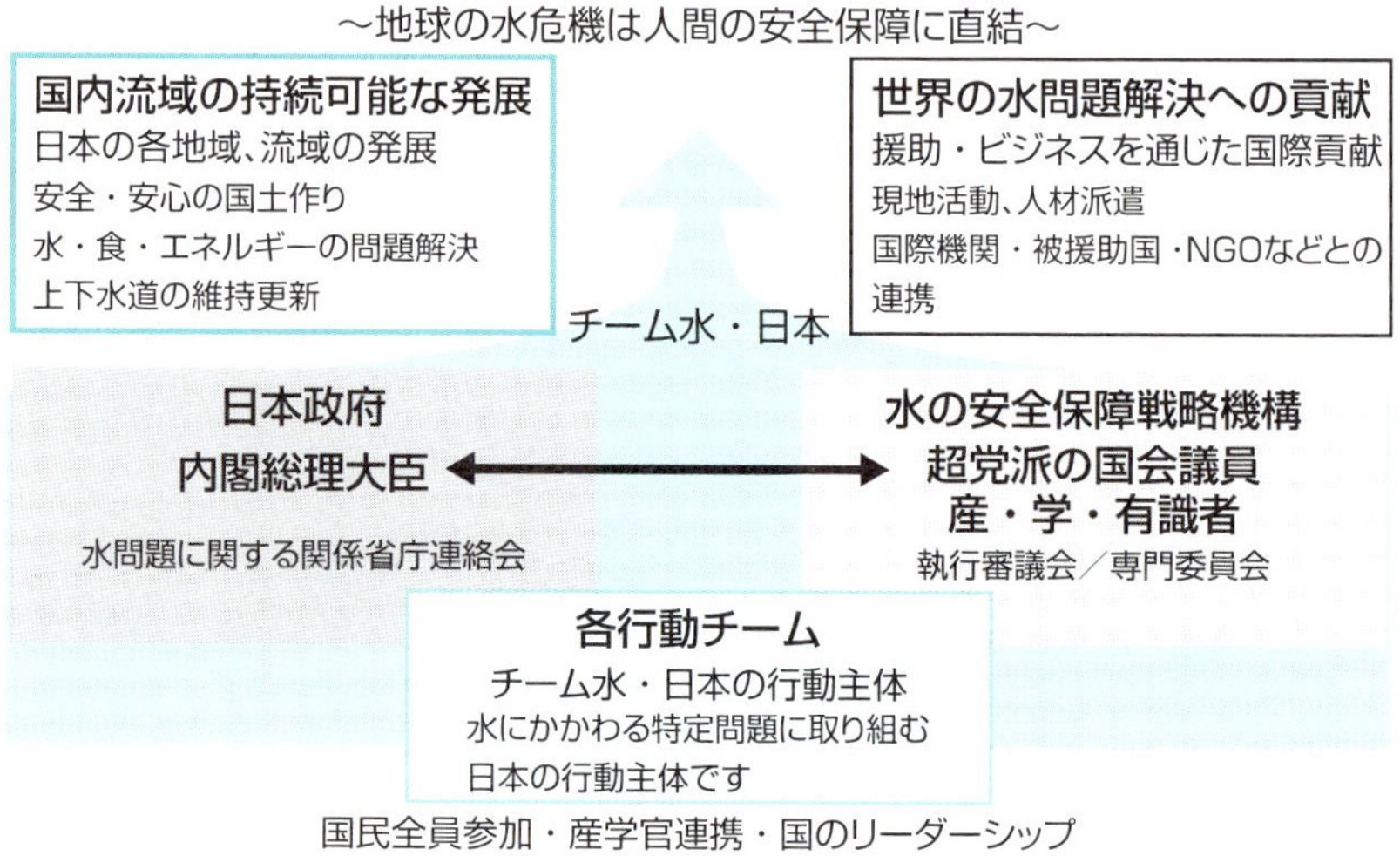
～地球の水危機は人間の安全保障に直結～
国内流域の持続可能な発展
日本の各地域、流域の発展
安全・安心の国土作り
水・食・エネルギーの問題解決
上下水道の維持更新
世界の水問題解決への貢献
援助・ビジネスを通じた国際貢献
現地活動、人材派遣
国際機関・被援助国・NGOなどとの連携
チーム水・日本
日本政府
内閣総理大臣
水問題に関する関係省庁連絡会
水の安全保障戦略機構
超党派の国会議員
産・学・有識者
執行審議会／専門委員会
各行動チーム
チーム水・日本の行動主体
水にかかわる特定問題に取り組む
日本の行動主体です
国民全員参加・産学官連携・国のリーダーシップ
出所：チーム水・日本

用語解説

＊**NGOとNPO**　NGO＝Non-Governmental Organizationsは非政府組織のこと。NPO＝Nonprofit Organizationは非営利団体のこと。

3 企業の横断的な取り組み

チーム水・日本の一つであり、国内の水関連分野の企業が集結し、海外への展開を図ることを目指した協議会が海外水循環システム協議会です。同協議会は、官・学と連携を取りながら、日本が有する技術やノウハウを海外水ビジネスに生かすための戦略を模索しています。

オールジャパン体制

産学官が連携して設置されたチーム水・日本を支える団体の一つであり、複数の民間企業が集い結成されたのが、**海外水循環システム協議会**です。日本の優れた技術、ノウハウを結集するオールジャパン体制で海外市場へ進出する目標を掲げ、二〇〇八年一一月に設立されました。官・学との連携を図りながら二〇一四年三月(予定)までの間、海外展開のための水循環システム運営事業の基盤確立に向けて、活動を展開しています。

多くの水関連企業や商社と連携を図りながら、日本企業が水ビジネスの海外展開のための市場調査(ニーズ、法規制、契約条件、調達)や国際交流の促進、政策への提言を行うほか、さらに技術開発や水処理システムの競争力強化、モデル事業による運営管理ノウハウの蓄積なども行う方針です。

同協議会は、日立プラントテクノロジーを中心として、荏原製作所、鹿島建設、日東電工、メタウォーター、三菱商事など多くの企業で成り立っています。海外水循環システム協議会発足という、民間側の動きを受け、二〇〇九年一月には、省庁側が**水問題に関する関係省庁連絡会**を設置しました。内閣官房、内閣府をはじめ、水行政にかかわる国土交通省、厚生労働省、環境省、経済産業省、農林水産省のほか、財務省、総務省、国民の安全保障の観点から警察庁、防衛省も入り、活発な意見交換が実施されています。

海外水循環システム協議会の概要

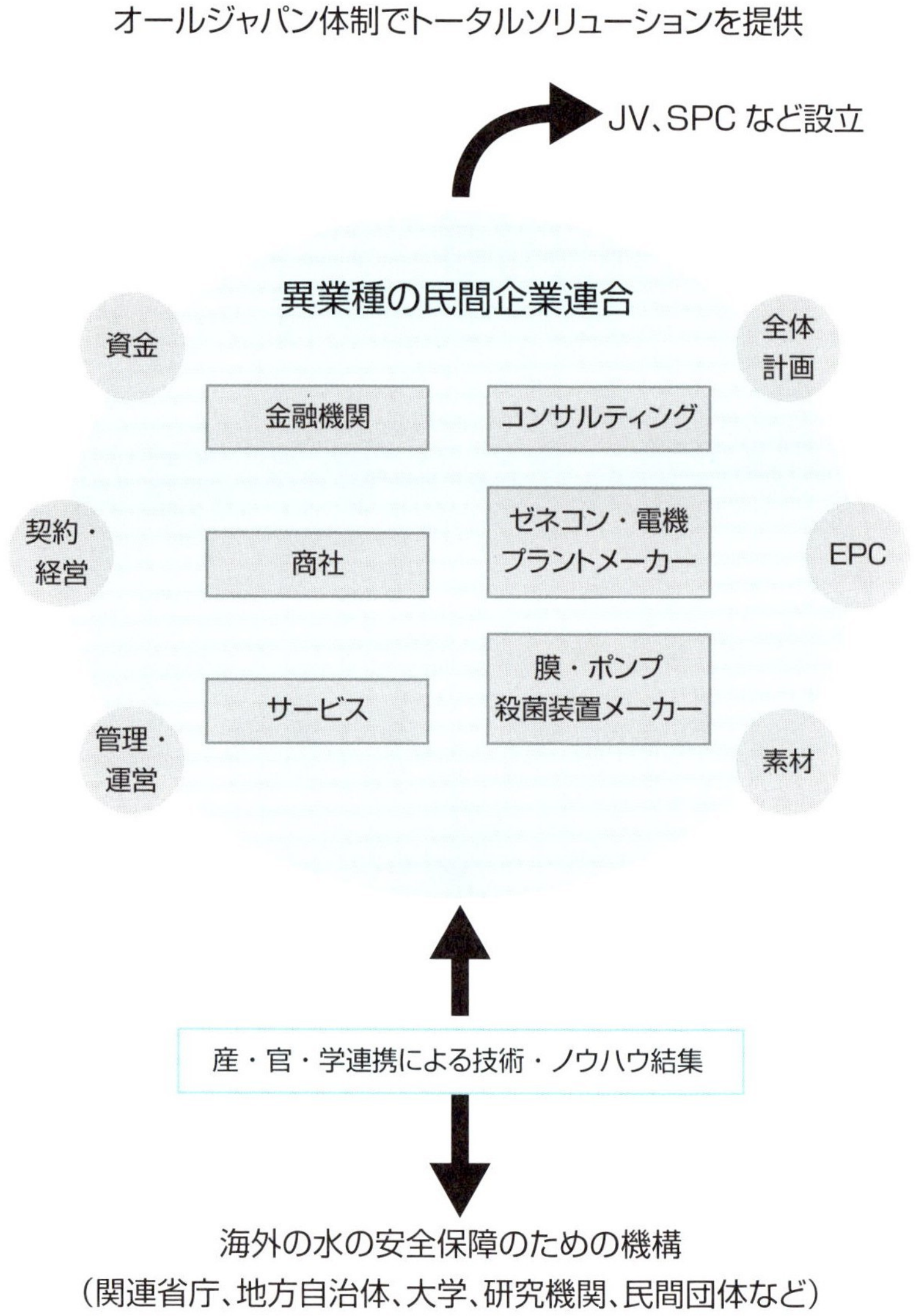
オールジャパン体制でトータルソリューションを提供
JV、SPC など設立
異業種の民間企業連合
資金
全体計画
金融機関
コンサルティング
契約・経営
商社
ゼネコン・電機プラントメーカー
EPC
サービス
膜・ポンプ殺菌装置メーカー
管理・運営
素材
産・官・学連携による技術・ノウハウ結集
海外の水の安全保障のための機構
（関連省庁、地方自治体、大学、研究機関、民間団体など）

出所：海外水循環システム協議会

4　事業権獲得に向けた行政の支援策

地方自治体が培ってきた世界トップレベルの上下水道事業の管理・運営ノウハウをベースに、一部の自治体では、地域の企業や関連団体などと連携し、総合力で世界に繰り出す動きが活発化しています。

民間企業と連携して展開

世界的に水不足に見舞われるということは、水関連企業にとりその問題を解決する技術やノウハウを提供することで、巨大なビジネスチャンスを手に入れることができます。

日本では、地方自治体が培ってきた世界トップレベルと称される上下水道事業の管理・運営ノウハウと、水関連企業が有する高度な技術を生かした水ビジネスの国際展開が本格的な動きを見せています。

現状は、国の動きよりも地方自治体の動きが活発です。一部の自治体では地域の企業や関連団体などと連携して、総合力で世界の水ビジネス市場に乗り出す仕組み作りと活動が活発化してきています。

例えば、北九州市は**新エネルギー・産業技術総合開発機構（NEDO）**の支援で実証試験場を設立しました。

さらに、大阪市は東洋エンジニアリングや**パナソニック環境エンジニアリング**と、横浜市は地元の日揮と、川崎市は同じく地元の**JFEエンジニアリング**、広島県は水ingと協定を締結しました。埼玉県も地元の前澤工業と提携し、それぞれが海外の水ビジネスを推進していく体制を整備しました。

最近では、国内の一八政令都市が**海外水ビジネス展開のプラットホーム**を作り、情報交換だけではなく、政府に対して政策提言も目指しています。

海外進出の課題と展望

地方自治体が積極的な活動を開始した背景には、将

用語解説

＊**ウォータープラザ**　新エネルギー産業技術総合開発機構（NEDO）が支援する、水の革新的な技術開発拠点。福岡県北九州市、山口県周南市にある。

来の上下水道料金の収入減に対する収入の多角化、技術とノウハウを持った人材の活用による国際貢献が挙げられます。加えて、地元企業の雇用の促進や税収入の増加なども期待しているためと考えられます。

自治体は、上下水道事業において長年の運営経験と多くの技術的ノウハウを持っていますが、ビジネス面から見ると、市場におけるコスト意識が薄いのが問題です。

また、自治体が海外で活動する法的な根拠（地方公営企業法、地方公務員法、派遣法など）が想定されていないことも、水ビジネスを推進するうえでのネックとなっています。法律に関しては、新たな法律や法令改正が必要であるという意見から、内閣府を中心に検討が始まっているところです。一方、「なぜ市民の水道料金で海外ビジネスをするのか、そのメリット、デメリット、リスクをどう考えているのか」について、自治体は、住民に対して説明責任を果たさなければならないなど、課題は山積している状況です。

自治体と民間企業の連携例

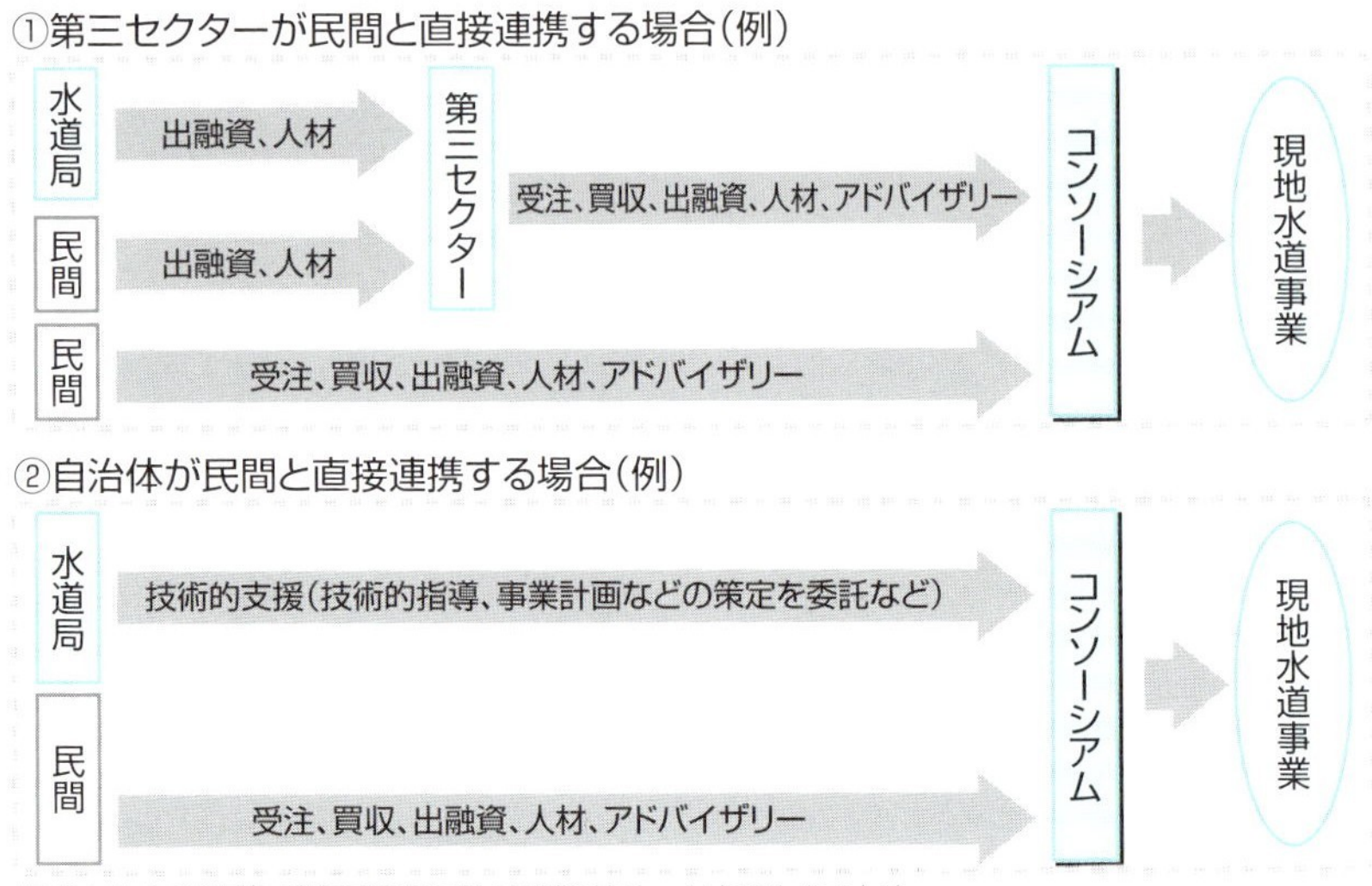
①第三セクターが民間と直接連携する場合（例）
水道局
出融資、人材
民間
出融資、人材
第三セクター
受注、買収、出融資、人材、アドバイザリー
民間
受注、買収、出融資、人材、アドバイザリー
コンソーシアム
現地水道事業
②自治体が民間と直接連携する場合（例）
水道局
技術的支援（技術的指導、事業計画などの策定を委託など）
民間
受注、買収、出融資、人材、アドバイザリー
コンソーシアム
現地水道事業

出所：地方自治体水道事業の海外展開検討チーム中間とりまとめ

用語解説
＊**海外水ビジネス展開のプラットフォーム**　海外向け水ビジネスを推進する情報共有、共同作業を進める共通の場。

5 北九州市の取り組み

今、多くの自治体が海外水ビジネスに取り組んでいるなか、北九州市では行政のトップが牽引して事業展開し、海外でも高い評価を得ています。

海外での評価が高い取り組み

今、多くの自治体が水ビジネスに取り組んでいますが、その中の一つが福岡県北九州市の取り組みです。

北橋健治市長自らが積極的な水ビジネスのPRを展開し、二〇一一年七月に開催された**SIWWシンガポール国際水週間**のジャパンビジネスフォーラムにおいて、パネラーとして登壇し、北九州市の海外水ビジネス展開策について講演したほか、同年一〇月に北九州市で開催された日本水道協会第八〇回総会で海外水ビジネスへの取り組みを説明しました。

官営八幡製鉄所創業(一九〇一年)以来、重化学工業の中心であった同市は、激しい大気汚染や大腸菌すら棲めなくなるほどの水質汚染に見舞われましたが、長年の取り組みにより、これらの公害問題を克服した背景があります。官民一体で環境の再生に取り組んだ結果、現在は日本を代表する環境とエネルギーの都市に変わろうとしています。

長年、北九州市は水ビジネスにおける海外での技術協力に力を入れ、カンボジア政府から直接セン・モノロム市の水道整備計画を受注するなど、実績を上げています。海外協力事業を推進し、海外からの水道技術者の研修生も積極的に受け入れています。

水ビジネス展開への積極的な姿勢

北九州市では、水ビジネスへの取り組みをさらに加速させて、二〇一一年四月には、NEDOの支援のもとで**ウォータープラザ北九州**を開設しました。この施設は、実

用語解説

＊**SIWWシンガポール国際水週間**　2008年から開催されているアジアを代表する水の国際会議と展示会。

規模での実証運転を行うことができ、下水の膜処理と海水淡水化を組み合わせた造水施設であるデモプラントと、企業が機器を持ち込んで実験が行えるテストベッドが設置されています。ウォータープラザは国内外から使節団を受け入れ、海外水ビジネスの推進拠点となっています。

二〇一〇年八月には、海外水ビジネスを官民連携で推進していく組織である**北九州市海外水ビジネス推進協議会**を設立しました。発足時は五七社だった参加企業も、現在では一一三社と、ほぼ倍増しています。今後北九州市は、水ビジネスの市場を開拓すべく、中国の大連市や昆明市、ベトナムのハイフォン市、サウジアラビアへの本格的な進出を目標に掲げています。

北九州市水道局

- 募集開始　1911年
- 給水能力　6万9,000㎥/日
- 給水人口　約98万人

北九州市の海外水ビジネスの方向性

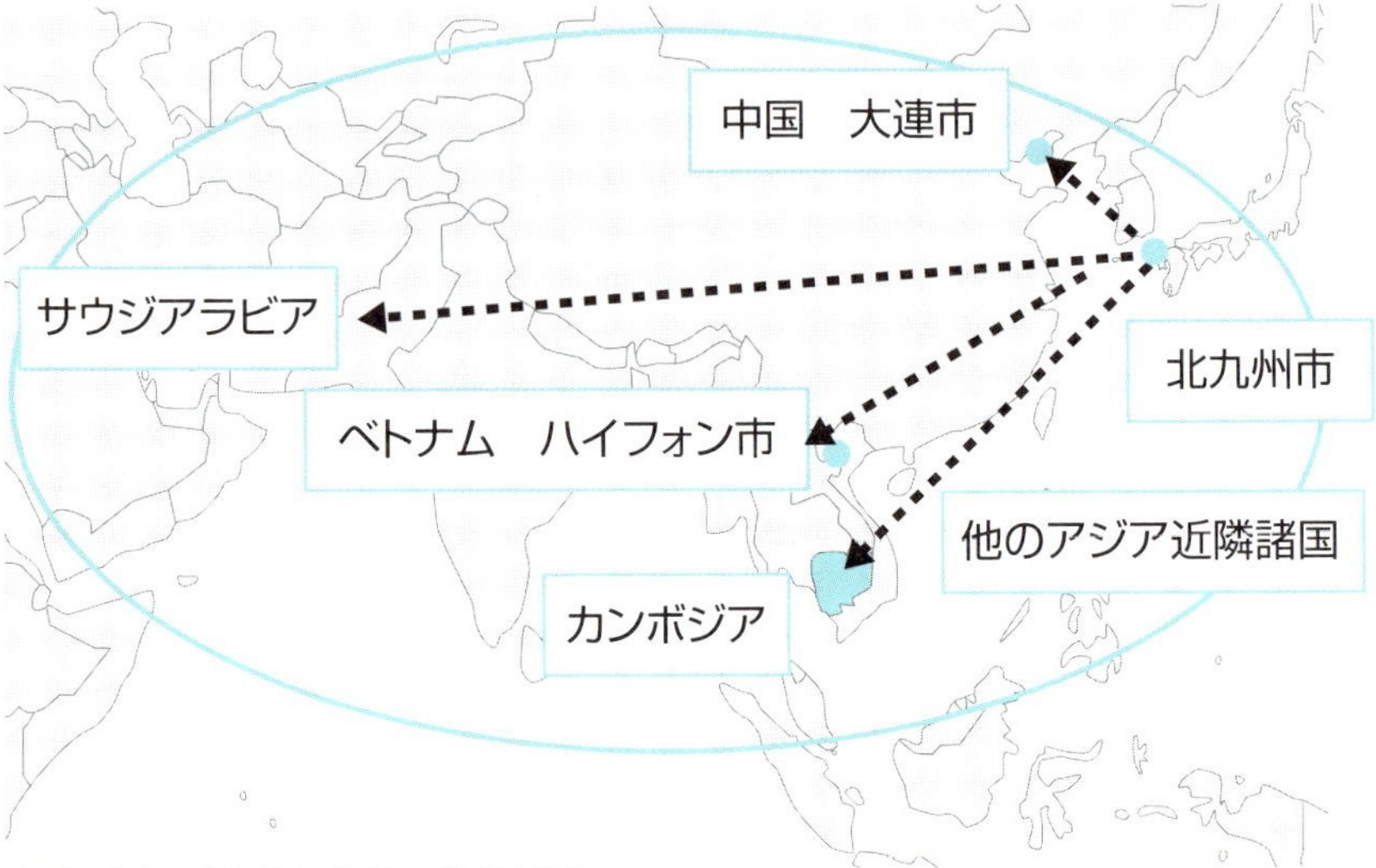

出所：北九州市海外水ビジネス推進協議会

6

大阪市の取り組み

大阪市は、NEDOのプロジェクトで、ベトナム、ホーチミン市の水道事業調査や中国の山東省青島市での環境問題解決に取り組んでいます。

関西まるごと輸出を提唱

大阪市が位置する関西地域では、関西経済連合会が中心となり、二〇〇八年に**関西ビジョン2020**を発表しました。関西の持つ都市開発の手法を海外に展開する関西まるごと輸出を提唱し、輸出する技術の中心に水のトータルソリューションを掲げました。

大阪市でも水ビジネスを推進し、ＮＥＤＯの支援によるプロジェクトでベトナム、ホーチミン市での水道事業調査や、中国山東省青島市での環境問題解決に取り組んでいます。二〇〇九年九月には**水・インフラ国際展開研究会**を発足させ、情報収集や意見交換、ネットワーク作りを行っています。

また、大阪市では大阪商工会議所とともに関西地区の水関連企業と**チーム水・関西**を結成して関西・アジア環境・省エネビジネス交流推進フォーラムを立ち上げました。このフォーラムは環境や省エネビジネスのアジア展開を支援するとともに、現地とのネットワーク構築による関係強化を図ることが目的です。アジア最大の水ビジネス会議であるＳＩＷＷシンガポール国際水週間にも三年連続で参加し、市長のプレゼンテーションや大阪の水道水「ほんまや」を配るなど、行政も一体となって地元企業の持つ技術を強力にＰＲしています。

地元企業ナガオカの戦略

大阪をはじめとする関西勢が水ビジネスに積極的な取り組みを見せるなか、独自のビジネスを中国で展開

ワンポイントコラム

【大阪のボトル水「ほんまや」】　大阪市水道局が製造販売するボトル水で、地下鉄構内の自動販売機などで累計100万本の販売数を数えた。自治体水道製造の飲料水として初めてモンドセレクションで金賞を受賞するなど話題を集めたが、2012年橋下徹市長は生産中止を決めた。水道局幹部は「儲けは出ていないが、市民に水道水のうまさを理解してもらえたのではないか」と述べている。

し、実績を積み上げている企業があります。それが、取水スクリーンで特殊な技術を持っているナガオカ(本社泉大津市)です。同社の特徴は、企業のトップ自らが、直接現地の責任者と交渉していることです。これにより、スピード感を持ってプロジェクトを遂行することができます。また、大手水メジャーとは異なる、農村部のニッチ市場にビジネスを絞っています。

ナガオカは地方政府の水道事業体と連携しウィン - ウィンの関連を構築しており、最近では取引先から案件が持ち込まれるまでに強い信頼関係を築き上げました。

大阪市水道局
- 募集開始 1895年
- 給水能力 243万m³/日
- 給水人口 約266万人

大阪市水道局・水道事業の海外展開戦略・5本の柱

技術戦略	水道局が培った技術を「活かす」・「高める」・「創造する」 ・ISO22000の適正運用と知的財産保全の検討 ・高付加価値型開発委員会
官民連携戦略	互いの強みを活かす ・水・インフラ国際展開研究会(関西経済連合会)への参画 ・官民連携による国際展開手法の検討 ・公募案件、PPPパイロット事業の提案・実施
国際交流・海外展開戦略	海外水道セクターとの関係構築・強化による案件発掘 ・姉妹都市、ビジネスパートナー都市との技術交流 ・海外展開案件形成など
広報・PR戦略	大阪市の技術をPRする・説明責任を果たす ・水道技術のPR・情報収集 ・海外展開の必要性のPR
人材育成戦略	海外展開を担う人を育てる ・海外展開担当者人材育成研修コースの開発・実施 ・官民連携による途上国技術者人材育成プランの開発

出所:大阪市水道局

横浜市の取り組み

横浜市の海外水ビジネスは国際協力から始まっています。一九七三年に国の要請によるアフガニスタンへの職員派遣に始まり、三七年間で延べ二千人を超える研修生の受け入れも行っています。

海外水ビジネス発祥の地・横浜

明治初期、横浜元町に居住していたフランス人企業家、**アルフレッド・ジェラール**が横浜の湧水に注目し、横浜港に入る外国船に水を売っていたのが、日本の海外水ビジネスの始まりといわれています。

横浜市が本格的に水ビジネスを開始したのは、一九七三年のことです。政府の要請でアフガニスタンへ水道局の職員を派遣したことをきっかけに、二〇一一年までの三七年間で、延べ二〇〇〇人を超える海外の研修生を受け入れ、さらに市からは職員約二〇〇人を、延べ二七カ国に派遣しました。

横浜市は今、北九州市や大阪市などと同様に水ビジネスに力を入れています。その背景には、全国の地方自治体が頭を悩ませている、水道施設の老朽化問題が挙げられます。横浜市の水道管の総延長は九〇〇〇キロメートルに及び、更新は喫緊の課題であり、大地震に備えるための耐震化も施す必要があります。管路の耐震化には多額の費用がかかる一方で、水道料金収入は減少しています。

また、人材の問題が挙げられます。職員の高齢化が進み、技術の継承もままなりません。「カネもヒトもない」状態を解決するには、職員の経験やノウハウを生かして、今のうちに収入の多角化を図る必要がありました。

水ビジネス推進団体の設立

二〇一〇年、横浜市は一〇〇パーセント出資で、第三

用語解説

＊**アルフレッド・ジェラール**　フランス生まれのジェラールは元治元年に来日、横浜で外国船に水売りを行った。

セクターである**横浜ウォーター**を設立しています。

　その設立目的は、以下のとおりです。

①横浜市の水道施設の管理や整備
②水道事業に関する研修事業
③国際関連事業

　国際関連事業では日本政府資金で行う調査条件を受託した企業にコンサルティングを行っています。また、横浜ウォーターとは別に、二〇一一年一月には、地域の一三三の企業、団体と横浜市が連携した、**横浜水ビジネス協議会**が設立されました。参加企業と横浜市が保有する水関連技術、ノウハウを共有し、海外水ビジネス展開を目指すとしています。

横浜市水道局
- 募集開始　1890年
- 給水能力　119万2,100㎥/日
- 給水人口　約369万人

Y-PORT体制と横浜水ビジネス協議会の連携

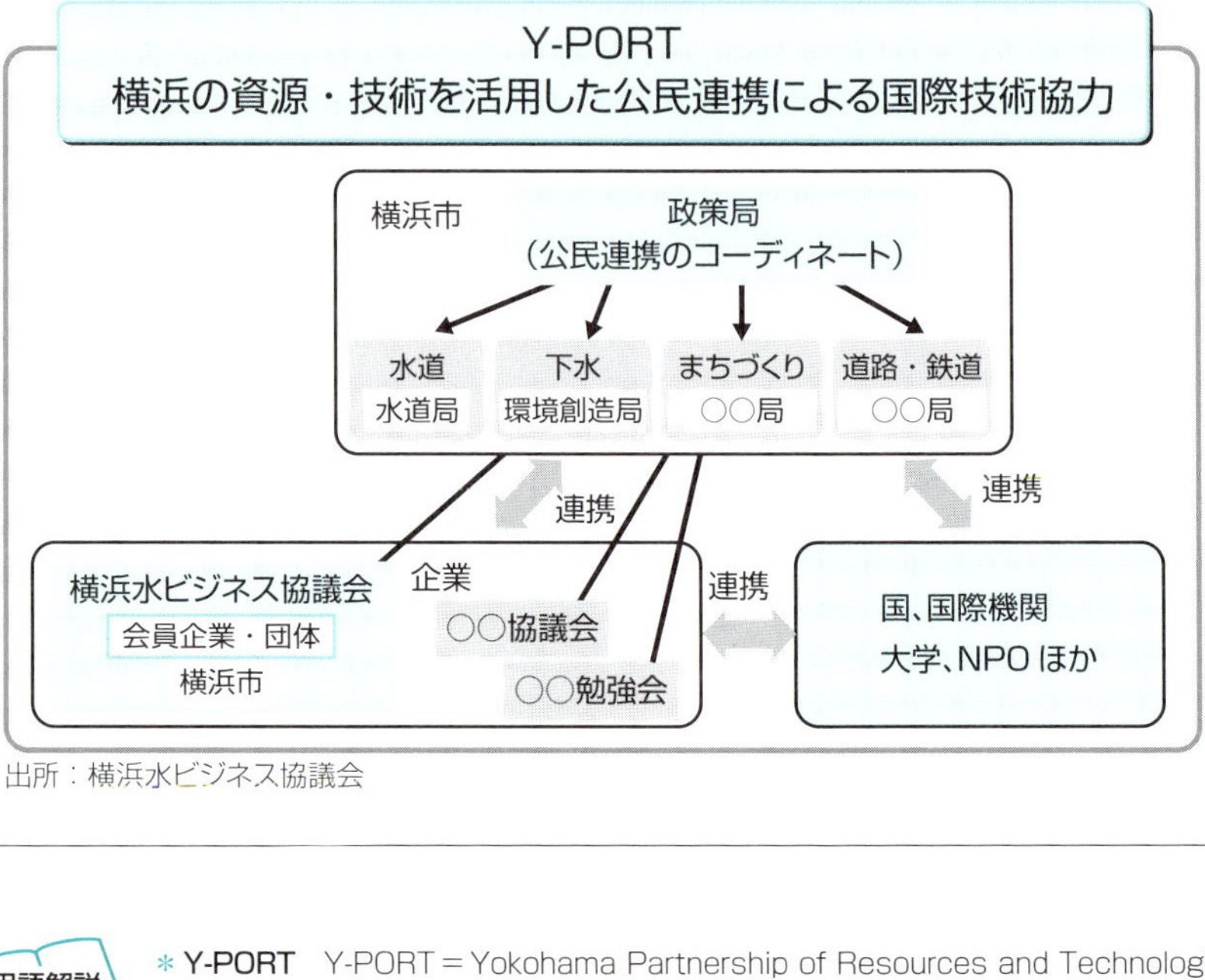
Y-PORT
横浜の資源・技術を活用した公民連携による国際技術協力
横浜市
政策局
（公民連携のコーディネート）
水道
水道局
下水
環境創造局
まちづくり
○○局
道路・鉄道
○○局
連携
連携
横浜水ビジネス協議会
会員企業・団体
横浜市
企業
○○協議会
○○勉強会
連携
国、国際機関
大学、NPO ほか

出所：横浜水ビジネス協議会

用語解説

＊**Y-PORT**　Y-PORT＝Yokohama Partnership of Resources and Technologies。「横浜の資源・技術を活用した公民連携による国際技術協力」の呼称。

8 東京都の取り組み

東京都は海外水ビジネスを「国際貢献ビジネス」と位置付け、その展開を図っています。そこには、水道局はあらゆる水質に対応できる浄水処理技術を持つ、世界有数の水道事業体であるという自負があります。

国に要請する国際貢献ビジネス

東京都水道局は、どのような水質にも対応できる浄水処理技術を持ち、漏水率約三パーセント、料金徴収率九九・九パーセントなど、ハード、ソフトいずれを取ってみても世界有数の水道事業体です。

海外ビジネスを展開するにあたり、東京都水道局は二〇一〇年一月に、**東京水道経営プラン2010**を策定し、第三セクターである**東京水道サービス(TSS)**を活用した国際貢献を公表しました。

水ビジネスニーズの掘り起こしに向け、事業展開できる可能性がある国々に**東京水道国際展開ミッション団**を派遣しています。第一回の訪問先はマレーシアで、猪瀬直樹副知事が団長として同国の高官と意見交換し、インフラ整備への協力を申し入れています。これまでにミッション団をインド、インドネシア、ベトナム、モルディブに派遣し、水ビジネスの可能性を探っています。

民間企業の水ビジネス支援策

二〇一一年には**民間企業支援プログラム**を創設しました。国際貢献ビジネスは基本的にTSSを中心に展開しています。この支援プログラムには五五社の民間企業が参画を表明していて、民間を巻き込み、大きな枠組みでビジネスを推進する体制を整備しました。

支援項目は次のようになっています。

①マッチング機会の提供、②相手国への視察受け入れ支援、③東京都水道局から相手国政府への協力表明、

用語解説

＊**東京水道経営プラン2010**　東京都の健全なる水道経営を目指したプランで、水での国際貢献が明記された。

④TSSを活用した国際貢献ビジネスとの連携

他国の水道インフラを手掛ける場合は、政府間同士の信頼感や資金の裏付けがなければ、長期にわたる水道インフラ事業は不可能です。そのため東京都では、国に対して支援策構築の働きかけを行ってきました。その内容は、海外情報の収集、提供、事業展開に係る活動の支援、政策金融支援の拡充、強化、財政措置および公的保証制度の拡充、地方公営企業附帯事業の対象範囲の明確化および財政支援策の確立などです。

さらに水ビジネスを加速するために、二〇一二年四月に**東京水道インターナショナル**を設立しています。

東京都水道局
- 募集開始　1898年
- 給水能力　686万㎥/日

東京水道サービス（TSS）を活用した国際貢献

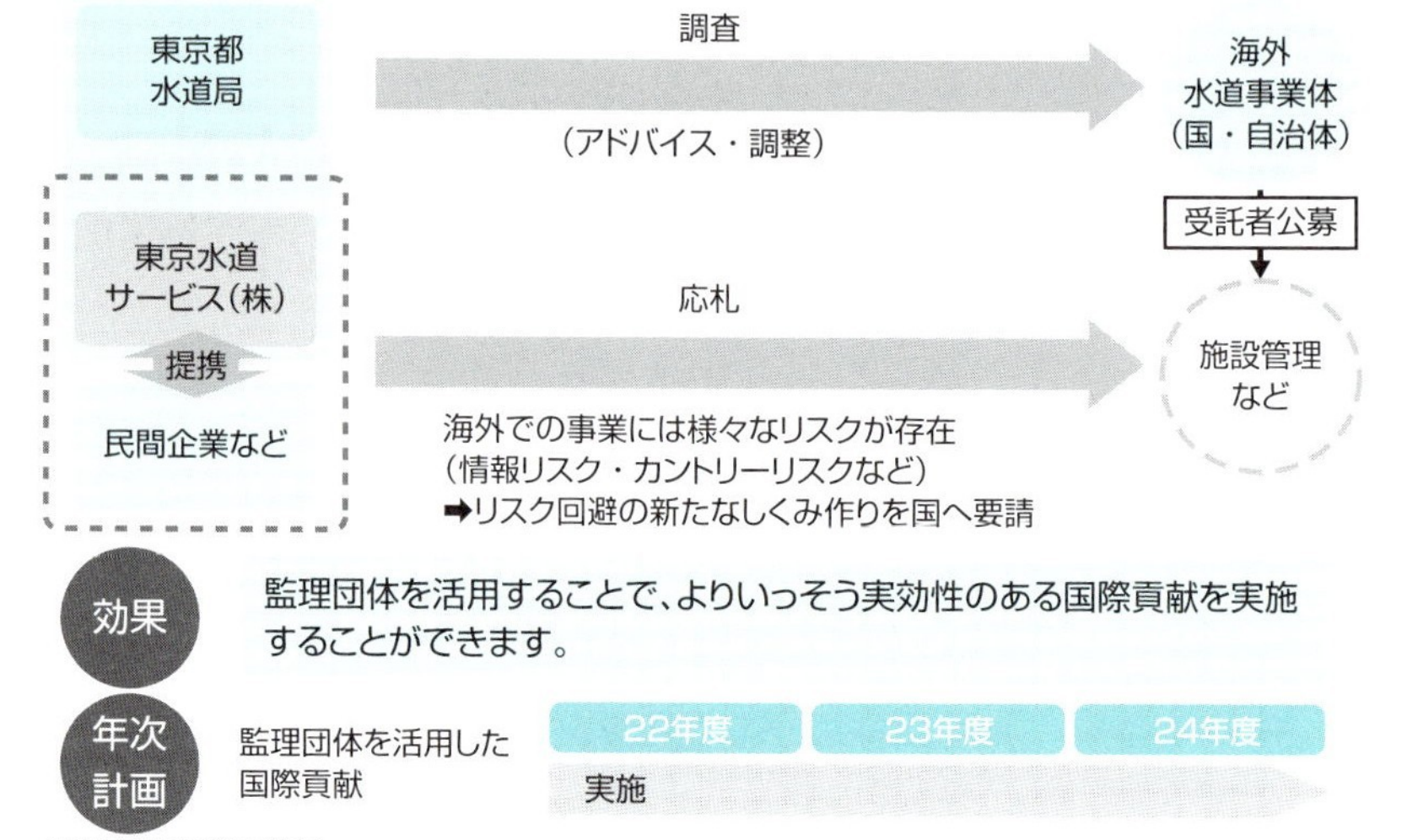
東京都
水道局
調査
（アドバイス・調整）
海外
水道事業体
（国・自治体）
受託者公募
東京水道
サービス(株)
提携
民間企業など
応札
施設管理
など
海外での事業には様々なリスクが存在
（情報リスク・カントリーリスクなど）
➡リスク回避の新たなしくみ作りを国へ要請
効果
監理団体を活用することで、よりいっそう実効性のある国際貢献を実施することができます。
年次
計画
監理団体を活用した
国際貢献
22年度
23年度
24年度
実施

出所：東京都水道局

用語解説

＊**東京水道インターナショナル**　水ビジネスにより世界の水事情改善を目指して設立された企業。

9 埼玉県の取り組み

埼玉県は二〇一〇年に、水ビジネスに関連する部局横断的なプロジェクトチームである埼玉県水ビジネス海外展開研究会を設け、県内の企業と連携して海外展開を図る取り組みを開始しています。

ウォータービジネスメンバーズ埼玉

埼玉県は二〇一一年、本格的な水ビジネスの展開に乗り出しました。二〇一〇年に、新興国などで上下水道施設の事業運営や維持管理委託を展開、国内水関連企業や商社、埼玉県内の企業と連携して海外展開を図ることを目的として、まず**埼玉県水ビジネス海外展開研究会**を立ち上げました。その後、二〇一一年一〇月には、官民が連携して水ビジネスに取り組む枠組みとして**ウォータービジネスメンバーズ埼玉**を設立しました。参加するメンバーは、水ビジネス関連の企業のほか、県の環境部、企業局、下水道局、産業労働部、県民生活部などの県関係部局、関東経済産業局です。県内の水ビジネス関連企業が取り組んでいる個別の案件を、関係する部局が連携し、海外展開に向けた施策を検討する支援を行う取り組みです。

企業は、自身の取り組む案件をあらかじめ登録する必要があります。二〇一二年一月には、海外展開の第一弾として、厚生労働省の支援を受けてフィリピンとマレーシアに調査団を派遣しています。現在は、タイにおける工業用水供給事業、フィリピンにおける上下水道運営事業、浄化槽整備事業、マレーシアにおける浄水汚泥処理運営事業、中国、山東省における工場業排水浄化事業に取り組んでいる最中です。

さいたま市水道局の取り組み

さいたま市水道局における海外水ビジネスは、二〇年以上の長きにわたり、ラオス・ヴィエンチャン市の水道事業に経営、技術の両面から支援を行ってきた経緯があります。

　その内容は、取水から、水道料金徴収システムまで多岐にわたるものです。二〇〇九年には、ヴィエンチャン市と覚書を締結し、ラオスからの研修員を受け入れるとともに、さいたま市からは技術、料金徴収、事務分野などの専門職員の派遣を強化しています。

　二〇一一年一二月に、ヴィエンチャン市で開催されたラオス水道セクター向上セミナーには、ラオスの公共事業省、ラオス各県の水道関係者、ヴィエンチャン市水道局などから六〇人以上が参加したほか、日本側からは上水道関係者や、日本下水道協会が設立した、海外展開するための拠点、下水道グローバルセンターも参加しました。

埼玉県

- 募集開始　1935年
- 給水能力　243万㎥/日
- 給水人口　約716万人

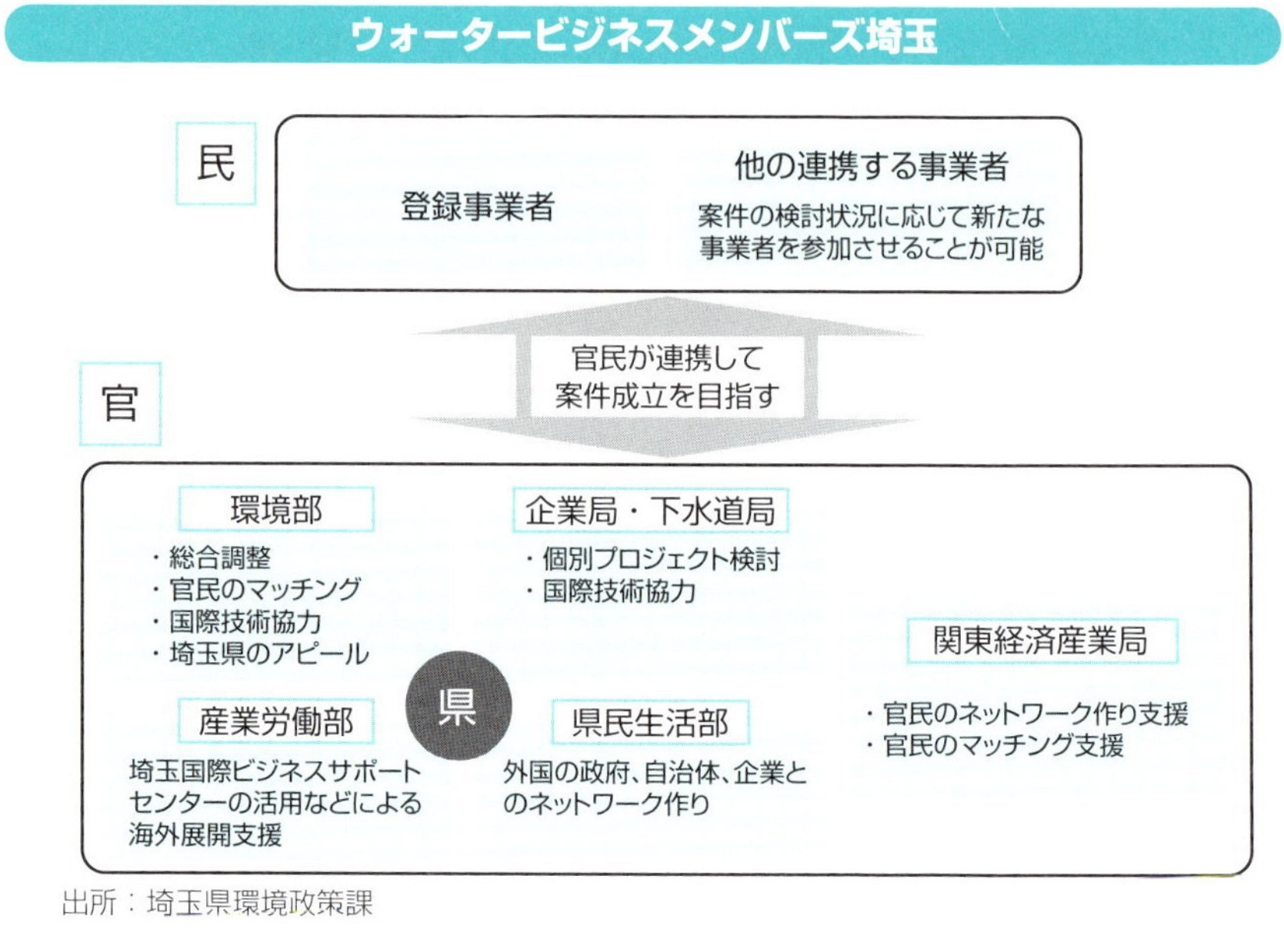
ウォータービジネスメンバーズ埼玉
民
登録事業者
他の連携する事業者
案件の検討状況に応じて新たな事業者を参加させることが可能
官民が連携して案件成立を目指す
官
環境部
・総合調整
・官民のマッチング
・国際技術協力
・埼玉県のアピール
企業局・下水道局
・個別プロジェクト検討
・国際技術協力
関東経済産業局
・官民のネットワーク作り支援
・官民のマッチング支援
県
産業労働部
埼玉国際ビジネスサポートセンターの活用などによる海外展開支援
県民生活部
外国の政府、自治体、企業とのネットワーク作り

出所：埼玉県環境政策課

10 広島県の取り組み

広島県は、民間企業と共同出資会社を設立して水ビジネスに進出するとともに、国内で習得した水道事業のノウハウを生かして、アジアなど海外での水道事業経営への参画も目指しています。

新会社設立で海外水ビジネス展開

広島県では、二〇一〇年から民間企業とともに取り組んだ**広島型の水ビジネス構想**においては、県が民間企業と共同出資した会社**広島ウォーター**(仮称)を、二〇一一年中に設立し、海外水ビジネスに本格進出する検討を開始しています。民間の経営ノウハウを最大限に引き出すとともに、公の責任を明確にできる組織体系にすることを目指しています。国内で習得した水道事業のノウハウを生かし、アジアなどへの水道事業経営への参画を計画しています。

新会社設立によって、県下のビジネス体制を強化し、県営水道による運営・維持管理を効率的に行うとともに、市町村にも出資を呼び掛け、市町村の水道事業の管理・運営事業も一元管理する運営方法を視野に入れています。

広島ウォーターの事業領域

二〇一一年九月に営業開始を予定している広島ウォーターは、まず県営水道から事業を開始し、その後、県内市町村の水道事業の管理運営に拡大する方針です。

水道や水資源に関連する事業も視野に入れており、水道事業に関するコンサルティング、人材育成や研修、水環境における調査、研究、開発など、幅広い事業領域で展開していく計画です。

この、いわゆる「広島ウォーター方式」に対して、検討段階から多くの自治体が注目しています。理由の一つとしては、民間の出資比率が五〇パーセント以上と高い点です。今後の事業発展に応じて多くの民間のパートナー事業者が参加する余地があることや、水道事業を維持するため、株式には譲渡制限を設けるなど、経営におけるリスク管理も徹底している点が挙げられます。

二つめは、事業の発展性と透明性を高めるため、地元銀行や監査法人が参加している点です。そして三つめは、検討段階から県内の市町村が参加し、事業運営についてともに議論を行っている点です。

こうした取り組みにより、多くの課題を抱えた地方公共団体にとって、全国の水道事業活性化のモデルになる可能性が期待されています。

広島県
- 募集開始　1974年
- 給水能力　88万m³/日
- 給水人口　約297万人

官民の役割と広島県の新しい共同事業体

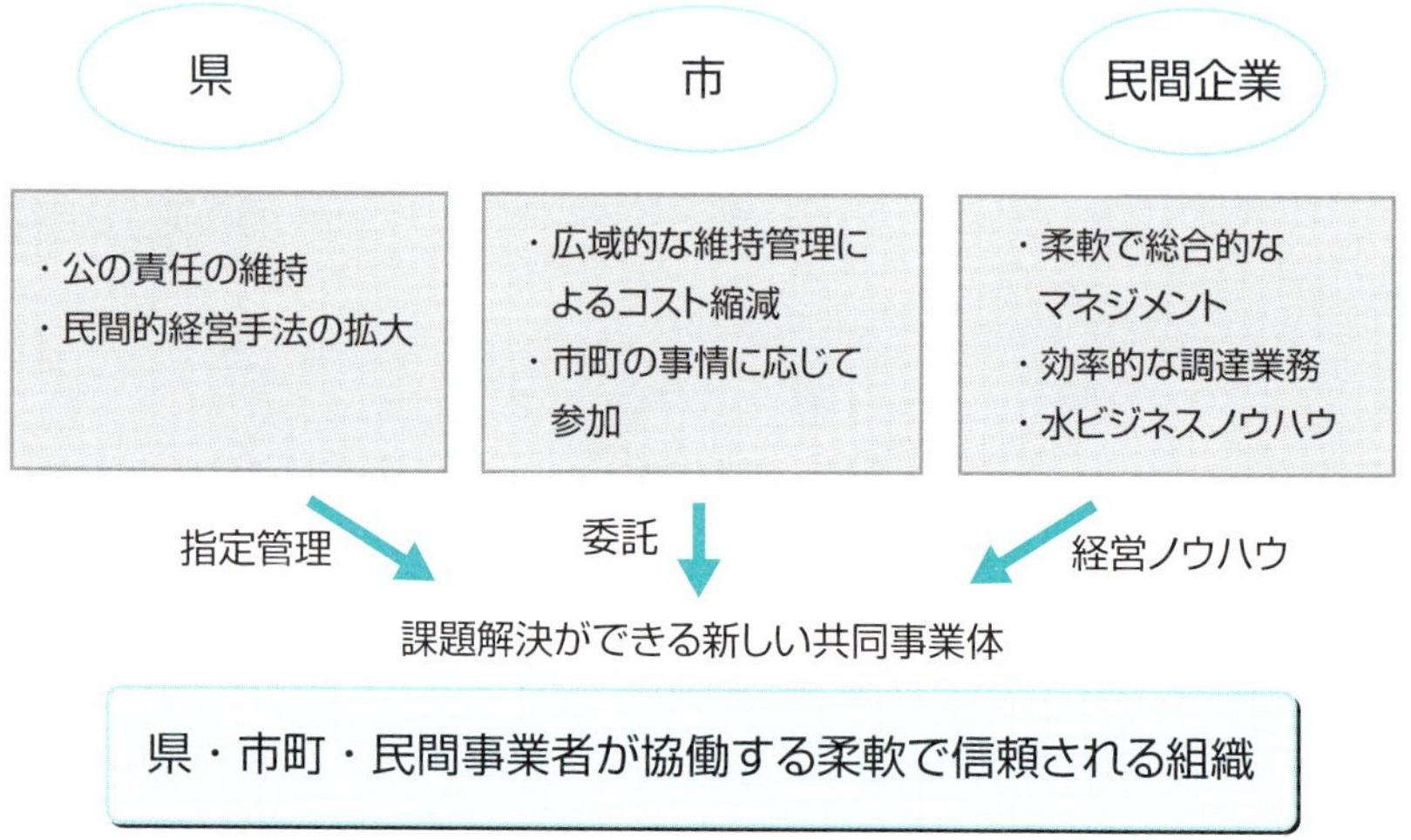
県
市
民間企業
・公の責任の維持
・民間的経営手法の拡大
・広域的な維持管理によるコスト縮減
・市町の事情に応じて参加
・柔軟で総合的なマネジメント
・効率的な調達業務
・水ビジネスノウハウ
指定管理
委託
経営ノウハウ
課題解決ができる新しい共同事業体
県・市町・民間事業者が協働する柔軟で信頼される組織

出所：広島県企業局「広島県営水道事業の新たな運営体制について」

11

水ビジネス企業が求める人材像

水ビジネスはすそ野が広く、広範な知識が求められます。当然、水に関する専門的な知識がなくてはならず、海外で水ビジネスを遂行するには、経営的な知識も問われます。

事業分野によって違う人材像

事業分野別に見てどのような人材が求められているでしょうか。上水道事業では、水質を維持し、安心・安全な水を安定供給するために、地道に正確な作業を行う人材が望まれています。

下水道事業では、ゲリラ豪雨や台風などによって、予想外の下水や雨水を処理、排除しなければ都市機能が失われる場合があり、これに対する迅速な対応が求められます。時間勝負になるため、的確な判断力と行動力のある人材が必要とされています。

海水淡水化の事業に携わる人材は、海外の仕事が多いため、語学力を生かすことができます。多国籍の人々と渡り合う場面が多いため、明るく前向きであり、必ずやり遂げるという信念の強い、また、商習慣の異なる他国の文化を吸収し、それをうまく活用していける人が求められることになります。

工業用水事業は、国内において需要が減少しており、大型の施設の新設はありません。今後は維持管理が主体になるので、地道かつ正確な作業ができる人材が必要とされています。

今後の発展が期待される再利用水事業については、膜処理の知識を持った人が必要になります。その理由は原水により水質が大きく変化するため、再利用水製造に膜処理が多く使われるからです。また、再利用水は工場用水や散水、トイレの洗浄水などに使われます。需要予測はコンピュータで処理しているため、ＩＴ技術に明るい人も能力を生かせそうです。

用語解説
＊**水文学**　すいもんがくと呼ばれ、幅広い視点から水循環、水資源について研究する学問。

人材に求められる能力

前段では、事業別に求められる人物像を説明しましたが、造水事業のように今後、水はグローバルな事業として、大きく発展していくことが確実となっていきます。世界規模の水ビジネスに積極的にかかわっていくためには、チームワーク力、グローバルセンス、英語力、経営学、法学、金融の知識、自己PR力を身に着けていくことが重要です。

技術面では、水に関する基礎知識はもちろんのこと、水処理工学、土木工学、環境工学、流体力学、気象学、防災工学、農業水利、**水文学**、通信工学、コンピュータの知識、制御工学も絡んできます。

しかし、最も基本的なことは課題に対する洞察力や発見力、問題解決力、パイオニア精神、企画力、粘り強さ、学ぶ姿勢、実行力を磨くことです。これらを磨くことは、水ビジネスの現場で活躍できる人材になるための土台となるのです。

求められる人材像

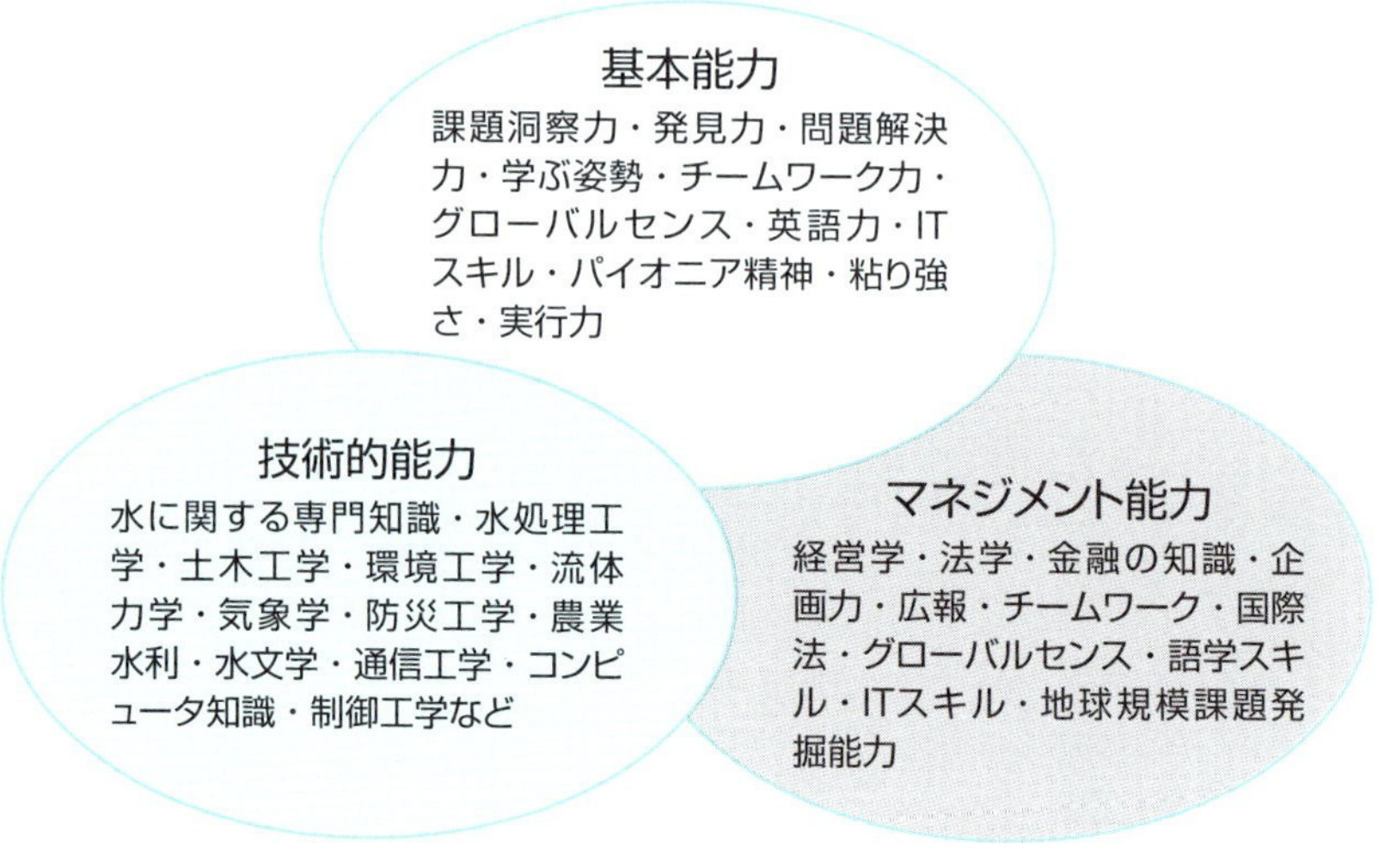
基本能力
課題洞察力・発見力・問題解決力・学ぶ姿勢・チームワーク力・グローバルセンス・英語力・ITスキル・パイオニア精神・粘り強さ・実行力
技術的能力
水に関する専門知識・水処理工学・土木工学・環境工学・流体力学・気象学・防災工学・農業水利・水文学・通信工学・コンピュータ知識・制御工学など
マネジメント能力
経営学・法学・金融の知識・企画力・広報・チームワーク・国際法・グローバルセンス・語学スキル・ITスキル・地球規模課題発掘能力

12 水ビジネスの現在の課題

国際的な水ビジネスを考える場合、課題を整理しておく必要があります。また、その中で民間企業に何が望まれるのかを考えておくことも必要です。

ビジネスで負ける日本

日本は世界に誇れる水道技術（漏水率の低さ、維持管理技術など）を有しています。日本には、この優秀な技術を武器に成長が期待できる企業が五〇社以上あり、そのうち大企業は一一社も存在します。しかし、それらの企業は海外で自前主義で事業を展開しているため、日本勢同士が同じ市場のパイを奪い合うケースも多々見られます。

また、海外市場で大きな浄水場を経営した実績がなく、大規模な水道事業の国際入札では参加資格もないことから、従来型のビジネスモデルである部品やシステム供給に終わっているのが現状です。

そこには、「技術で勝って、ビジネスで負ける日本」があります。海外には、ナショナル・フラッグともいえる巨大な企業がそれぞれ存在しています。例えば、フランスはヴェオリアやスエズ、シンガポールはハイフラックスやケッペル、セムコープ・インダストリーズ、韓国はサムスン、斗山重工業などがそれに当たります。

しかし、日本にはヴェオリア、スエズのように国を代表する水関連企業が存在しませんでした。それは、前出のように同じ市場でパイを奪い合う競争が続いているからでもあり、日本でしか通用しない技術仕様で競い合った結果**ガラパゴス化**してしまったことも要因です。日本では国内の水道事業が一〇〇年以上行政の手で行われてきました。最近まで外資を参入させず、海外とはまったく異なる独自の水道事業の進化を遂げたことからビジネスはガラパゴス化し、海外市場でその

用語解説
＊**ガラパゴス化**　ゾウガメ、ウミイグアナなど独自の生物進化を遂げたガラパゴス島にちなむ。そこの国や地域のみでしか通用しない技術や考え方。

存在感を示すことができていません。

ＯＤＡ戦略の見直し

水ビジネスの展開でいえば、ＯＤＡでその実績を残してきました。日本は世界最大の水インフラへのＯＤＡ資金の拠出国であり、長年、発展途上国の水処理施設の整備を支援してきた背景があります。しかし、**アンタイド率**が高く、その成果が国益に結びついていないのが実態です。徐々に**タイド援助**にシフトしつつありますが、現状、展開しているＯＤＡ戦略を見直していくことが必要です。

また、政府の縦割り行政が、日本の水ビジネスの成長を妨げている一因となっています。上水道は厚生労働省、下水道は国土交通省、工業用水は経済産業省といった縦割り行政では、迅速に意思決定することができず、国際競争時代において他国に勝つことはできません。日本の水ビジネスを大成させるためには、国の支援体制も見直していかなければなりません。

優先して取り組む事業分野

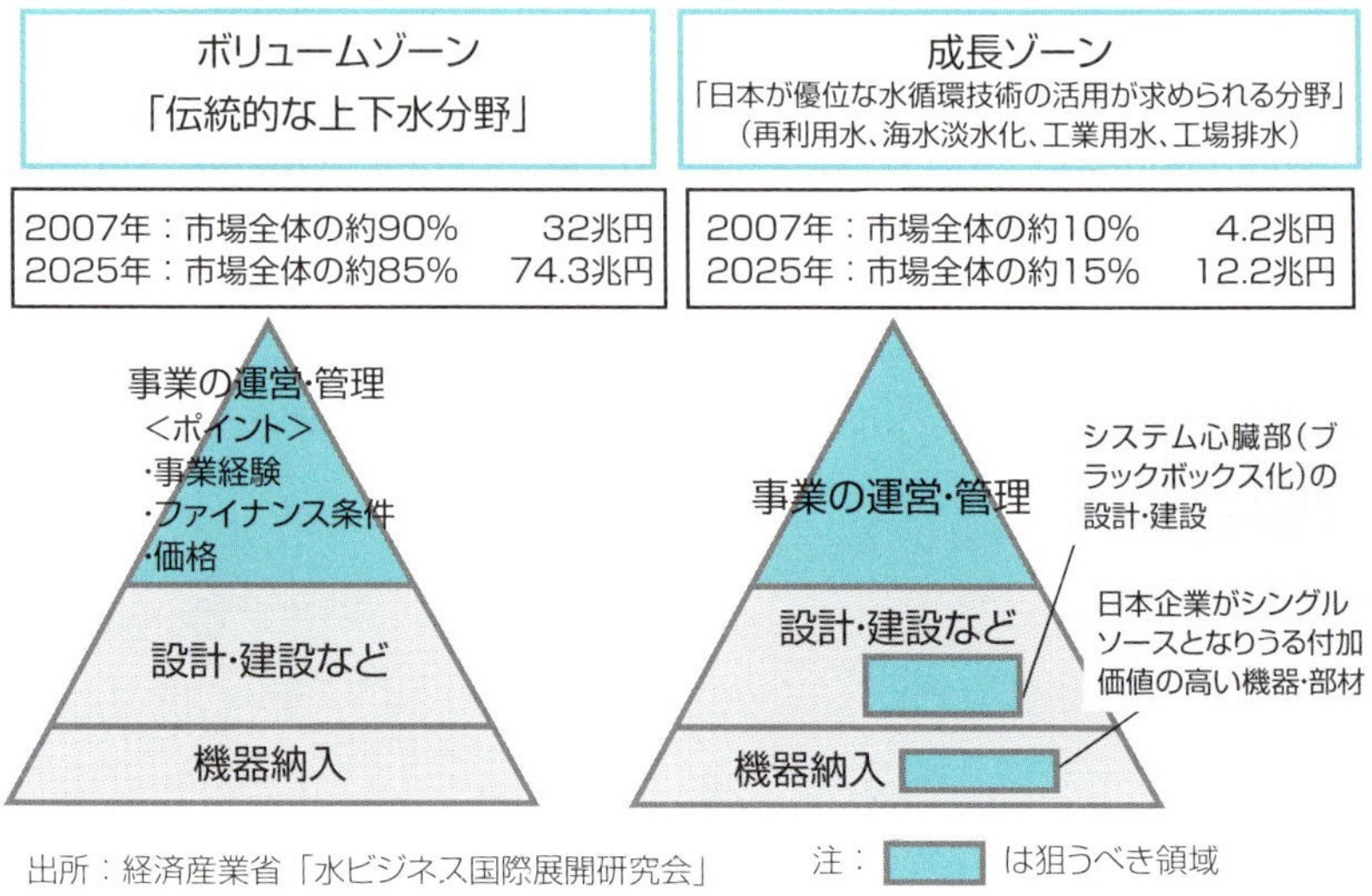
ボリュームゾーン
「伝統的な上下水分野」
2007年：市場全体の約90%　32兆円
2025年：市場全体の約85%　74.3兆円
事業の運営・管理
<ポイント>
・事業経験
・ファイナンス条件
・価格
設計・建設など
機器納入
成長ゾーン
「日本が優位な水循環技術の活用が求められる分野」
（再利用水、海水淡水化、工業用水、工場排水）
2007年：市場全体の約10%　4.2兆円
2025年：市場全体の約15%　12.2兆円
事業の運営・管理
システム心臓部（ブラックボックス化）の設計・建設
設計・建設など
日本企業がシングルソースとなりうる付加価値の高い機器・部材
機器納入
注：　は狙うべき領域

出所：経済産業省「水ビジネス国際展開研究会」

用語解説

＊**アンタイド率**　ODA実施の際の国内調達率。俗にいう「ひも付き率」。

＊**タイド援助**　外務省が実施する援助資金で、物資またはサービスの調達先が援助国に限定される援助方法。

13

水ビジネスの解決策

水ビジネスを長期的にとらえたとき、海外向け上下水道の事業経営を抜きにしては議論が前に進みません。将来的には一〇〇兆円市場が期待される事業の、長期にわたる展開と解決策を考えてみます。

国の支援が不可欠

水ビジネスは、ビジネスの足の長さで考えるか、成長性を考えるかで二つに分けることができます。民間企業が水ビジネスに参入する場合には、前者のように維持管理により、長年の安定収益が見込める上下水道事業に参入するのか、もしくは後者のように技術開発とコスト競争力、スピード感が求められる海水淡水化、工業用水を狙うのか、まず参入する事業分野を選択することが必要になります。それには、自社の事業体制や体力、得意分野を加味しながら検討していくことが重要です。どちらの事業分野を選択するにせよ、共通していえることは、情報収集能力の増強、特に相手国の商習慣や風土、国民性などを考慮した事業展開が必要になることです。

ビジネスのコスト競争力を高めるためには、自己資金や政府資金の活用による財務内容の増強とともに、海外水企業とのアライアンス促進やオールジャパン体制からの脱却も考慮していく必要があります。海外事情に精通したコンサルティング会社の力を活用していくことも一つの手でしょう。

アライアンスが足掛かりに

経済産業省では**水ビジネス国際展開研究会**を開催し、日本が今後、世界で勝てる戦略として、次の三点を提唱しています。

①国内企業と海外企業が共同事業会社を設立し、事業展開する方策

②国内企業が、円高などを活用して海外で技術や経営能力のある会社を買収する方策

③国内企業と日本の地方自治体が共同事業会社を設立し、海外での事業を展開する方策

これまでは自前主義にて単独で海外市場を戦ってきた日本企業ですが、二〇一〇年頃から企業のビジネスモデルに変化が起きています。その一つが国内の他業種企業との協業です。二〇一一年四月に、商社の三菱商事、プラント大手の日揮、ポンプなどのエンジニアリング企業である荏原製作所の三社が、水ingを設立しました（本文一三八ページ参照）。

もう一つが、①にあるような海外企業とのアライアンスです。日立プラントテクノロジーは、二〇一二年二月にＬＧ電子と韓国に合弁会社ＬＧ日立ウォーターソリューションズ＊を設立しました。

自前主義で国際競争を戦うには、限界があります。地場企業や、政治力、多岐にわたる技術を持ち合わせた総合力のある海外企業とアライアンスを組むことで、自社にない技術やノウハウを補完することができ、ビジネスのスピード感や経営効率を上げることにつながります。

水ビジネスの事業展開

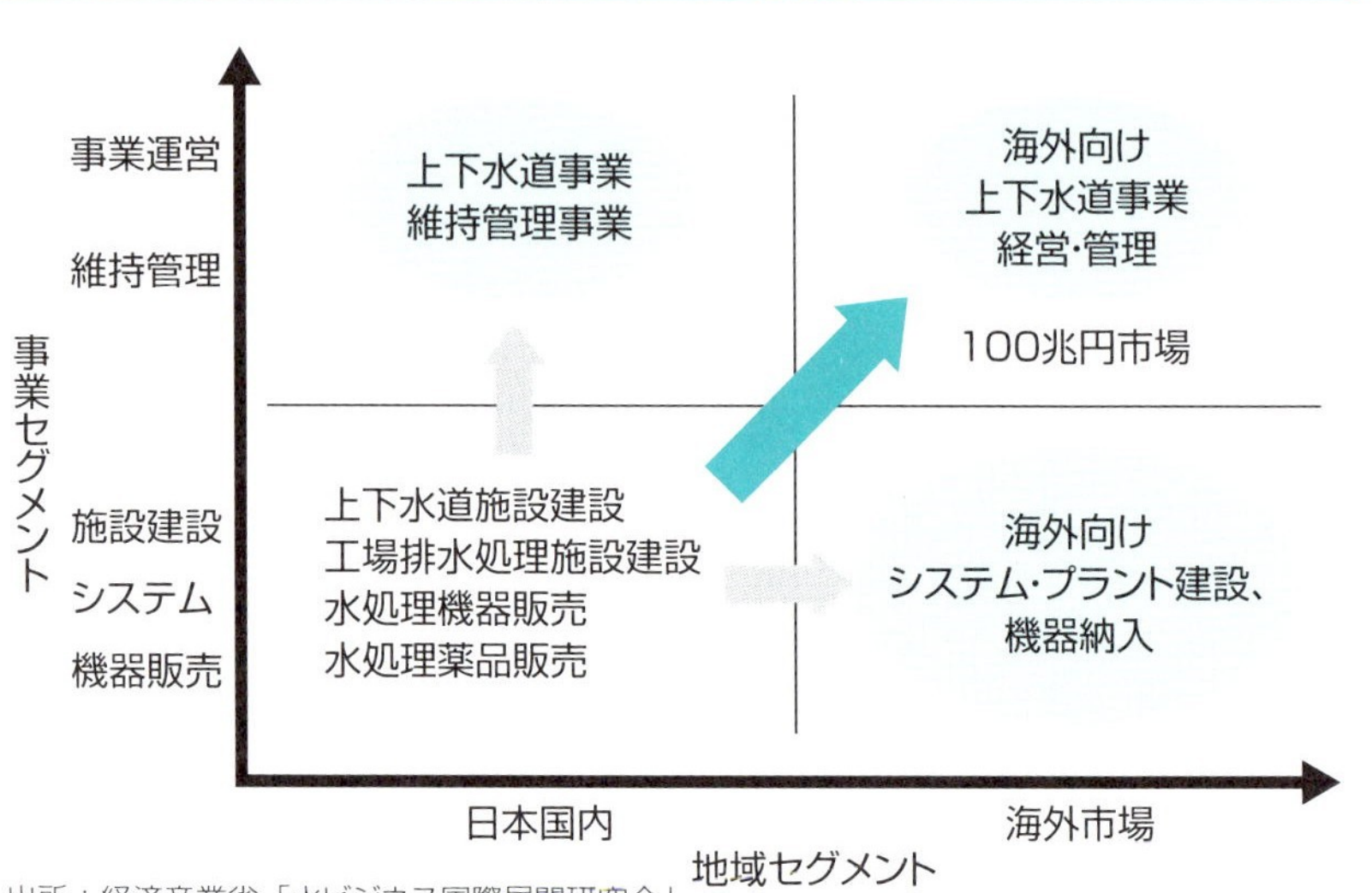
事業運営
維持管理
事業セグメント
施設建設
システム
機器販売
上下水道事業
維持管理事業
海外向け
上下水道事業
経営・管理
100兆円市場
上下水道施設建設
工場排水処理施設建設
水処理機器販売
水処理薬品販売
海外向け
システム・プラント建設、
機器納入
日本国内
海外市場
地域セグメント

出所：経済産業省「水ビジネス国際展開研究会」

用語解説

＊**LG日立ウォーターソリューションズ**　本社は韓国のソウル市。出資比率はＬＧが51％、日立プラントテクノロジーが49％。

14 水ビジネスと日本の将来

日本の水処理技術は世界に誇れると自負しているものの、世界的な水ビジネスの視点から見ると日本の技術の存在感は希薄です。技術で勝ってビジネスで負ける日本の、将来の水戦略を考えてみます。

日本の将来

日本の民間企業は、ＥＰＣのみを得意とする企業が多いため、事業運営ができる実績を積むことが急務です。海外市場での上下水道事業の採用実績を作り、その成功事例を他の海外市場で横展開していくことも重要です。そのためには、技術があれば市場を獲得できるという幻想は即刻捨て去り、その国のニーズに合わせた提案に切り替えるべきです。

特に、日本の水道法にもとづいた高コストのシステムを提供し、入札で負けを喫することが多くなっています。コストをいかに抑えるかが海外市場開拓の足掛かりとなります。

また、長期的な水ビジネスを成功させるためには、国と国との信頼関係がなければ成功には結びつきません。日本政府の企業支援体制が不可欠です。

日本政府が対策を講じるべき項目は、次の五点です。①国益（外貨獲得）として水ビジネスを推進する強い政治力と外交力の増強、②ＯＤＡの活用、③日本政府の窓口の一本化、④技術開発の促進、ナショナルプロジェクトの推進、⑤民間企業に対する資金支援と外交努力

前述のとおり、縦割り行政はスピード感ある意思決定を妨げ、水ビジネスの成長を妨げています。特に国家戦略として水ビジネスを育成していくためには、③のように行政の窓口を一元化し、専門官を置いて事案の対応に当たる必要があります。

水ビジネスを国家戦略として遂行するにあたり、外

務省では、海外の水ビジネス展開を視野に入れ、二〇一〇年から在外公館に外務省インフラ担当官を二〇人ほど配置しています。その職務内容は、情報の収集、プロジェクトの支援などです。

今後、国を挙げて外貨の獲得を目指そうとするならフランスのように国やトップに頼る方策も講じるべきでしょう。水ビジネス市場で海外勢と戦うためには、入札以前の情報の入手や日本政府の外交努力、企業再編による規模の拡大が必須であり、資金確保にも国の支援が不可欠です。財務ノウハウの蓄積も必須であり、特に途上国向けビジネスでは、資金の回収や為替リスクなど、想定外の事態も予想されるので、それに対応する体制を構築するのも重要です。

アイデアとスピードが絶対条件

海外展開するということは、まったくの異文化と接することです。これまでにない、斬新なアイデアとスピード感を持った対応が求められることになります。

つまり、護送船団方式や横並び社会に慣れ親しんできた業界の体質を払しょくする必要があるのです。

勝てる日本の戦略

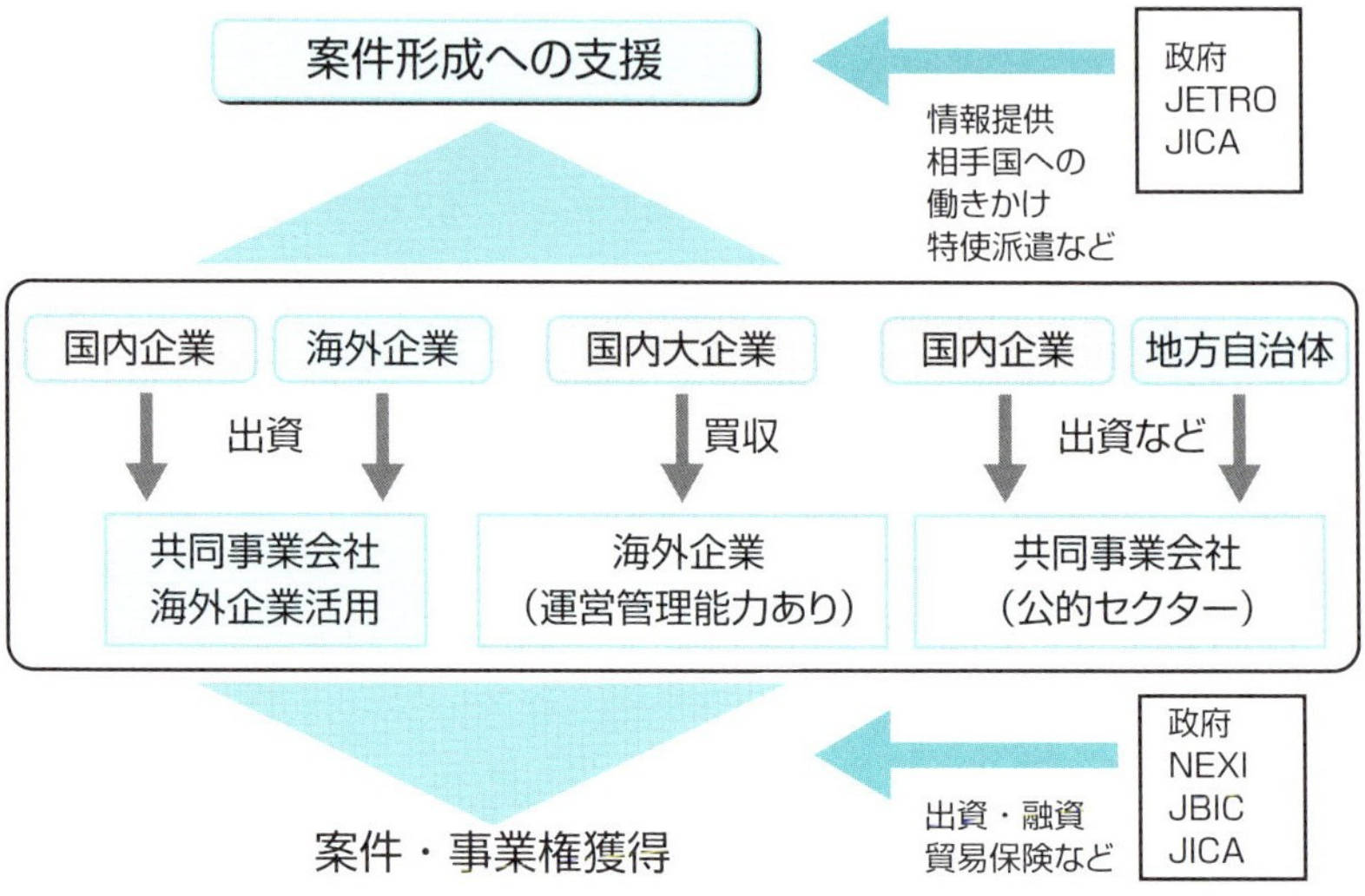
案件形成への支援
政府
JETRO
JICA
情報提供
相手国への
働きかけ
特使派遣など
国内企業
海外企業
出資
共同事業会社
海外企業活用
国内大企業
買収
海外企業
（運営管理能力あり）
国内企業
地方自治体
出資など
共同事業会社
（公的セクター）
政府
NEXI
JBIC
JICA
出資・融資
貿易保険など
案件・事業権獲得

用語解説

＊NEXI　NEXI＝Nippon Export and Investment Insurance。日本貿易保険。海外投融資などの対外取引に関連する貿易保険を提供する。

column

水の安全保障
～日本の水資源は大丈夫か～

日本の水資源は大丈夫なのでしょうか。日本はアジアモンスーン気候の東端に位置しているため、年降水量は約1,700㎜にのぼります。これは、全世界の年平均降水量約810㎜の2倍となっています。しかし1人当たりの年間降水量は約5,000㎥ほどであり、世界平均の年降水量約16,400㎥の3分の1程度です。さらに日本は南北に長く、地域により降水量が異なるうえ、最近20～30年間は、少雨の年と多雨の年で年降水量の開きが大きくなっているなど、不安定な状況が続いています。

日本では今のところ水資源不足は顕在化していませんが、世界最大のバーチャルウォーター（仮想水）輸入国であるために、見えないところで大きな影響を受けています。

最近注目されているのは、食料自給率と水資源との関係です。日本の食料自給率はカロリーベースで40％であり、60％の食料を海外から輸入しています。日本は世界各地から農産物を輸入することにより、その農産物の生産に要した灌漑用水をバーチャルウォーターとして輸入しています。その量は年間800億㎥（環境省の推計）に達しています。これは、日本全体の年間灌漑用水量834億㎥に匹敵する量です。仮に日本が農畜産物を輸入する国が、干ばつや洪水に襲われると、食料価格が高騰します。世界の水不足は日本の食料事情を直撃することになりますから、日本も世界の水不足と無縁ではないのです。

世界最大の農産物輸出国のアメリカでは、2012年春から記録的な干ばつが続き、7月18日にビルサック農務長官が緊急会見を行いました。そこで、「アメリカ国土の6割が干ばつに見舞われ、穀物被害が深刻になった」と事実上の非常事態を宣言しました。それを受けてトウモロコシの国際価格が過去最高値を更新し、家畜の飼料として用いられるトウモロコシの急騰を受け、食肉など幅広い品目に波及して世界的な食料インフレを引き起こす懸念が高まっています。水資源問題は、その国の安全保障に限らず、まさに人類の安全保障に直結しているのです。

Data

資料編

- ●世界の水事情
- ●日本の水事情
- ●世界の水ビジネス市場
- ●海水淡水化と膜技術
- ●日本の水ビジネス戦略

世界の水事情

世界における年間1人当たりの水資源量

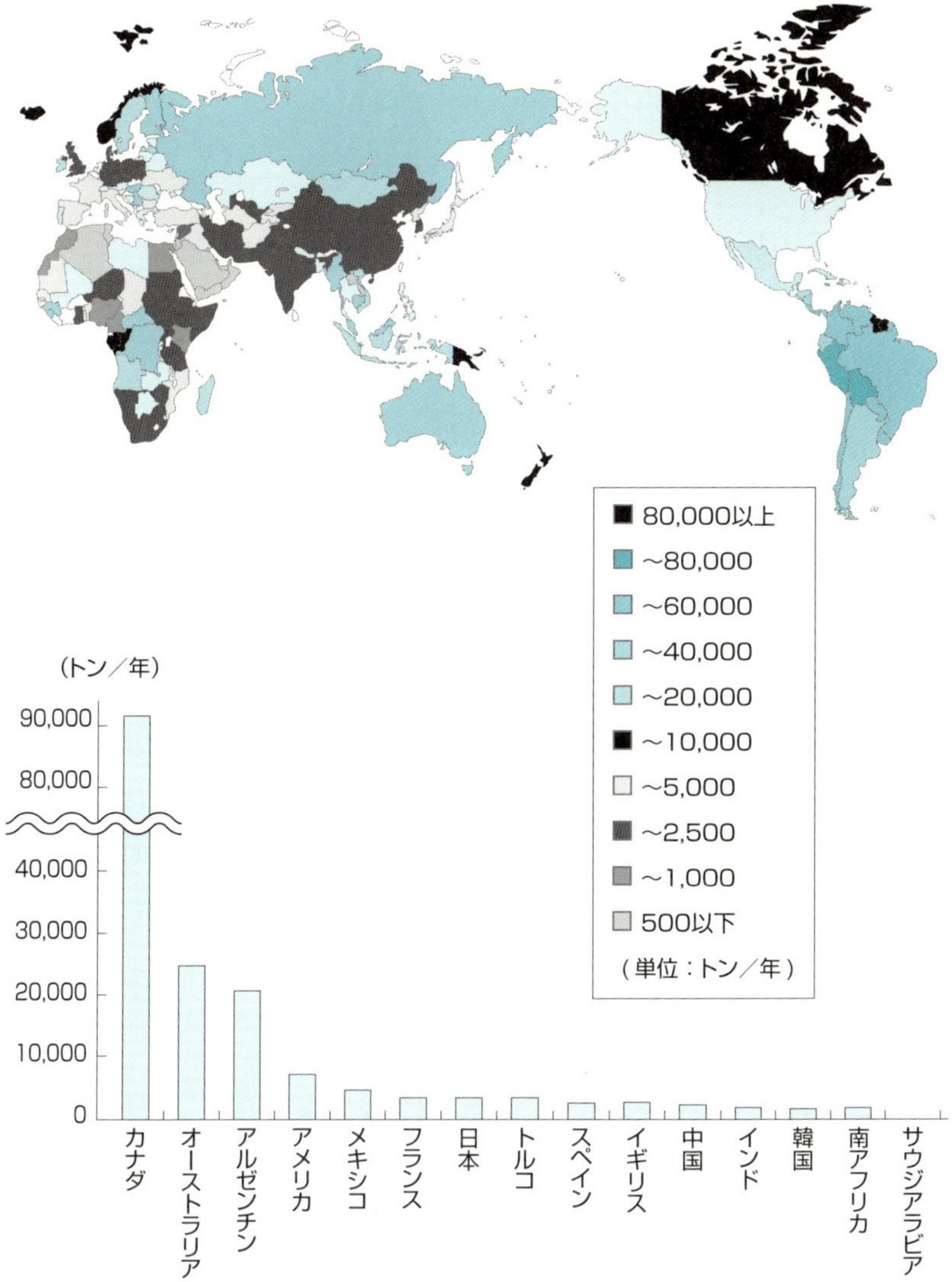

出所：FAO AQUASTAT(2008.1.16) より環境省作成

世界の人口と取水量の推移

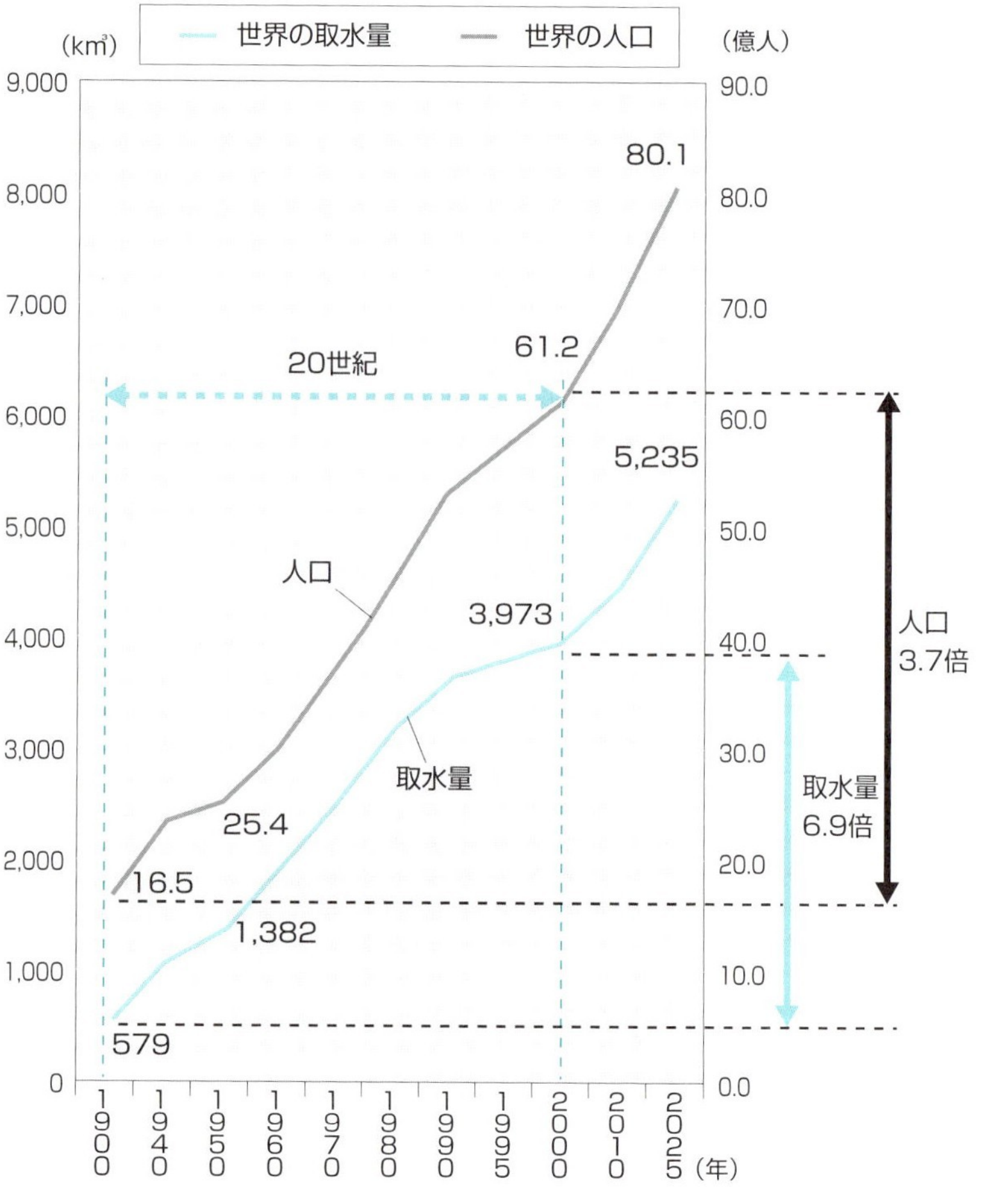
世界の取水量
世界の人口
(km³)
(億人)
9,000
8,000
7,000
6,000
5,000
4,000
3,000
2,000
1,000
0
90.0
80.0
70.0
60.0
50.0
40.0
30.0
20.0
10.0
0.0
80.1
20世紀
61.2
5,235
人口
3,973
人口
3.7倍
取水量
取水量
6.9倍
25.4
16.5
1,382
579
1900
1940
1950
1960
1970
1980
1990
1995
2000
2010
2025
(年)

人口増加の著しいアジアは、世界の全取水量の約6割を占める

出所：UN.World Population Prospects、WORLD WATER RESOURCES AND THEIR USE a joint SHI/UNESCO product 経済産業省「水ビジネスを取り巻く現状」より

急増する世界の水使用量

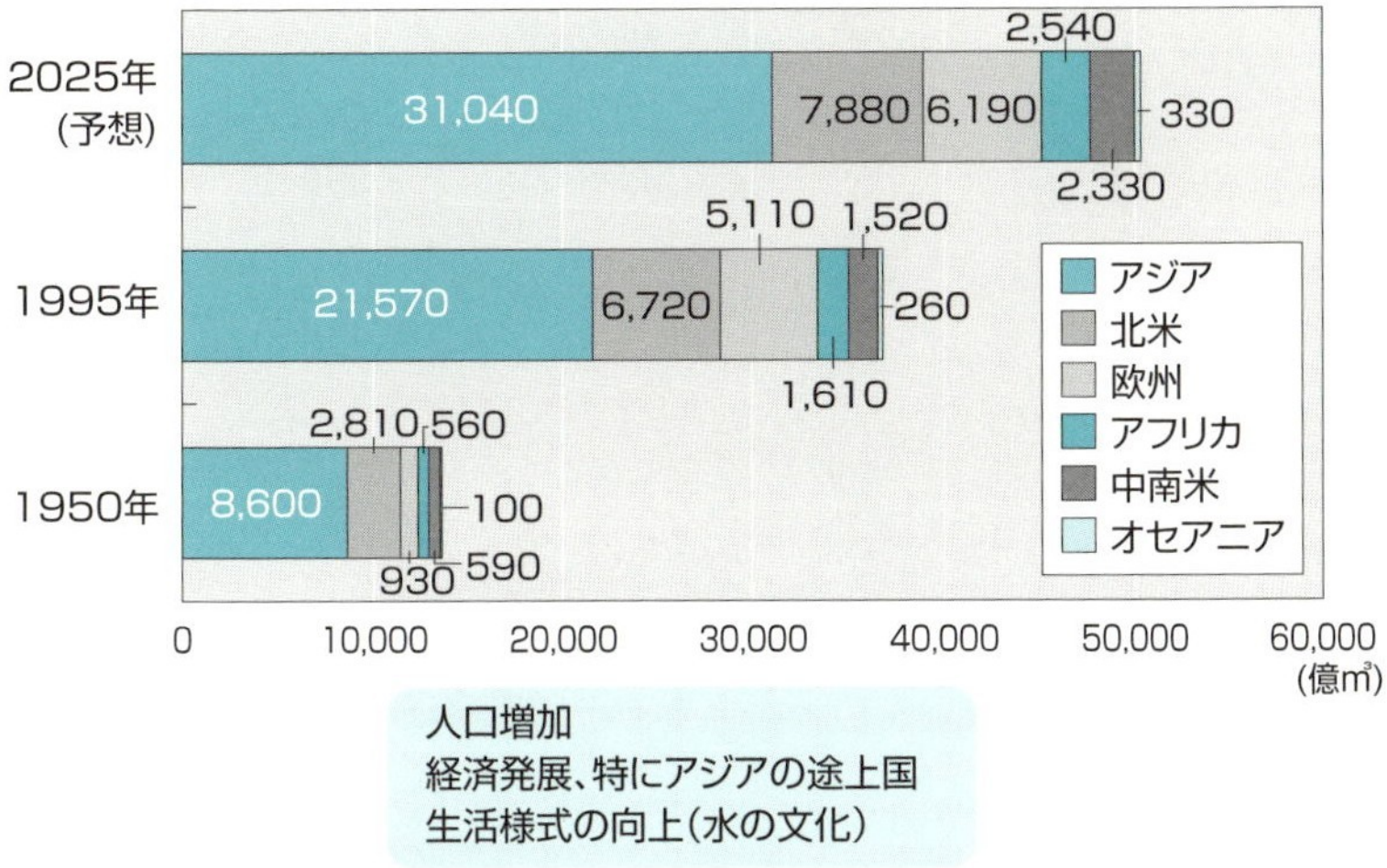

2025年
(予想)
31,040
7,880
6,190
2,540
330
2,330
1995年
21,570
6,720
5,110
1,520
260
1,610
1950年
8,600
2,810
560
100
930
590
アジア
北米
欧州
アフリカ
中南米
オセアニア
0
10,000
20,000
30,000
40,000
50,000
60,000
(億m³)
人口増加
経済発展、特にアジアの途上国
生活様式の向上(水の文化)

出所：国土交通省「日本の水資源　平成 19 年度版」

開発途上国における、安全な飲用水を継続的に利用できない人々の地域別人口

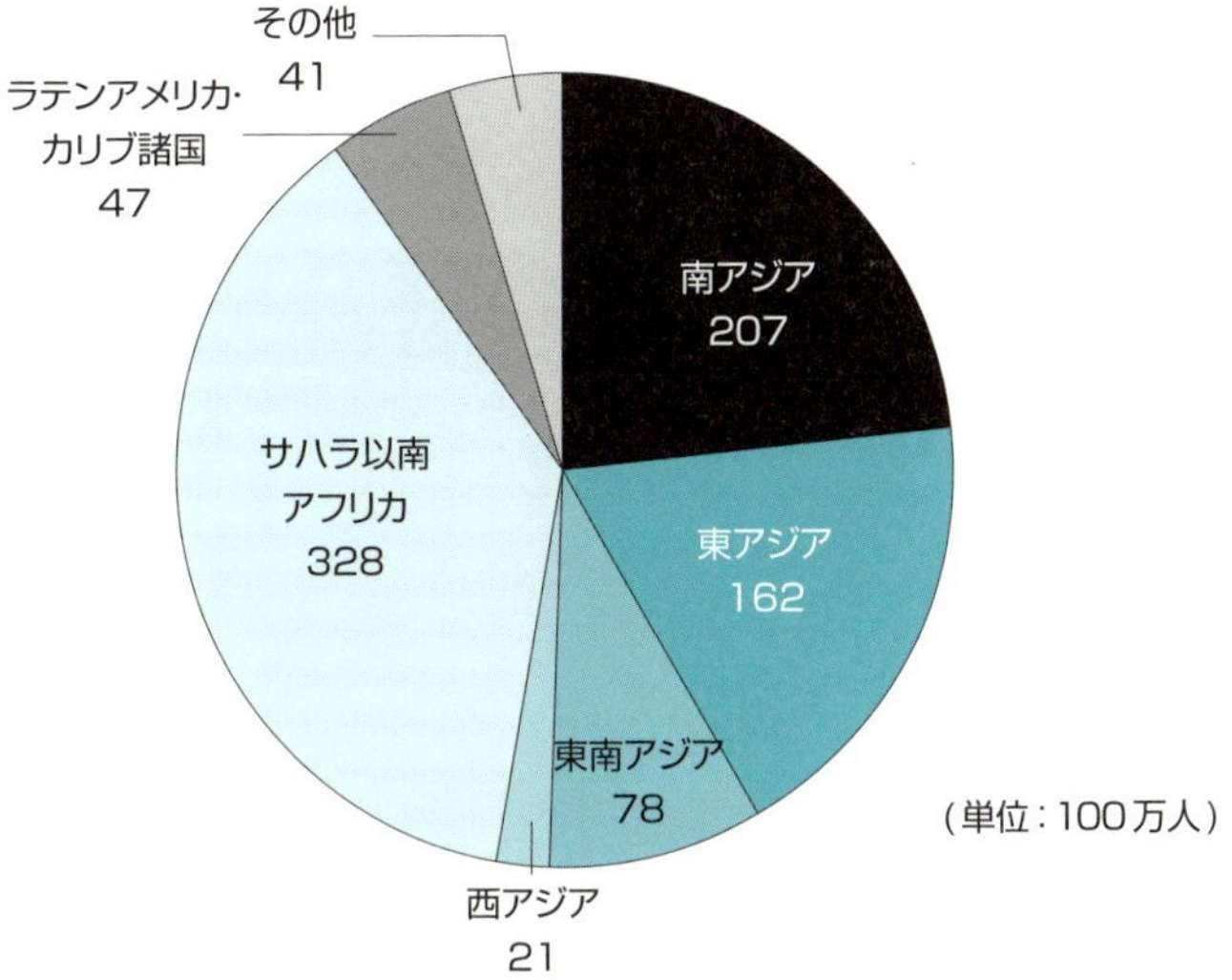

その他
41
ラテンアメリカ・
カリブ諸国
47
南アジア
207
サハラ以南
アフリカ
328
東アジア
162
東南アジア
78
西アジア
21
(単位：100万人)

出所：UNICEF および WHO「PROGRESS ON DRINKING WATER AND SANITATION: SPECIAL FOCUS ON SANITATION,2008」より環境省作成

世界で進む水不足

世界〈ダボス会議〉

人類最大の環境問題は「水不足」である。20年以内に水が枯渇する

出所：World Economic Forum January 2009

アメリカ

50州のうち、36州が4年以内に水危機に直面する

出所：General Accounting Office 2008

中国

660都市のうち511都市で水不足、110都市は深刻な事態、汚染の拡大

出所：中国建設省・仇次官の会見（05年6月）

日本

・食料自給率（カロリーベース）は40%

・自給率を支える灌漑用水量は570億㎥／年

⬇

・海外からの食料輸入率は60%

・食料輸入にともなう仮想水量は640億㎥／年

⇒国内の灌漑用水量以上の水を輸入により賄っている

⇒国家目標である食料自給率は50%

⇒達成しようとすると灌漑用水が不足する

出所：農林水産省

日本の水事情

日本の国内水と輸入水

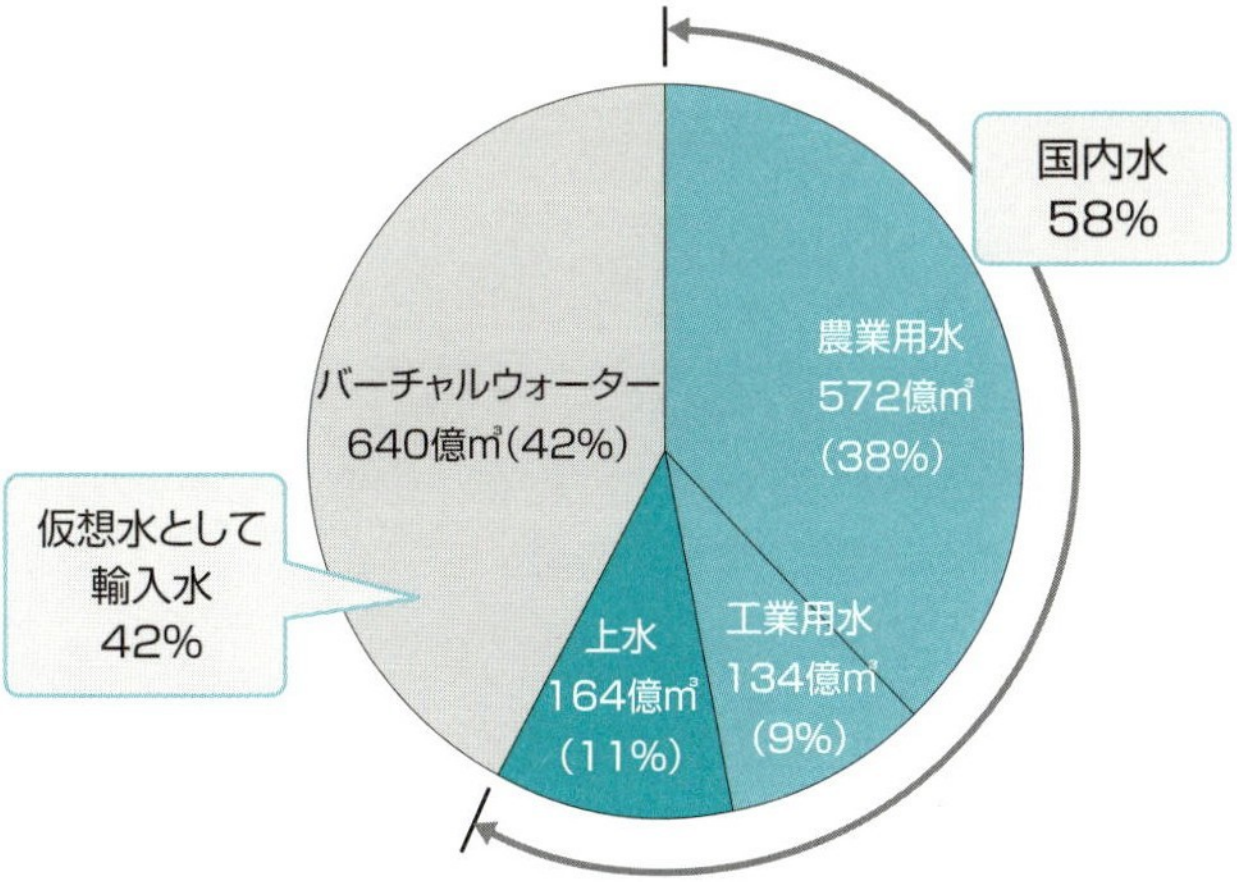

国内水
58%
農業用水
572億m³
(38%)
工業用水
134億m³
(9%)
上水
164億m³
(11%)
バーチャルウォーター
640億m³(42%)
仮想水として
輸入水
42%

出所：農水・工水・上水：日本の水資源、国土交通省水資源部
バーチャルウォーター：沖大幹教授（東京大学）による

生活用水使用量

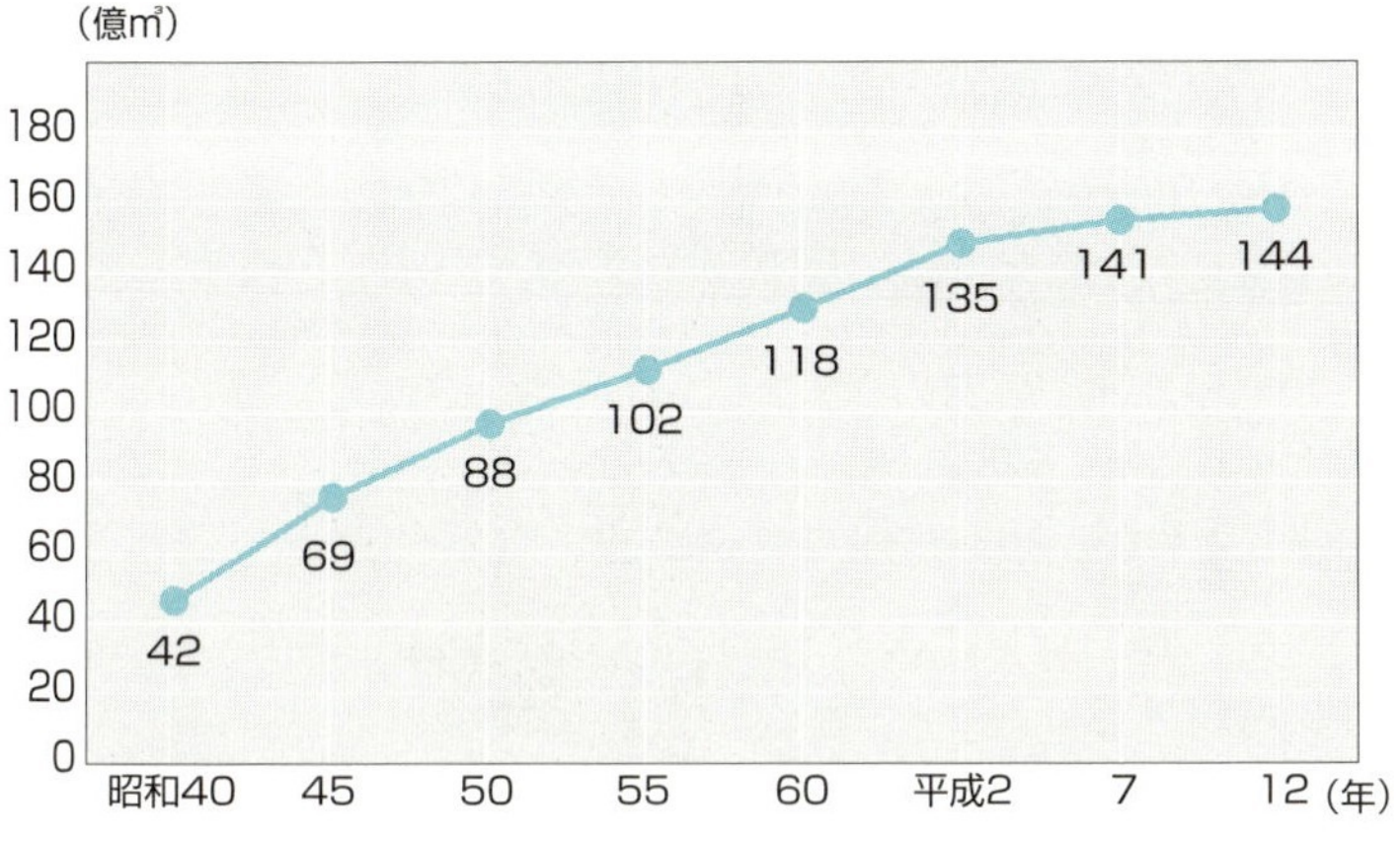

(億m³)
180
160
140
120
100
80
60
40
20
0
42
69
88
102
118
135
141
144
昭和40
45
50
55
60
平成2
7
12
(年)

出所：国土交通省

日本の水使用量、水使用目的

日本人1人当たり
1日約250リットル使用

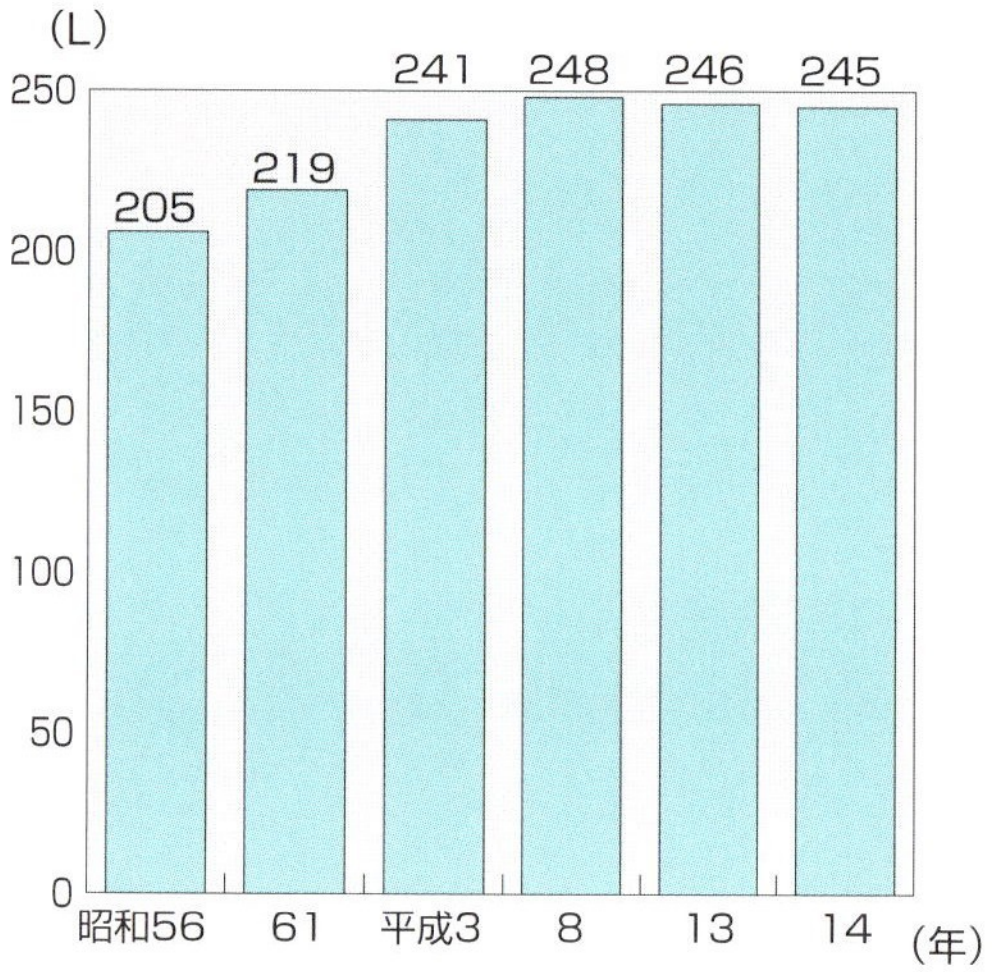

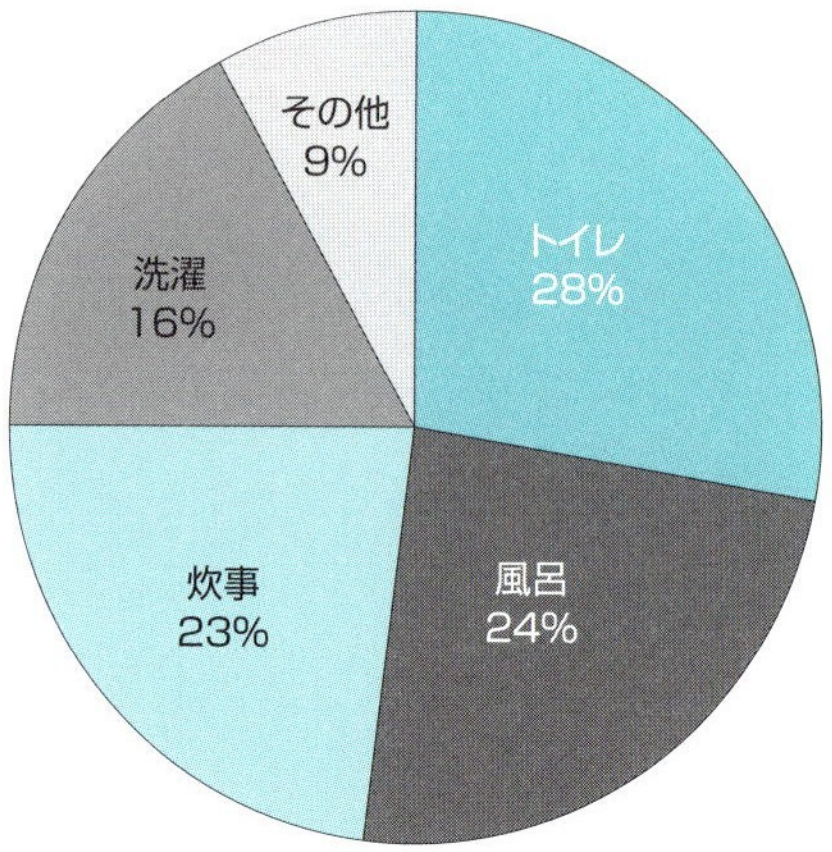

一般家庭水使用目的別実態調査

出所：東京都水道局

日本の水資源・賦存量

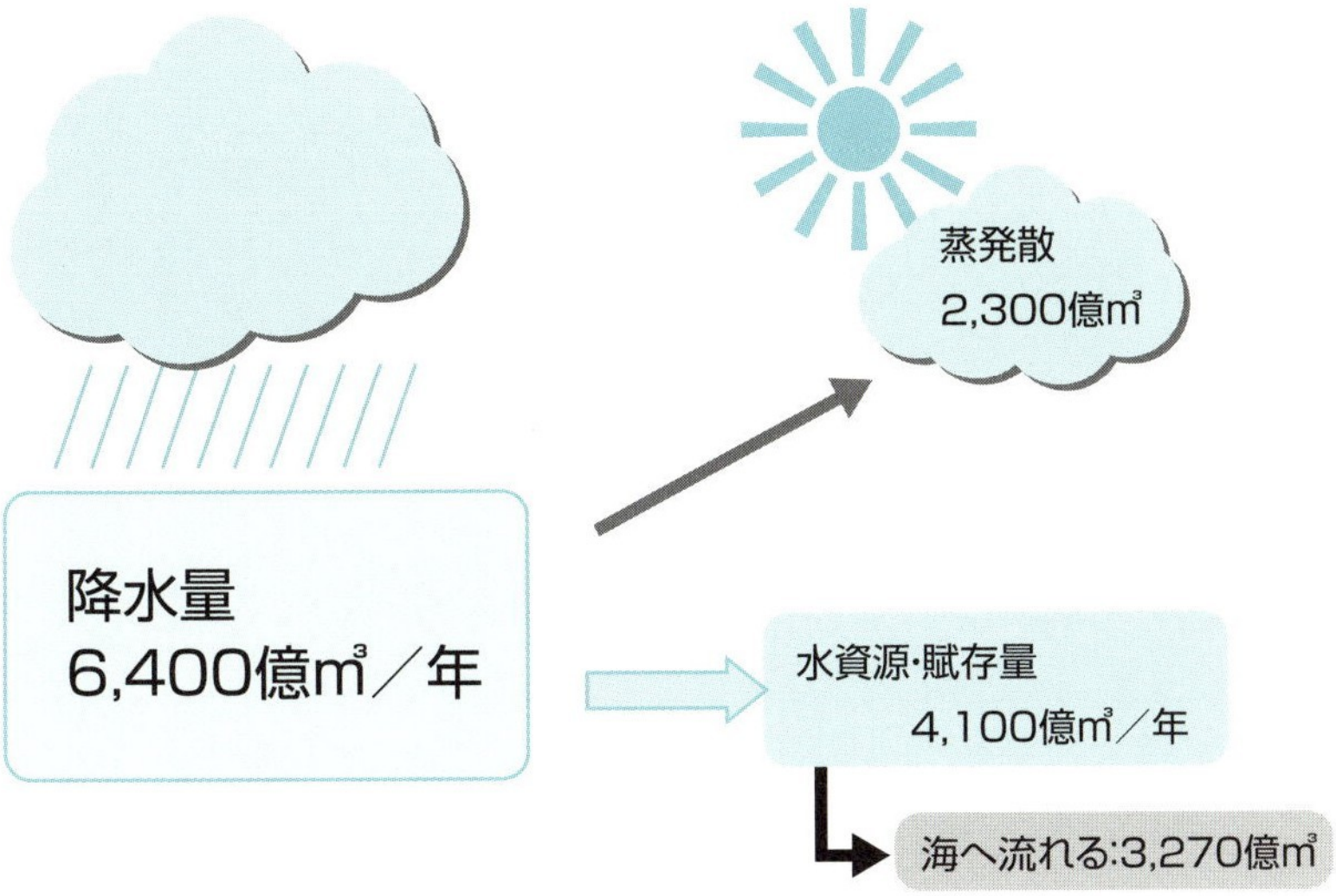
蒸発散
2,300億㎥
降水量
6,400億㎥／年
水資源・賦存量
4,100億㎥／年
海へ流れる:3,270億㎥

年間使用量	830億㎥(河川水87%、地下水13%)
水資源の使い道	
農業用水	547億㎥(66%)
生活用水	157億㎥(19%)
工業用水	126億㎥(15%)

出所：国土交通省水資源部　30 年間データ

主要先進国・食料自給率の推移

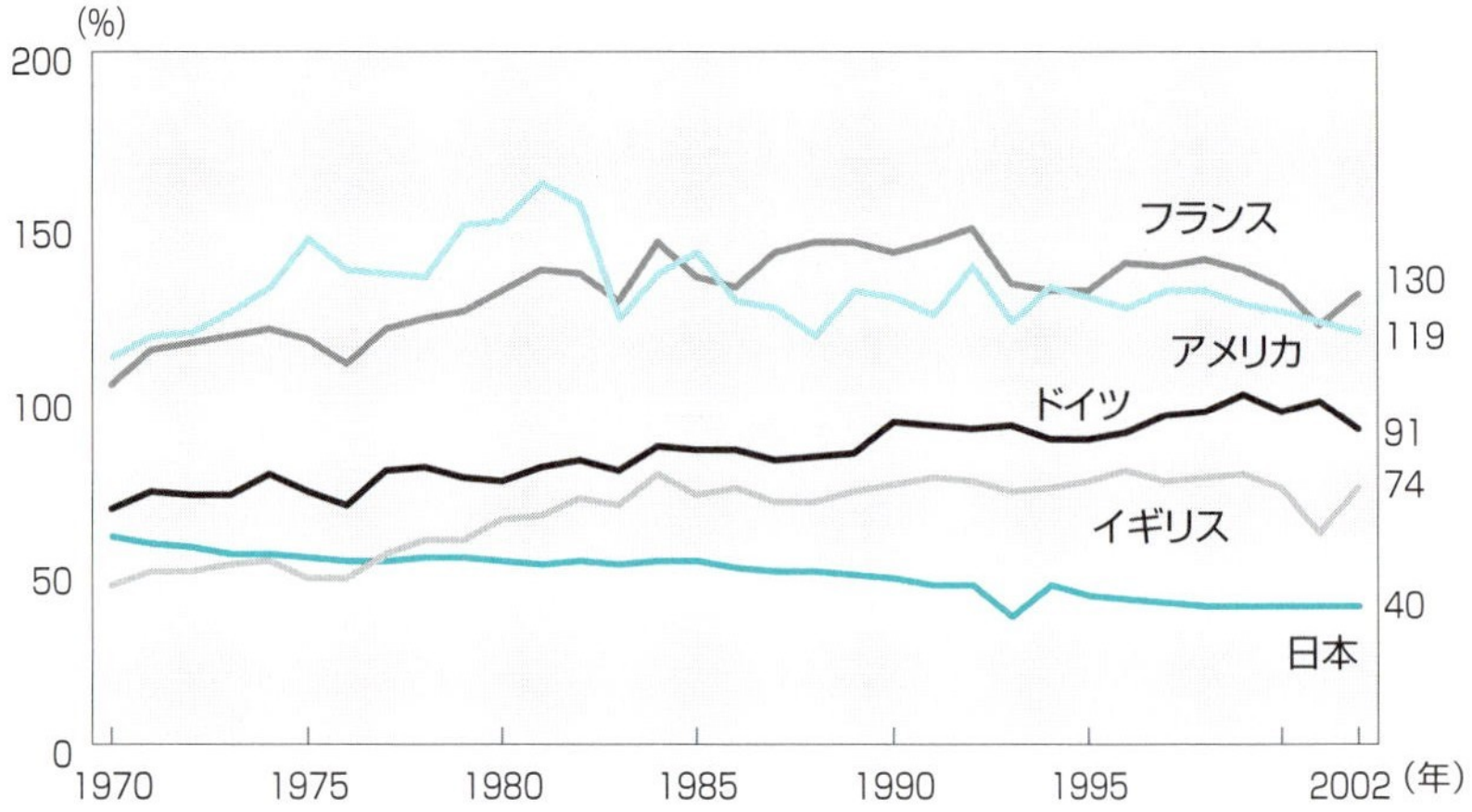
(%)
200
150
100
50
0
1970
1975
1980
1985
1990
1995
2002
(年)
フランス
130
アメリカ
119
ドイツ
91
74
イギリス
40
日本

出所：農林水産省

日本の食料と水の輸入量

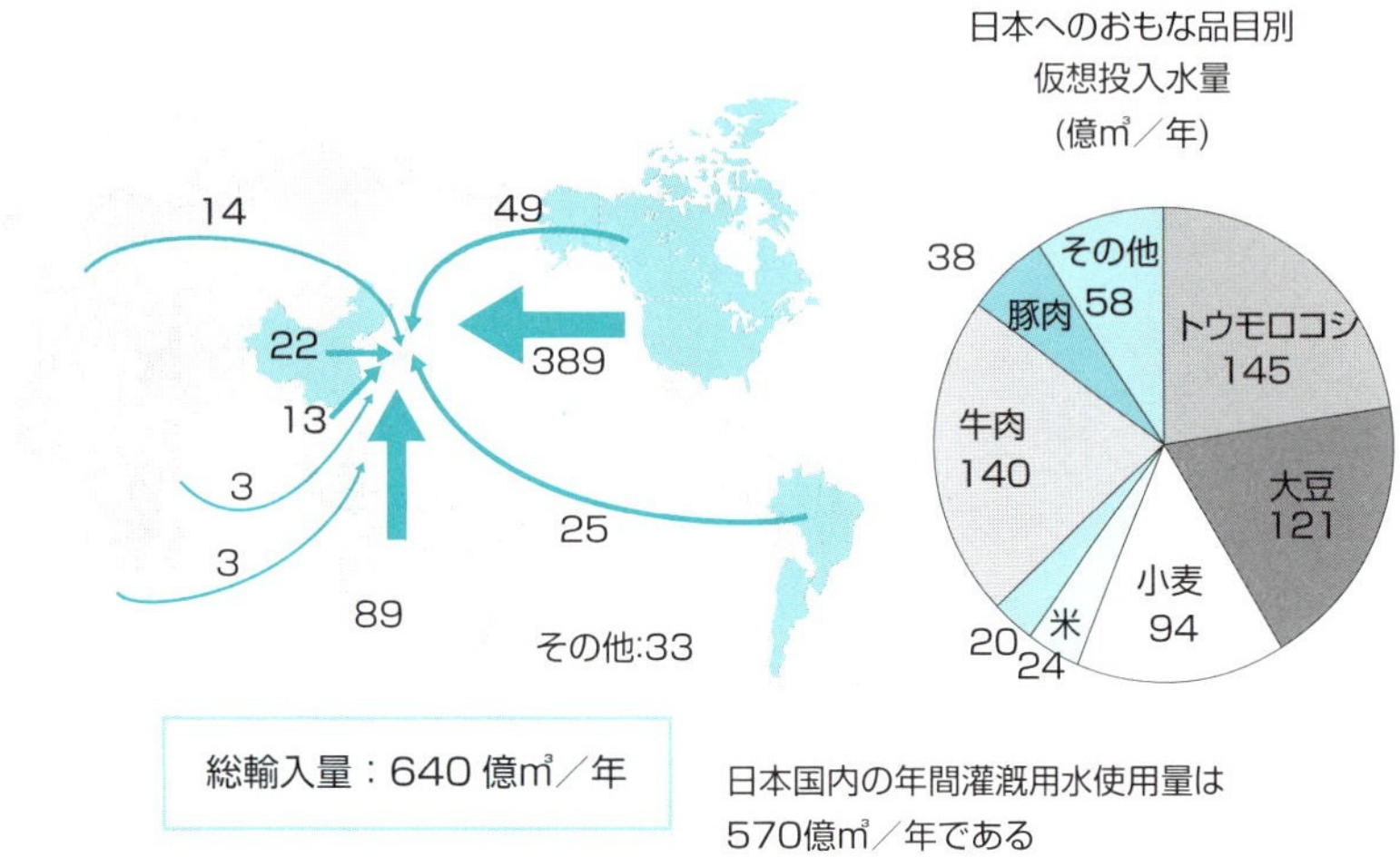
日本へのおもな品目別
仮想投入水量
(億m³／年)
14
49
22
389
13
3
3
25
89
その他:33
38
その他
58
豚肉
トウモロコシ
145
牛肉
140
大豆
121
小麦
94
米
20
24
総輸入量：640億m³／年

日本国内の年間灌漑用水使用量は
570億m³／年である

出所：東京大学・沖大幹教授より

世界の水ビジネス市場

世界最大のインフラ投資は「水」

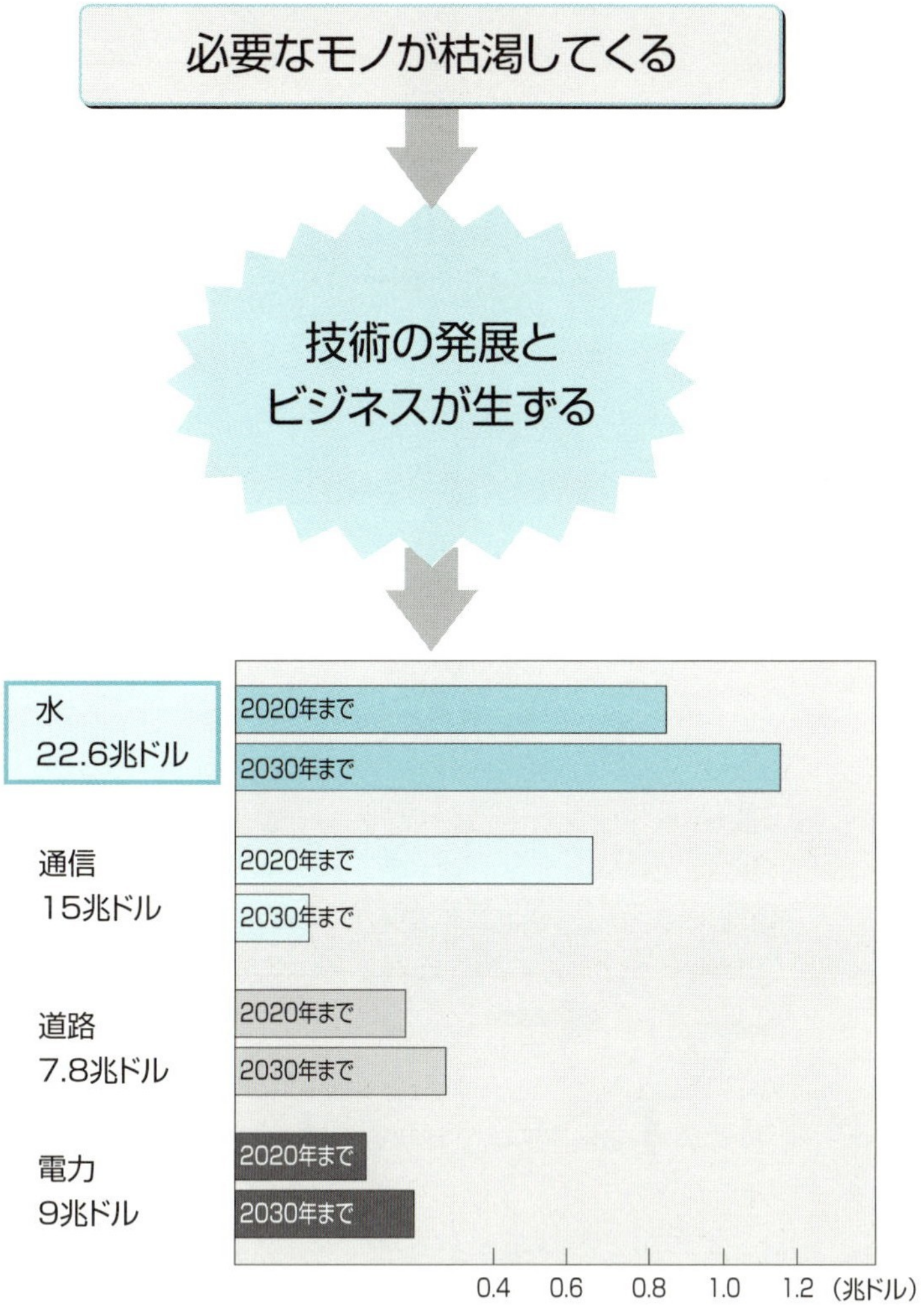

必要なモノが枯渇してくる
技術の発展とビジネスが生ずる
水
22.6兆ドル
2020年まで
2030年まで
通信
15兆ドル
2020年まで
2030年まで
道路
7.8兆ドル
2020年まで
2030年まで
電力
9兆ドル
2020年まで
2030年まで
0.4 0.6 0.8 1.0 1.2 (兆ドル)

全インフラ投資額41兆ドルのうち、水は年1兆ドルの投資額

注：OECD 加盟国と BRICs の合計

世界水ビジネス市場の地域別成長見通し

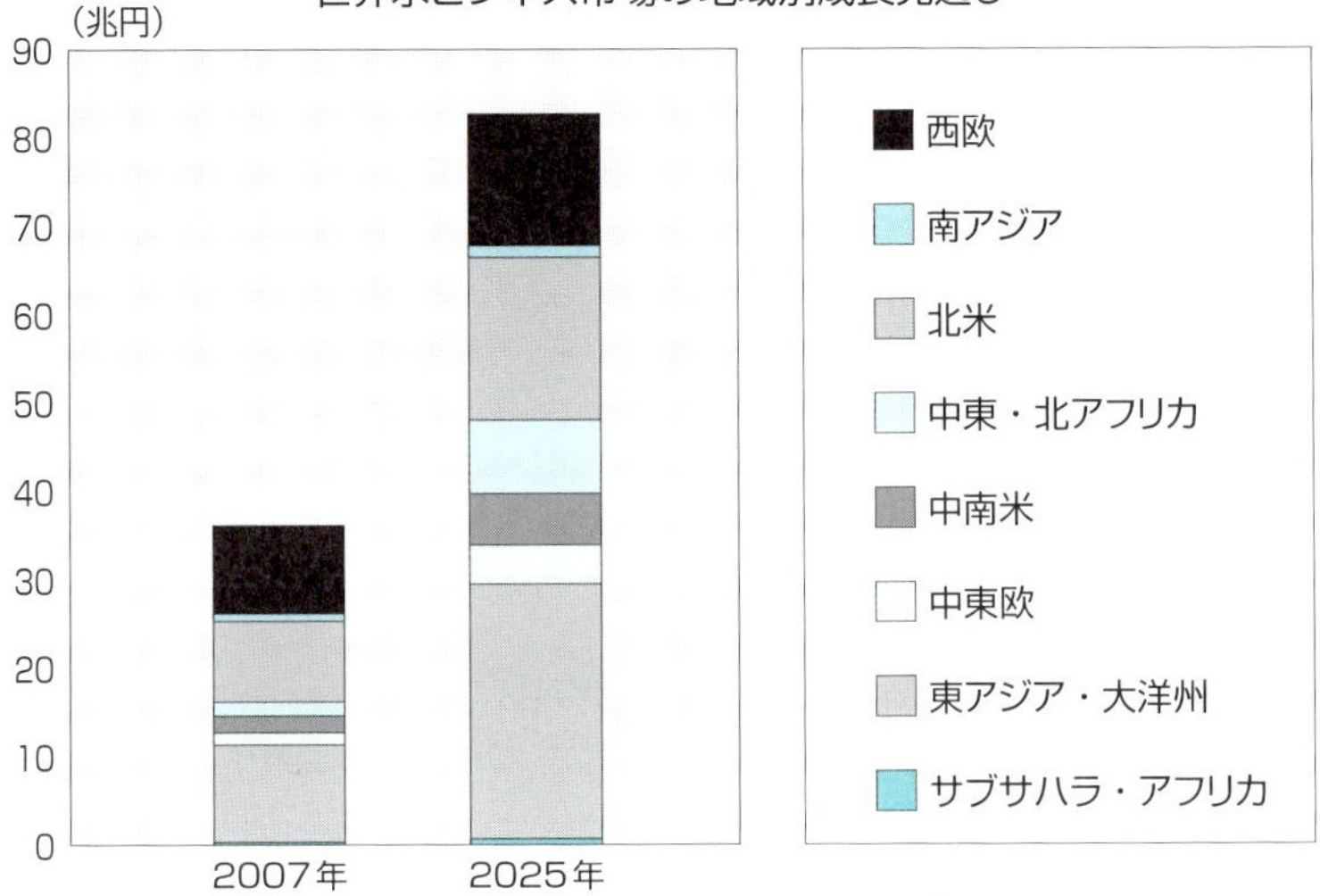
(兆円)
90
80
70
60
50
40
30
20
10
0
2007年
2025年
西欧
南アジア
北米
中東・北アフリカ
中南米
中東欧
東アジア・大洋州
サブサハラ・アフリカ

●市場の高成長(年 5%以上)が見込まれる地域

南アジア:	10.6%
中東・北アフリカ:	10.5%
中東欧:	6.0%
中南米:	5.9%
東アジア・大洋州:	5.6%

●市場規模が大きく、成長が見込まれる国
(市場規模および市場成長率が世界トップ 15 に入る国)

中国:	10.7%
サウジアラビア:	15.7%
インド:	11.7%
スペイン:	9.5% など

出所:Global Water Market2008 および経済産業省試算　注:1ドル=100円換算

水ビジネス市場におけるおもなプレーヤー

(分野)	部材・部品・機器製造	装置設計・組立・施工(・運転)	事業運営・保守・管理(水売り)
海外展開 / 海外企業	ヴェオリア・エンバイロメント スエズ・エンバイロメント GE ウォーター&プロセス・テクノロジー	(同左)	(同左)
海外展開 / 海外企業	シーメンス・ウォーター・テクノロジーズ ダウ・ケミカル	(同左)	
海外展開 / 海外企業		テムズ・ウォーター・ユーティリティーズ ハイフラックス	(同左)
海外展開 / 海外企業		ケッペル 斗山重工業 ブラック・アンド・ビーチ	
海外展開 / 日本企業	〔水処理機器企業〕 旭化成、旭有機材、荏原製作所、クボタ、クラレ、ササクラ、神鋼環境ソリューション、積水化学工業、帝人、東芝、東洋紡、東レ、酉島製作所、日東電工、日立プラント、三菱電機、三菱レイヨン、明電舎、横河電機など	〔エンジニアリング企業〕 IHI、オルガノ、協和機電、栗田工業、JFEエンジニアリング、水道機工、千代田化工、東洋エンジニアリング、日揮、日立造船、日立プラントテクノロジー、三菱化工、三菱重工など	〔商社〕 伊藤忠、住友商事、双日、三井物産、三菱商事、丸紅など 国内展開 地方自治体 メタウォーター、ジャパンウォーター、ジェイ・チームなど

資料編

世界水ビジネス市場の分野別成長見通し

成長ゾーン（市場成長率2倍以上）　ボリュームゾーン（市場規模10兆円以上）　成長・ボリュームゾーン

（上段：2025年…合計87兆円、下段：2007年…合計36兆円）

	素材・部材供給・コンサル・建設・設計	管理・運営サービス	合計
上水	19.0兆円 (6.6兆円)	19.8兆円 (10.6兆円)	38.8兆円 (17.2兆円)
海水淡水化	1.0兆円 (0.5兆円)	3.4兆円 (0.7兆円)	4.4兆円 (1.2兆円)
工業用水・工場排水	5.3兆円 (2.2兆円)	0.4兆円 (0.2兆円)	5.7兆円 (2.4兆円)
再利用水	2.1兆円 (0.1兆円)	−	2.1兆円 (0.1兆円)
下水（処理）	21.1兆円 (7.5兆円)	14.4兆円 (7.8兆円)	35.5兆円 (15.3兆円)
合計	48.5兆円 (16.9兆円)	38.0兆円 (19.3兆円)	86.5兆円 (36.2兆円)

出所：Global Water Market2008 および 経済産業省試算　注：1 ドル＝ 100 円換算

資料編

水ビジネスの民営化市場成長率

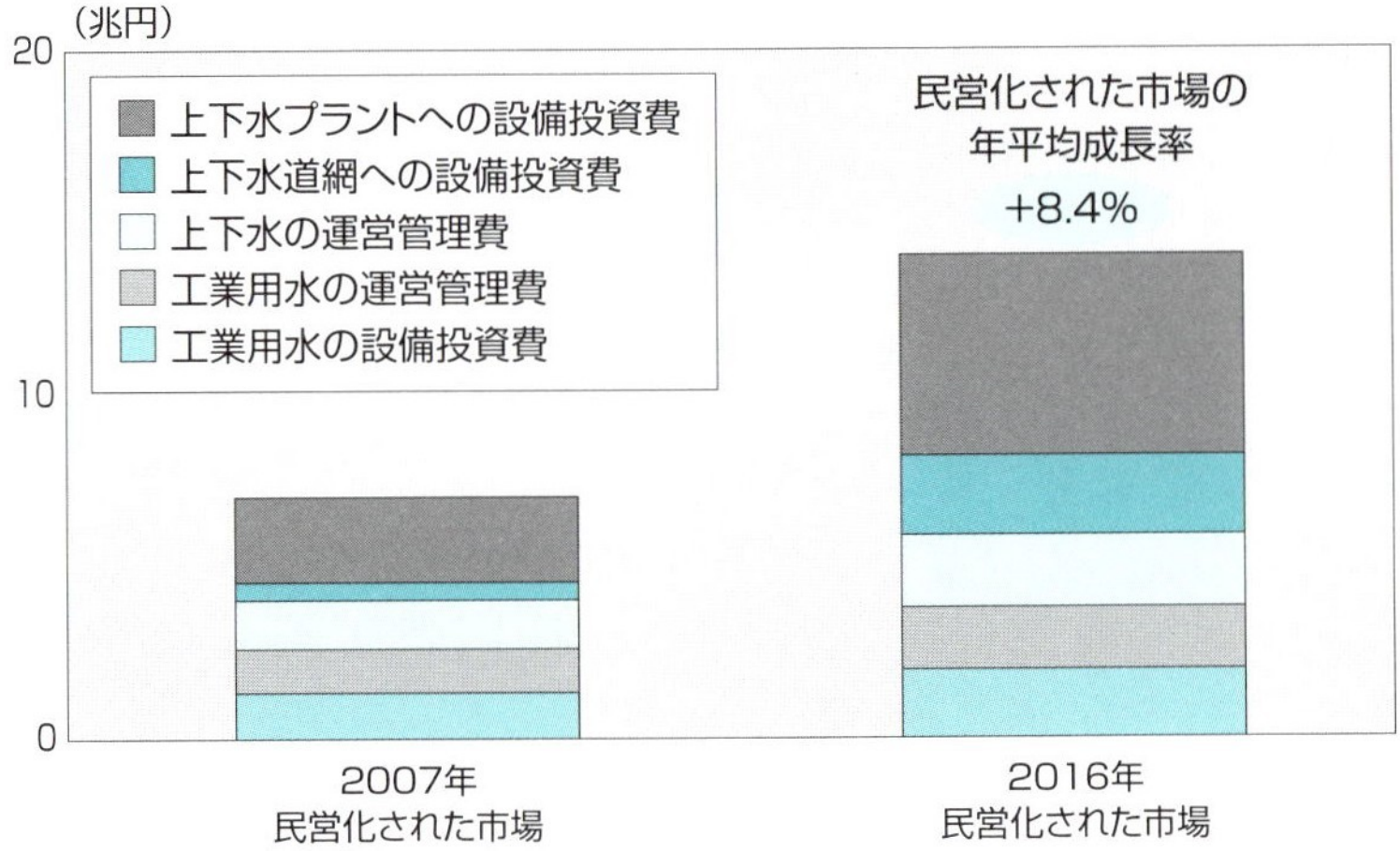

（兆円）
20
10
0
上下水プラントへの設備投資費
上下水道網への設備投資費
上下水の運営管理費
工業用水の運営管理費
工業用水の設備投資費
民営化された市場の
年平均成長率
+8.4%
2007年
民営化された市場
2016年
民営化された市場

出所：Global Water Market2008　注：1ドル=100円換算

水資源の確保の仕方

海水を真水にする	海水淡水化プラント
水のリサイクル	下水、排水の再利用 膜分離活性汚泥法（MBR、本文60ページ参照）

海水淡水化・脱塩方式の変遷

熱方式（蒸発法）

多段フラッシュ方式（MSF）
海水を複数回蒸発させて蒸留水と塩水を分離する

多重効用缶方式（MED）
複数の真空式蒸発缶を利用して脱塩する方法。気圧が低いと、沸点が低くなる原理を利用する。圧力を下げる、ほかの蒸発缶の熱源にして、複数の缶で順番に脱塩していく

膜方式

電気透析方式（ED）
電気と塩の成分を取り出せる膜を用いて脱塩する方法

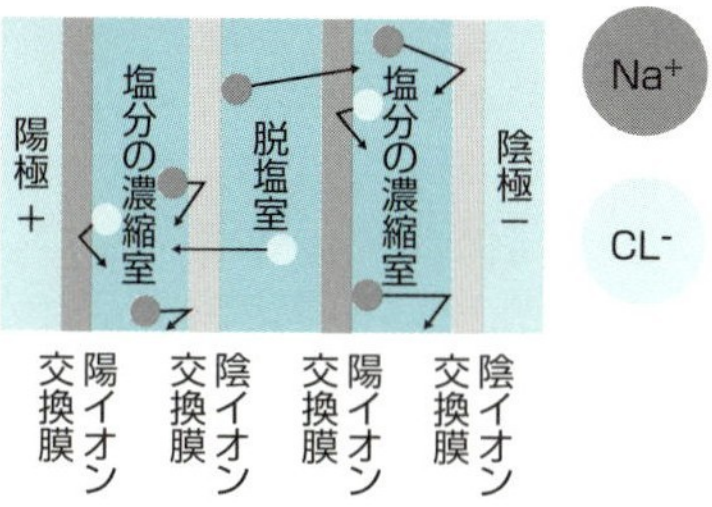
陽極＋
塩分の濃縮室
脱塩室
塩分の濃縮室
陰極－
陽イオン交換膜
陰イオン交換膜
陽イオン交換膜
陰イオン交換膜
Na+
CL-

逆浸透膜方式（RO膜）
水の濃度の高いほうに移動する原理を利用する。塩水側に圧力をかけて、浸透膜から水分子だけを真水に移動して脱塩する方法

エネルギー効率高

ハイブリッド方式

熱方式と膜方式の組み合わせ

海水淡水化と膜技術

逆浸透膜造水装置

膜処理の利用シーン

商業／生活	使用する膜
医療用純水	**RO**／UF
家庭用飲用水(水道水膜ろ過)	MF／**RO**
浄水処理	**RO**／UF／MF
下水処理・排水処理	MBR+**RO**
下水高品位再生処理	UF／MF
発電所(発熱ボイラー給水)	MF／**RO**
海水淡水化プラント・大型海水淡水化設備	UF+**RO**
工業	**使用する膜**
科学薬品・医製薬品・食品製造プロセス	**RO**／UF／MF
ビル排水処理／排水再利用	UF／MF
VLSI・LCD製造(超純水洗浄工程)	MF+**RO**+UF

下水の再利用

除去項目：大腸菌、ウイルス、濁度、色度、臭気、
　　　　　有害物質、微粒子など

処理方式

標準活性汚泥法：バクテリアを使い有機物分解

高度処理：ろ過、活性炭処理、オゾン処理、**膜処理**

膜分離活性汚泥法（MBR）

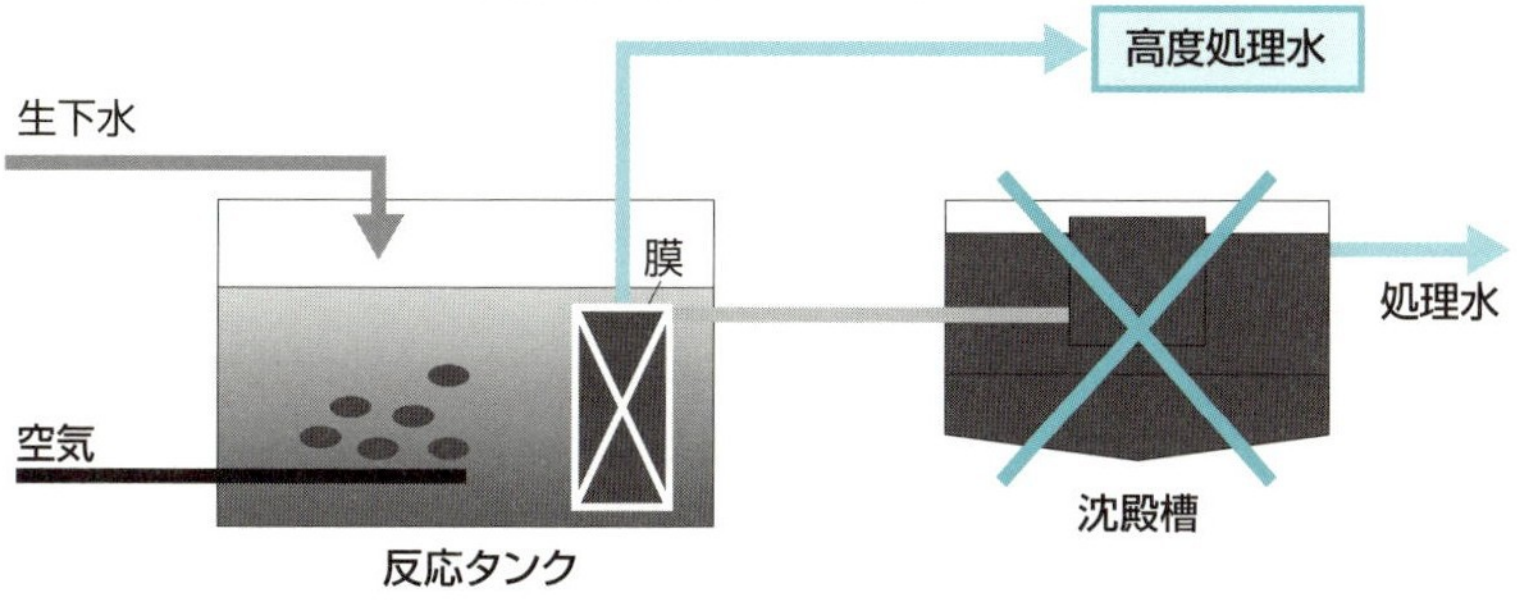

※沈殿槽がなくても高度処理ができる

MBRの原理と特徴

- 分離膜を使った、完全な固液分離
- 高い有機物分解
- 汚泥発生量を減らせる
- 高度処理に最適（硝化、脱窒素）

主要国の下水処理水の再利用率および再利用量

国	下水処理水再利用率	下水処理水再利用量／年
アメリカ	約6%	約36億5,000万㎥
イスラエル	約83%	約2億8,000万㎥
スペイン	約12%	約3億5,000万㎥
イタリア	約7%	約2億3,000万㎥
日本	約1.4%	約2億㎥
オーストラリア	—	約1億6,600万㎥

出所：Report on Integrated Water Use, aquarec, EUROPEAN COMMISSION AQUAREC:Water Reuse System Management Manual,EUROPEAN COMMISSION、カリフォルニア大学浅野孝名誉教授報告資料

米国カリフォルニア州における下水処理水の用途別再利用状況（2002年）

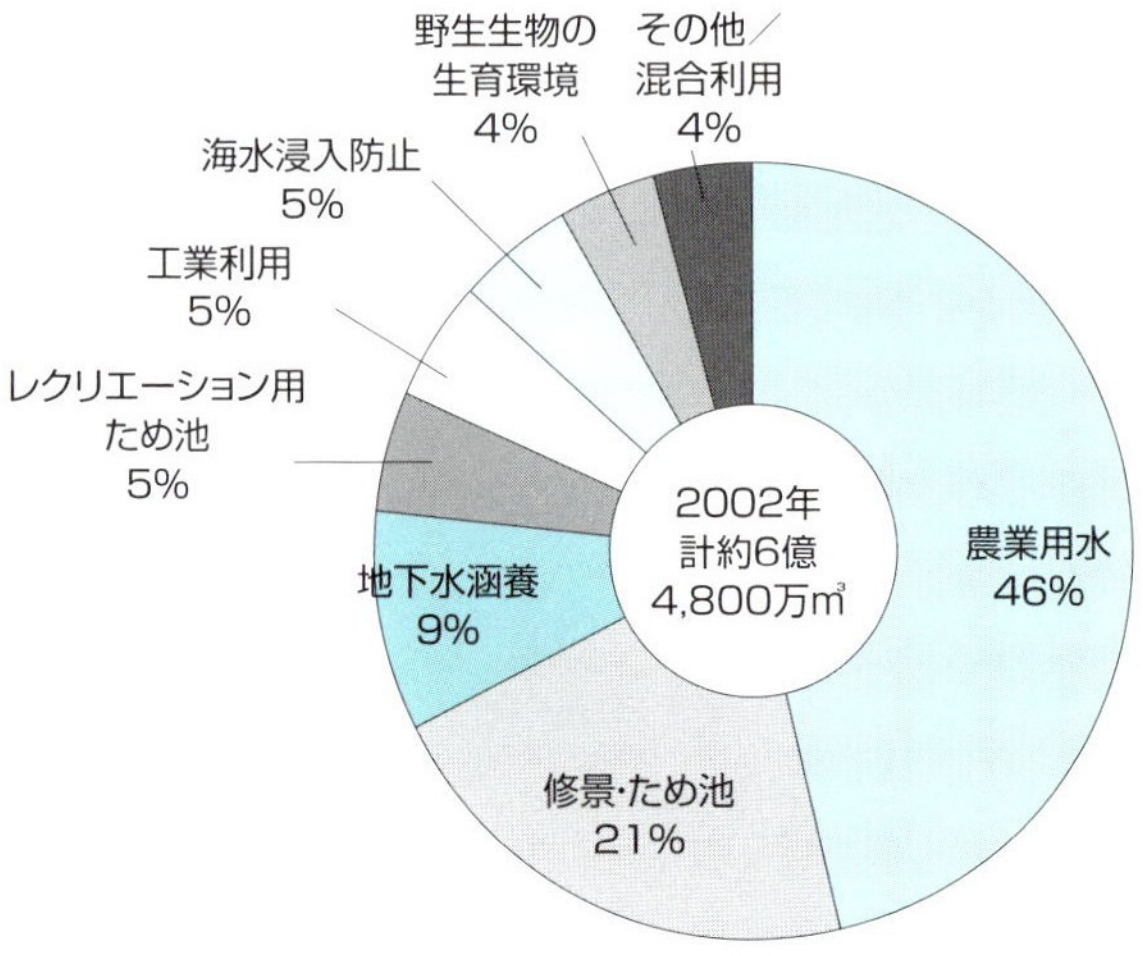
野生生物の
生育環境
4%
その他／
混合利用
4%
海水浸入防止
5%
工業利用
5%
レクリエーション用
ため池
5%
地下水涵養
9%
修景·ため池
21%
農業用水
46%
2002年
計約6億
4,800万㎥

出所：WATER REUSE

海外の海水淡水化プラントシェア（中東）

（　）内はプラント数

サウジアラビア	アラブ首長国連邦	カタール	イスラエル
ヴェオリア(766)	ヴェオリア(54)	ヴェオリア(35)	IDE(15)
ササクラ(53)	インプレジオ(18)	イノレジロ(3)	メコロット(10)
スエズ(21)	クリスト(12)	斗山(1)	GE(5)
三菱(12)	三井(9)	住友(1)	旭硝子(4)
日立(8)	ITT(9)	JGC(1)	ケムテック(3)
斗山(3)	アンサルド(7)	GE(1)	ヴェオリア(1)

出所：IDA 2006-2007 Report

海水淡水化用大口径RO膜

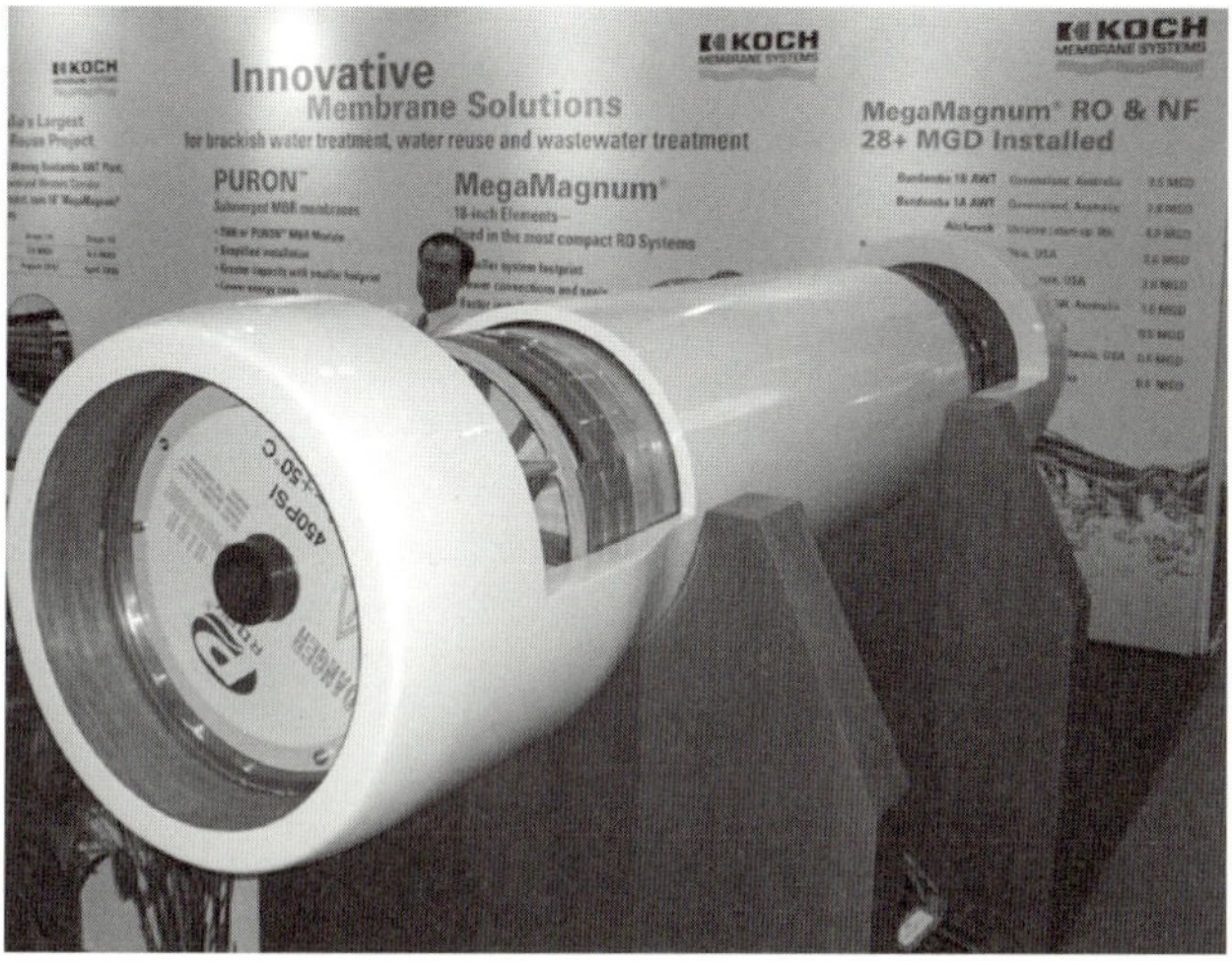

出所：シンガポール国際水週間 2010 展示会で撮影

日本の水ビジネス戦略

日本の水関連業界が今なすべきこと

- 1社では勝てない：合従連衡（連合、同盟）の促進
- 外国資本の積極的導入
- 海外への情報発信（研究成果）
- 新しい水ビジネスモデルの形成：技術偏重よりマネジメント
- 国際標準化に積極関与
- 国を挙げての水ビジネス形成

水ビジネス関連産業の目標

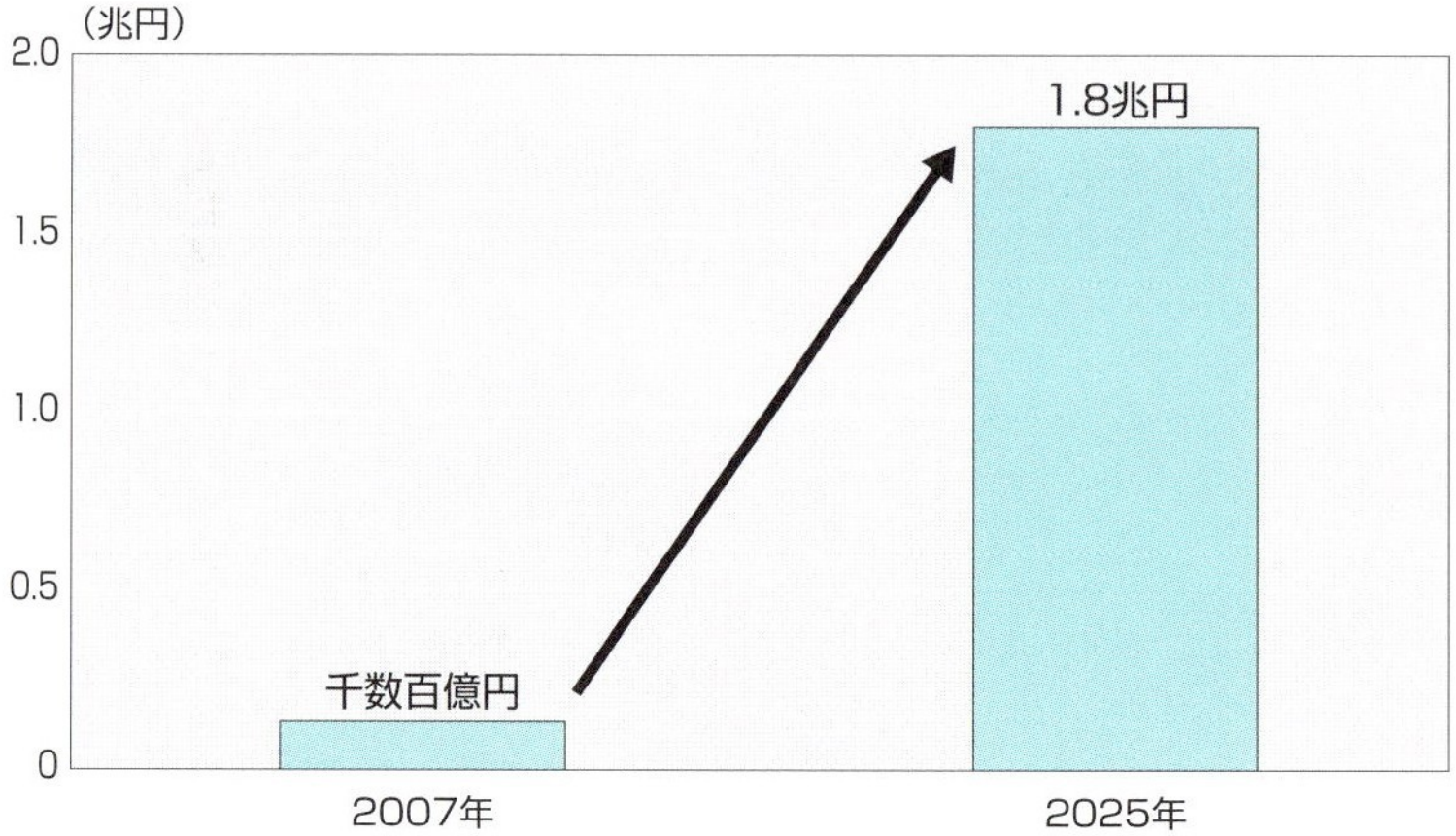

出所：経済産業省調査

3つの水ビジネス参入ケース

①国内企業と海外企業が共同して、現地に事業会社を設立するケース

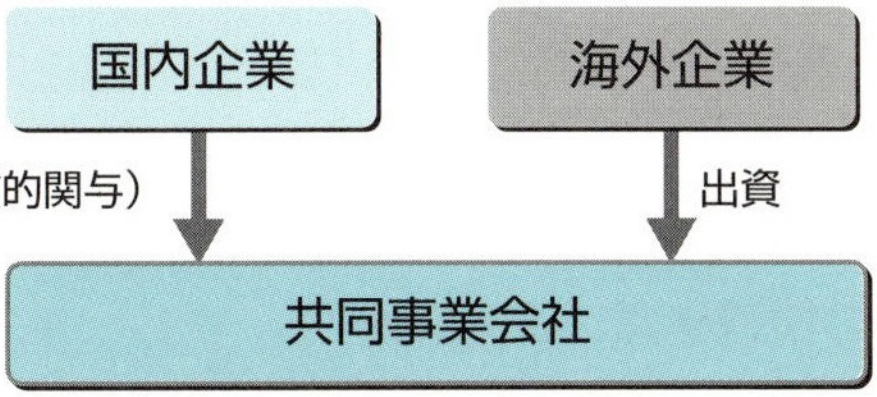
国内企業
海外企業
出資（質的関与）
出資
共同事業会社

国内企業が水事業の運営・管理を営む海外企業を買収し、事業運営・管理実績を得たうえで、現地または第三国の市場に進出するケース

②国内企業が海外企業を買収するケース

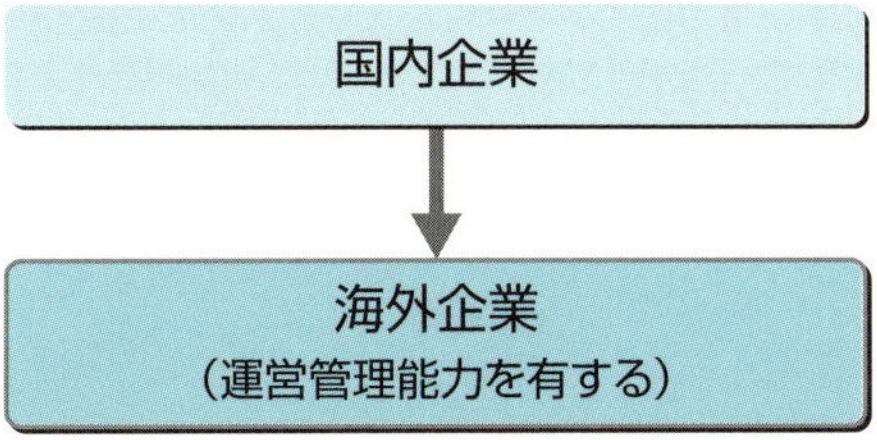
国内企業
海外企業
（運営管理能力を有する）

国内企業と地方自治体などが共同事業会社（第三セクターなど）を設立し、国内において包括的な民営化事業を受託し、事業運営・管理実績を蓄積したうえで、海外市場に進出するケース

③国内企業と地方自治体などが共同事業会社を設立するケース

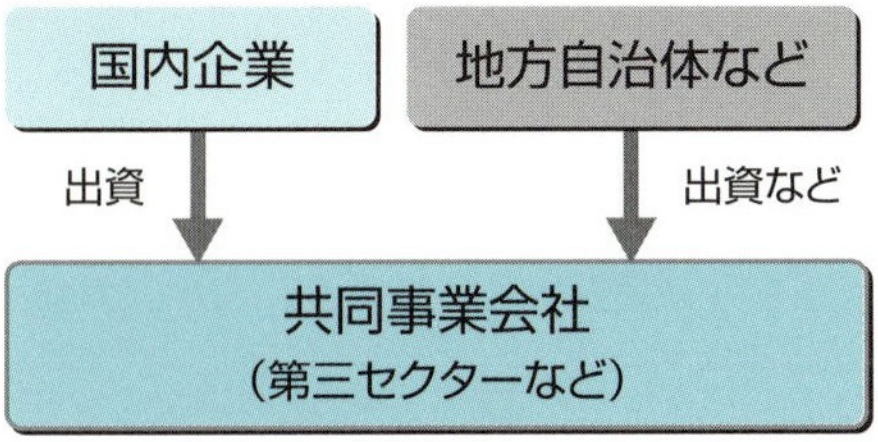
国内企業
地方自治体など
出資
出資など
共同事業会社
（第三セクターなど）

出所：経済産業省「水ビジネス国際展開研究会」

「チーム水・日本」の全体像

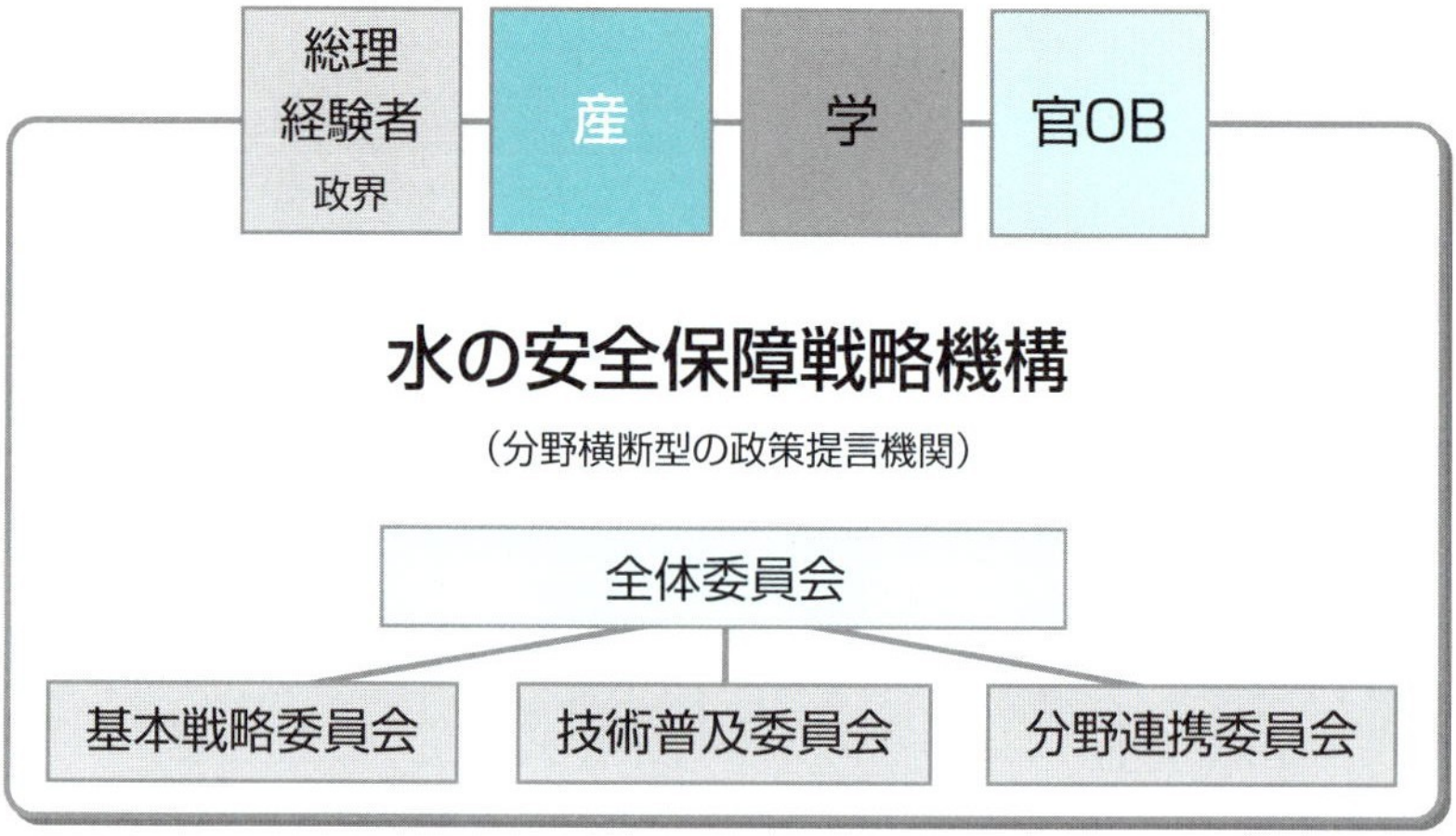
総理
経験者
政界
産
学
官OB
水の安全保障戦略機構
（分野横断型の政策提言機関）
全体委員会
基本戦略委員会
技術普及委員会
分野連携委員会

水の安全保障戦略機構

●**目的**：国内外の水問題解決のため、分野を横断する提言を行い、水に関する「円滑な行政、国際貢献、学術研究、民間企業活動、NPO・市民活動」を支援する

●**任務**：
①国内外の水問題の情報収集と整理
②問題解決のための横断的検討チームの編成
③問題解決のためのアクションチームの編成
④政界、学会、民間を含む行政間ネットワークの構築

出所：水の安全保障戦略機構

チーム水・日本の詳細

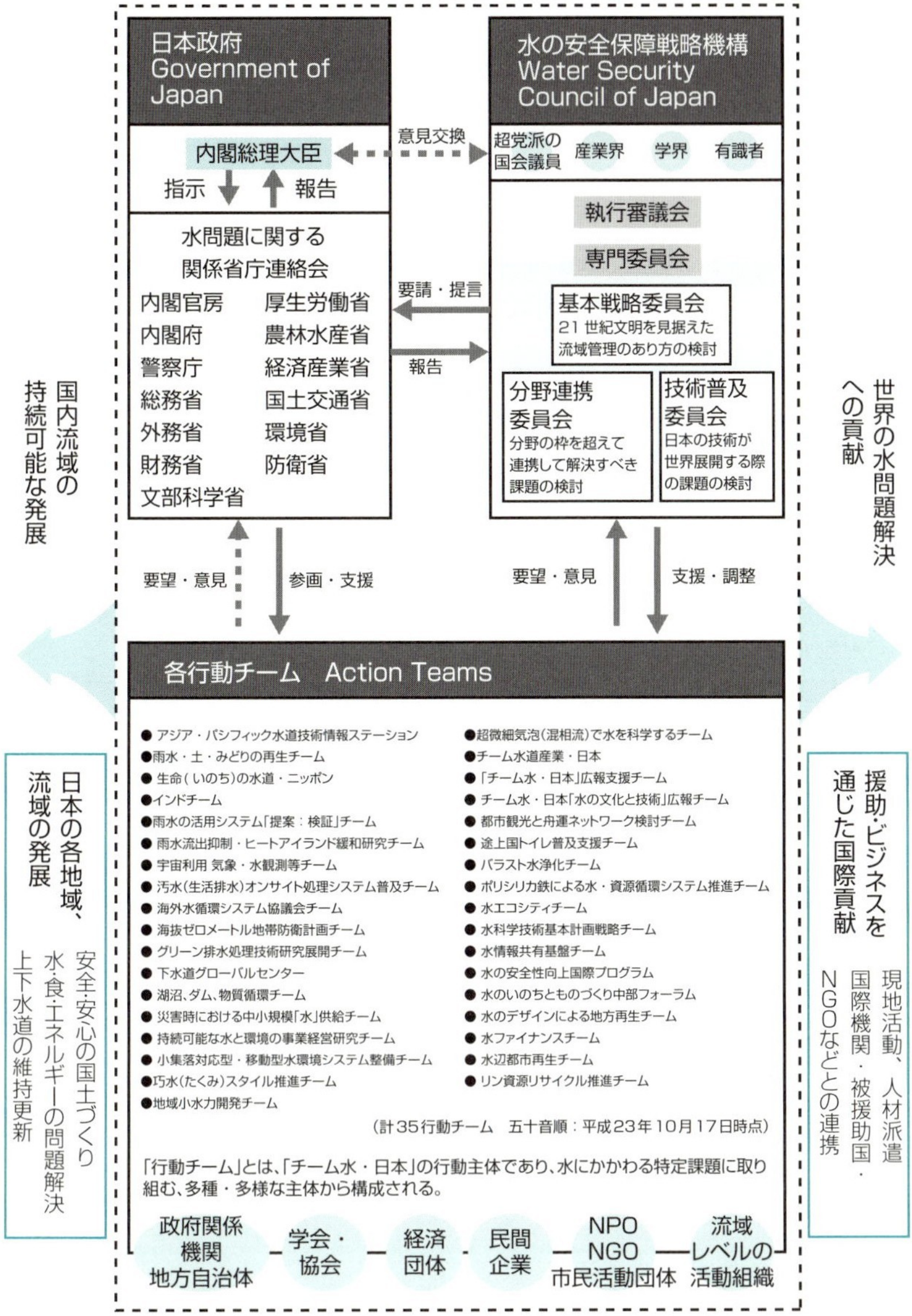
日本政府
Government of Japan
内閣総理大臣
指示
報告
水問題に関する
関係省庁連絡会
内閣官房
内閣府
警察庁
総務省
外務省
財務省
文部科学省
厚生労働省
農林水産省
経済産業省
国土交通省
環境省
防衛省
意見交換
要請・提言
報告
水の安全保障戦略機構
Water Security Council of Japan
超党派の国会議員
産業界
学界
有識者
執行審議会
専門委員会
基本戦略委員会
21世紀文明を見据えた流域管理のあり方の検討
分野連携委員会
分野の枠を超えて連携して解決すべき課題の検討
技術普及委員会
日本の技術が世界展開する際の課題の検討
要望・意見
参画・支援
要望・意見
支援・調整
国内流域の持続可能な発展
世界の水問題解決への貢献
日本の各地域、流域の発展
安全・安心の国土づくり
水・食・エネルギーの問題解決
上下水道の維持更新
援助・ビジネスを通じた国際貢献
現地活動、人材派遣
国際機関・被援助国・NGOなどとの連携
各行動チーム　Action Teams
● アジア・パシフィック水道技術情報ステーション
●雨水・土・みどりの再生チーム
● 生命(いのち)の水道・ニッポン
●インドチーム
●雨水の活用システム「提案：検証」チーム
● 雨水流出抑制・ヒートアイランド緩和研究チーム
● 宇宙利用 気象・水観測等チーム
● 汚水(生活排水)オンサイト処理システム普及チーム
● 海外水循環システム協議会チーム
● 海抜ゼロメートル地帯防衛計画チーム
● グリーン排水処理技術研究展開チーム
● 下水道グローバルセンター
● 湖沼、ダム、物質循環チーム
● 災害時における中小規模「水」供給チーム
● 持続可能な水と環境の事業経営研究チーム
● 小集落対応型・移動型水環境システム整備チーム
●巧水(たくみ)スタイル推進チーム
●地域小水力開発チーム
●超微細気泡(混相流)で水を科学するチーム
●チーム水道産業・日本
● 「チーム水・日本」広報支援チーム
● チーム水・日本「水の文化と技術」広報チーム
● 都市観光と舟運ネットワーク検討チーム
● 途上国トイレ普及支援チーム
● バラスト水浄化チーム
● ポリシリカ鉄による水・資源循環システム推進チーム
● 水エコシティチーム
● 水科学技術基本計画戦略チーム
● 水情報共有基盤チーム
● 水の安全性向上国際プログラム
● 水のいのちとものづくり中部フォーラム
● 水のデザインによる地方再生チーム
● 水ファイナンスチーム
● 水辺都市再生チーム
● リン資源リサイクル推進チーム
(計35行動チーム　五十音順：平成23年10月17日時点)
「行動チーム」とは、「チーム水・日本」の行動主体であり、水にかかわる特定課題に取り組む、多種・多様な主体から構成される。
政府関係機関 地方自治体
学会・協会
経済団体
民間企業
NPO NGO 市民活動団体
流域レベルの活動組織

出所：水の安全保障戦略機構

水をめぐる横断的な動き

水の安全保障戦略機構

国土交通省系
・下水道分野国際協力活動推進会議
・下水道グローバルセンター（下水協）

外務省系
・水の防衛隊の派遣

厚生労働省系
・水道の安全保障に関する検討会
・水道産業戦略会議（水団連）
・チーム水道産業・日本
・水道国際貢献推進協議会（日水協）

農林水産省系
・農業用水に関する国際貢献

経済産業省系
・水資源政策研究会
・産業競争力懇談会
・海外水循環システム協議会

学識経験者・国民系
水制度改革国民会議

・アジア太平洋地域・水サミット
（外務省、国土交通省、厚生労働省、農林水産省、経済産業省、環境省）

・リン資源リサイクル推進協議会
（経済産業省、農林水産省、国土交通省、環境省）が参加、オールジャパン体制

政党系
自民党：水の安全保障特命委員会
民主党：水政策プロジェクト

水ビジネスの課題

- わが国の水関連産業は、工業用水分野（事業者向け排水処理など）と比較して、生活用上下水道分野に十分に進出できていない。
- これは、わが国の水道事業が長らく公営事業として実施されてきたため、その運営・管理に係る技術的なノウハウが地方自治体に存在するため。
- このため、わが国企業は、装置設計・建設から運営・管理までを含めたサービス提供が求められる海外市場において、プロジェクト受注・成約の機会が十分に得られていない。

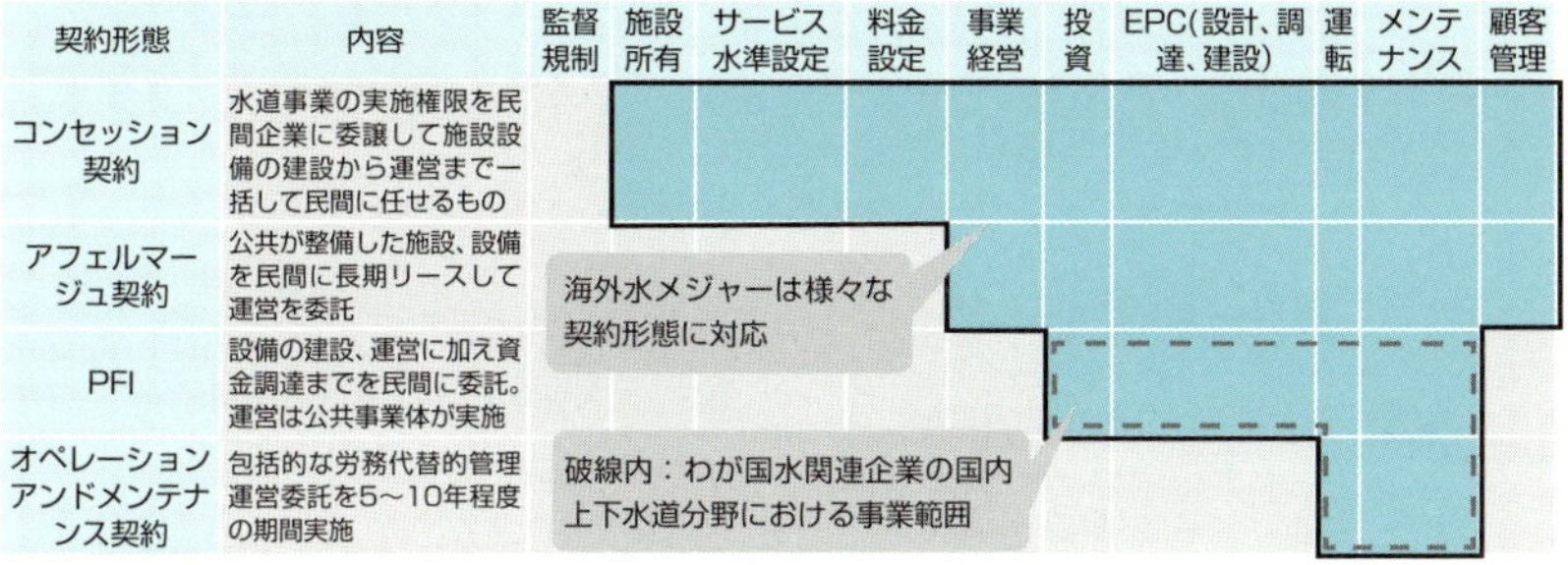

契約形態
内容
監督規制
施設所有
サービス水準設定
料金設定
事業経営
投資
EPC(設計、調達、建設)
運転
メンテナンス
顧客管理
コンセッション契約
水道事業の実施権限を民間企業に委譲して施設設備の建設から運営まで一括して民間に任せるもの
アフェルマージュ契約
公共が整備した施設、設備を民間に長期リースして運営を委託
PFI
設備の建設、運営に加え資金調達までを民間に委託。運営は公共事業体が実施
オペレーションアンドメンテナンス契約
包括的な労務代替的管理運営委託を5〜10年程度の期間実施
海外水メジャーは様々な契約形態に対応
破線内：わが国水関連企業の国内上下水道分野における事業範囲

出所：産業競争力懇談会「水処理と水資源の有効活用プロジェクト報告書」をもとに経済産業省作成

水循環フローとバリューチェーン

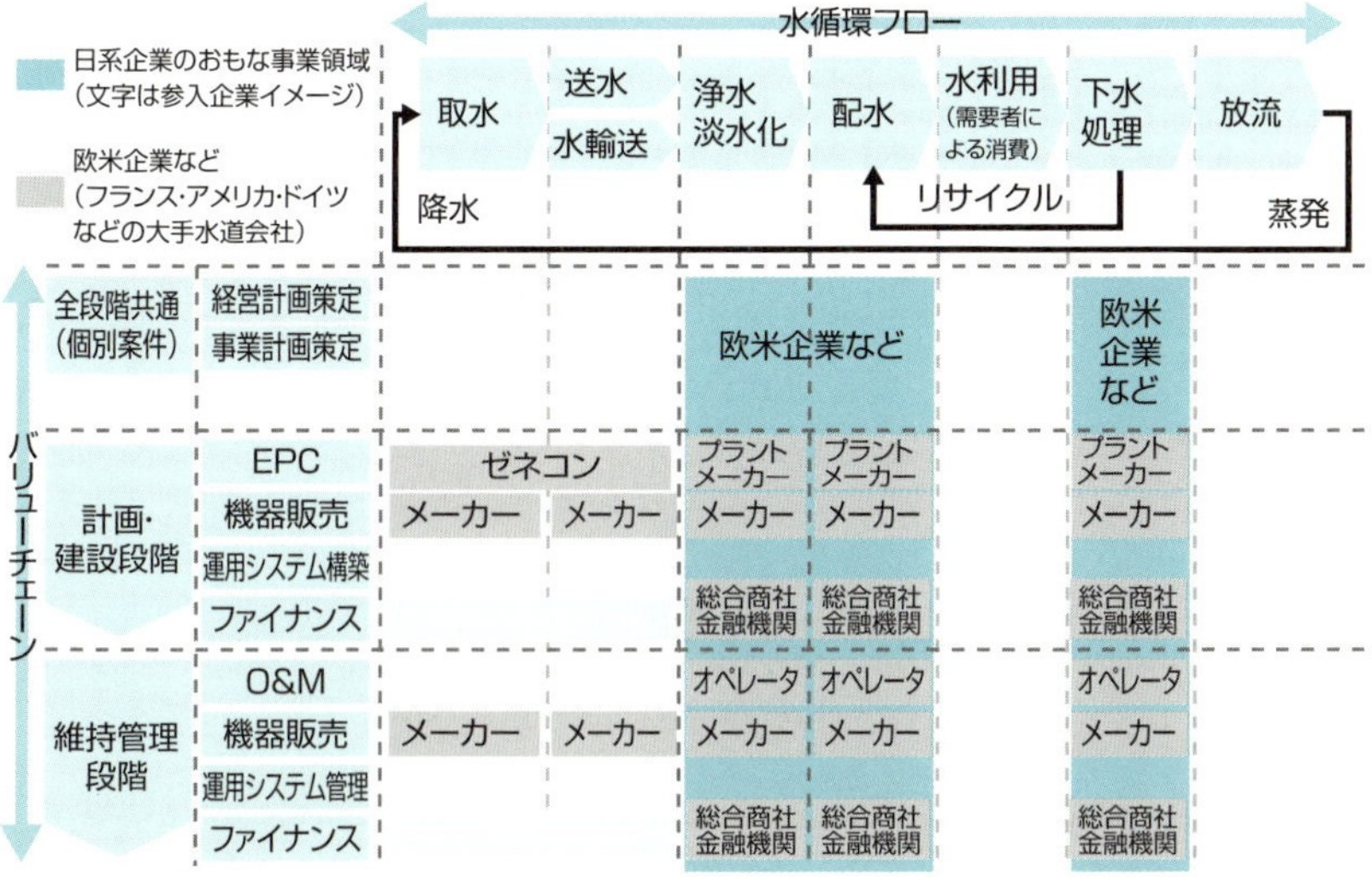

日系企業のおもな事業領域（文字は参入企業イメージ）
欧米企業など（フランス・アメリカ・ドイツなどの大手水道会社）
水循環フロー
取水
送水
水輸送
浄水
淡水化
配水
水利用（需要者による消費）
下水処理
放流
降水
リサイクル
蒸発
バリューチェーン
全段階共通（個別案件）
経営計画策定
事業計画策定
欧米企業など
欧米企業など
計画・建設段階
EPC
機器販売
運用システム構築
ファイナンス
ゼネコン
プラントメーカー
メーカー
総合商社金融機関
維持管理段階
O&M
機器販売
運用システム管理
ファイナンス
オペレータ
メーカー
総合商社金融機関

出所：経済産業省

海外水循環システム協議会

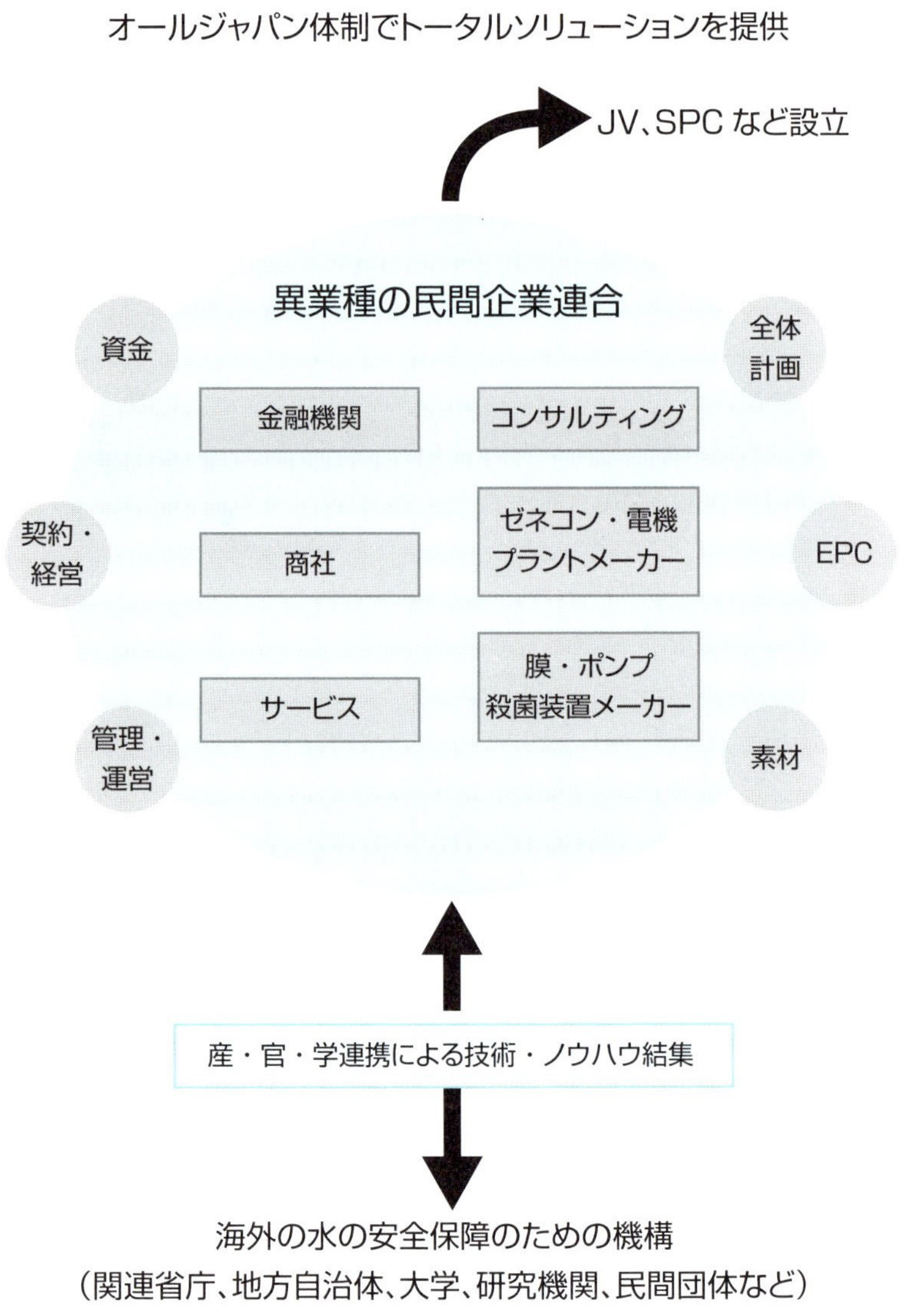

オールジャパン体制でトータルソリューションを提供
JV、SPC など設立
異業種の民間企業連合
資金
全体計画
金融機関
コンサルティング
契約・経営
商社
ゼネコン・電機プラントメーカー
EPC
管理・運営
サービス
膜・ポンプ殺菌装置メーカー
素材
産・官・学連携による技術・ノウハウ結集
海外の水の安全保障のための機構
（関連省庁、地方自治体、大学、研究機関、民間団体など）

水に関する管轄省庁

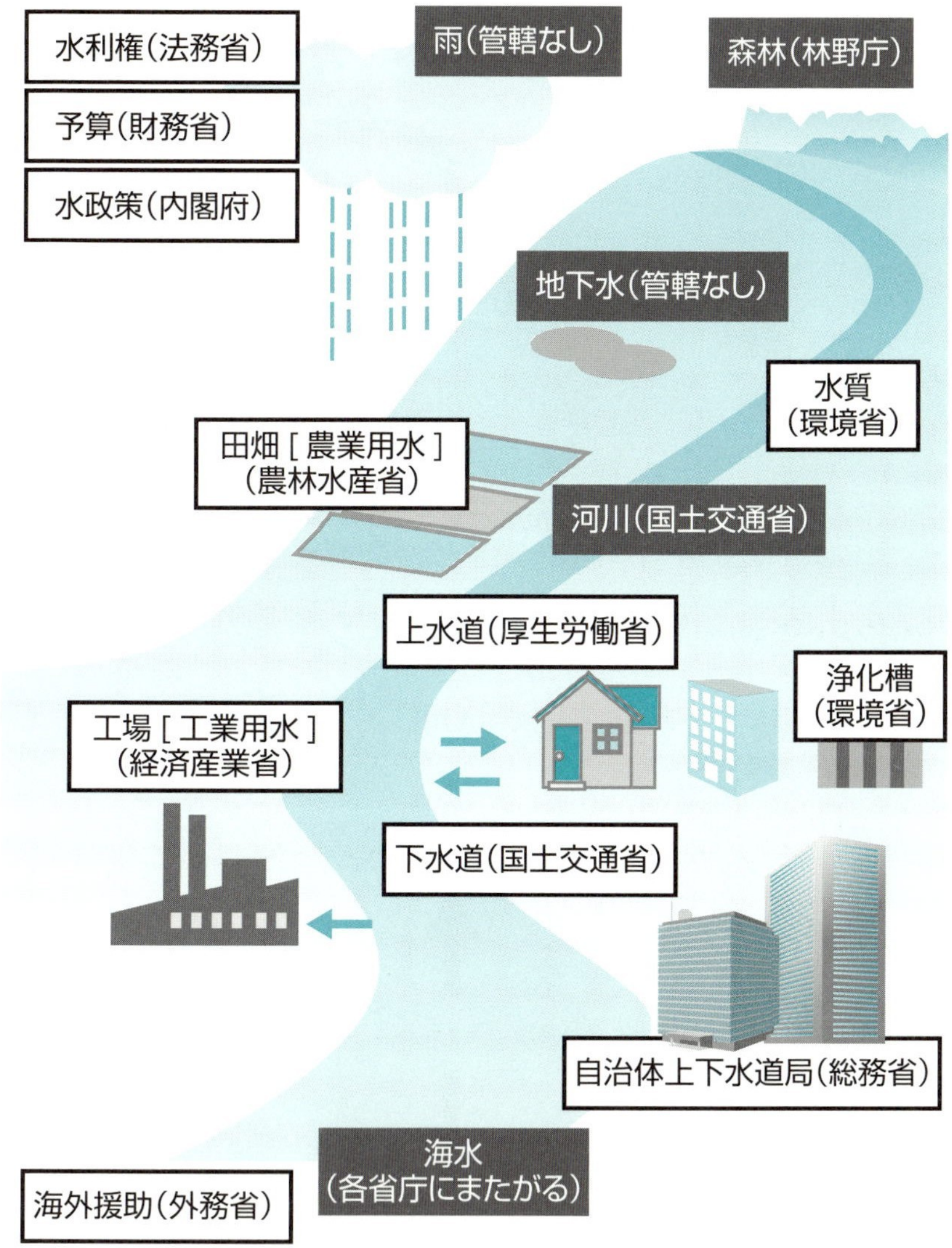
水利権(法務省)
予算(財務省)
水政策(内閣府)
雨(管轄なし)
森林(林野庁)
地下水(管轄なし)
水質
(環境省)
田畑[農業用水]
(農林水産省)
河川(国土交通省)
上水道(厚生労働省)
浄化槽
(環境省)
工場[工業用水]
(経済産業省)
下水道(国土交通省)
自治体上下水道局(総務省)
海水
(各省庁にまたがる)
海外援助(外務省)

世界で活躍できる日本の水関連企業

事業分野	企業名	得意分野
コンサルティング	日本工営	海外の上下水道に強い
膜メーカー	日東電工、東レ	RO膜、2社で世界市場6割占有
	東洋紡、クラレ	RO膜、UF精密膜
	旭化成、三菱レイヨン	再生水用膜、世界の3割占有
ポンプ	酉島製作所、荏原製作所	大容量、高圧ポンプに強い
プラント建設	日揮、水ing	EPC(設計、建設、運転)に強い
	日立プラントテクノロジー	EPC(設計、建設、運転)に強い
	メタウォーター	EPC(設計、建設、運転)に強い
水処理薬品	栗田工業	世界で2番めの水処理薬品会社
海水淡水化	ササクラ、日立造船	特にサーマル法(熱式)に強い
水処理ベンチャー	ナガオカ、関西HANDS	中国、東南アジアに焦点 トップセールス

索 引
INDEX

NF膜 …… 115,142
NGK水環境システムズ …… 140
ODA 130,138,141,162,163,185,188
OECD …… 31,200
OECD調査報告書 …… 87
PAC …… 59
PFI …… 85,140,214
pH調整 …… 47,62
PPP …… 141,153,173
PSI …… 59
RO膜 …… 40,41,43,60,64,115,142,143,147,204,205,217
RWE …… 25,86,110
SEAHERO …… 90
SIWWシンガポール国際水週間 …… 170,172
Smart Project …… 90
Smarter Planet …… 112
SPC …… 153
SPR工法 …… 145
TOC(有機炭素)分析計／ホウ素測定装置 …… 115
TSS …… 176,177
UF膜 …… 60,115,142,205,217
UNDP …… 10
UNESCO …… 12
UNICEF …… 11,194
USフィルター …… 116,117
VAIメタルズ・テクノロジー …… 117
Y-PORT …… 175

あ行

アイオニクス …… 114,115
アイビーエム …… 112,113
赤水 …… 66
アグアス・デ・バルセロナ …… 87
アグアス・ヌエヴァ …… 100
アクアセル …… 103
アクアリア …… 87,120,121
アクアルネッサンス …… 61
アクシオナ・アグア …… 118,119
アグバル …… 25,87

英数字

AEC …… 118
AOPs …… 59
BRICs …… 31,200
CNCウォーターテクノロジー …… 116,117
COCN …… 27
DBOプロジェクト …… 125
Eco-STAR …… 90
ED …… 204
EPC …… 134,167,188,214,215,217
FAO …… 12,21
FCC …… 120,121
GCC …… 97
GDFスエズ …… 108
GE …… 92,114,115
GEウォーター&プロセス・テクノロジー …… 114,115,202
GWP …… 86
IBM …… 112,113
IMF …… 98
ISO/TC224 …… 84,85
ISO24500シリーズ …… 85
IT …… 28,112,136,148,182,183
ITT …… 146
IWK …… 102
IWPP …… 64,65
JBIC …… 152,189
JETRO …… 189
JFEエンジニアリング …… 168,202
JICA …… 153,157,189
KETC …… 124
KIE …… 124
K-ウォーター …… 91,130,131
LGエレクトロニクス …… 187
LG日立ウォーターソリューションズ …… 187
MBR …… 49,60,61,115,144,204,206
MED …… 147,204
MF膜 …… 60,115,142,205
NEDO …… 168,170,172
NEW Water …… 45,123,124
NEXI …… 189

か行

穀物見通しと食料事情に関する報告……… 12
国連開発計画…………………………………… 10
国連教育科学文化機関………………………… 12
国連児童基金…………………………………… 11
国連食糧農業機関…………………………12,21
国家行政改革法………………………………100
国家上下水道事業委員会……………………102
コンサルティング……………… 28,142,146,
156,157,159,167,175,180,215,217
コンセッション………………… 99,120,214
コンソーシアム
… 119,120,152,153,155,156,163,169

さ行

最終沈澱池…………………………… 48,49,52
最少流量測定装置……………………………… 67
最初沈澱池…………………………… 48,49,52
最初沈澱池汚泥………………………………… 49
再生水…………………………… 30,44,45,47,60,
61,62,89,114,141,217
埼玉県………………………… 168,178,179
埼玉県水ビジネス海外展開研究会…………178
さいたま市水道局……………………………178
再利用水…………………………… 182,185,203
産業革新機構…………………………………152
産業競争力懇談会……………………………… 27
三次処理………………………………………… 48
シーメンス……………………… 92,116,202
シーメンス・ウォーター・テクノロジーズ…116
ジェイ・チーム ……………………………202
ジェネッツ……………………………………151
ジェネラル・デゾー …………………… 24,106
紫外線処理……………………………………… 59
私設ます………………………………………… 50
ジャパンウォーター………… 150,155,202
終沈汚泥………………………………………… 52
取水ポンプ…………………………… 146,147
シュワイバ3プラント ………………………… 40
純水…………………………………………42,43
浄化槽…………………………… 48,49,178,216
浄化槽法………………………………………… 49
商社…………………………27,28,154,156,166,
167,178,187,214,215
上下水道サービスの国際規格化…………84,85
浄水場……………37,38,68,71,85,89,136,
138,139,140,148,149,150
キレート樹脂…………………………………… 37
近代水道…………………………… 24,26,144
金融機関…………… 28,152,167,214,215
クボタ…………………………… 144,145,202
クラウドシステム……………………………148
栗田工業……………………… 135,202,217
栗本鐵工所…………………………… 144,145
計画高水位……………………………………… 72
経済協力開発機構………………………31,200
下水汚泥…………………………………52,141
下水処理……………… 30,50,52,60,68,93,
97,101,119,144,150,151
下水処理場…………… 50,51,52,61,68,92,
93,102,119,136,139141,149
下水道局………………………………………178
下水道グローバルセンター
……………………………… 158,179,212,213
下水道事業…………………… 102,138,182
下水道事業法…………………………………102
下水道処理場…………………………………153
下水道普及率……………………………94,100
下水道法………………………………………… 26
ケッペル………………… 124,125,184,202
ケッペル・インテグラル・エンジニアリング …124
ケッペル環境技術センター…………………124
ゲリラ豪雨…………………………………73,182
限外ろ過………………………………………… 42
限外ろ過膜……………………………………… 60
嫌気性生物処理(反応)……………………46,47
懸濁物質………………………… 36,48,52,60,63
建築基準法……………………………………… 49
ケンブル・ウォーター・ホールディングス …110
高圧ポンプ…………………………… 147,217
好気性生物処理(反応)……………………46,47
工業統計調査平成20年度 用地・用水編 …46
工業用水道維持管理…………………………151
高効率ポンプ…………………………………147
硬質塩化ビニール材…………………………145
硬水……………………………………………… 55
更生管…………………………………………145
公設ます………………………………………… 50
高度処理……………………36,37,46,136,206
合流式…………………………………………… 51
国際河川…………………………………14,15
国際協力銀行…………………………………152
国際通貨基金…………………………………… 98

セルナジオット……117
全国上下水道コンサルタント協会……159
先進的水処理技術等に関する研究開発事業
……90
相関式漏水発見器……67
総合維持管理業務……151
促進酸化法……59

た行

第四次評価報告書……16
耐震化……174
耐震化率……19
帯水層……12,82,83,96,97
代替水源……107
タイド援助……185
ダウ・ケミカル……142,202
ダクタイル鋼管……144,145
多重蒸発缶効用法……147,204
多段フラッシュ方式……40,204
多目的ダム……34
単独浄化槽……49
断流……83
チーム水・関西……172
チーム水・日本
……162,163,164,165,166,211,212
地下水専用水道……33
地下水ビジネス……135
地下水保護政策……33
地球温暖化……16,22,82
治水ダム……34
地方公営企業法……169
地方公務員法……169
チャイナ・ウォーター……110
中空糸型逆浸透膜モジュール……143
中空糸膜……114
鋳鉄管……144,145
超純水……42,43,47,63,135,136
デグレモン……108
デシマ……100
デスケーリングポンプ……146
テムズ・ウォーター・ユーティリティーズ
……24,25,84,86,103,110,111,202
電気設備……149,150,159
電気設備メーカー……148,149
電気透析方式……204
電子式漏水検知器……66,67
浄水処理……36,58,93,176,205
浄水発生土……52
晶析処理……136
蒸発散……32,198
蒸発法……40,64,143,147
蒸留……204
食料自給率……21,195,199
初沈汚泥……52
新エネルギー・産業技術総合開発機構
……168,170,172
神鋼環境ソリューション……134,202
次亜塩素酸……59
水ing……134,138,139,168,187,217
水質汚染……15,27,35,37,170
水質汚濁防止法……46,49
水質センサー……71
水団連……158
水道管メーカー……144
水道機工……134,143,202
水道技術研究センター……159
水道局……19,25,67,71,169,173,175
水道公社……110
水道産業戦略会議……158,213
水道事業体…33,66,103,149,158,176,177
水道施設・管路耐震性改善運動……19
水道条例……26
水道の安全保障に関する検討会……213
水道法……26,27,68,188
水文学……183
スエズ・エンバイロメント……24,25,84,88,
99,100,102,155,184,202
スクリーン……44,51,173
スケール防止剤……64,135
スマータープラネット……112
スマートメーター……70
住友商事……155,202
正浸透膜法……64
生物処理……37,60,136
精密ろ過膜……60
世界銀行……10,25
世界水フォーラム……112
積水化学工業……145,202
ゼネラル・エレクトリック……92,114,115
ゼノン……114,115
セムコープ・インダストリーズ…126,127,184
セラミック膜……140

は行

バーチャルウォーター…………… 20,21,196
バイオガス……………………………………… 53
バイオセンサー………………………………… 71
バイオフォーカス……………………………… 61
バイオマス………………………… 21,53,139
ハイドロノーティクス………………………142
パイプ…………………………………… 144,152
ハイフラックス……………… 122,152,184
派遣法…………………………………………169
ハザードマップ……………………………… 73
パシフィックコンサルタンツ………………157
パッケージ……………………………… 71,113
パナソニック環境エンジニアリング………168
反応タンク…………………… 48,49,60,206
日立プラントテクノロジー
…………………… 134,166,187,202,217
微粉炭処理…………………………………… 58
標準活性汚泥法………… 48,49,58,60,206
表土流出……………………………………… 13
広島ウォーター………………………………180
広島県………………………… 168,180,181
ファーストフラッシュ水…………………… 62
フィルター……………………… 28,115,123
富栄養化現象……………………………36,37
複合型発電淡水造水施設………………64,65
フジ地中情報…………………………………151
富士電機……………………………… 148,149
富士電機水環境システムズ…………………140
浮上分離…………………………… 36,47,63
腐食防止剤……………………………………135
賦存量………………………………32,70,198
プラントメーカー… 134,148,167,214,215
プロジェクトファイナンス…………………152
分画…………………………………………… 41
分流式………………………………………… 51
平成23年版日本の水資源 ……………10,32
ベッツディアボーン……………… 114,115
北海道洞爺湖サミット………………………162
ボトルウォーター………………………28,95
ポリ塩化アルミニウム……………………… 59
ポリシリカ鉄凝集剤………………………… 59
ポンプ……………………… 24,28,31,63,71,
146,147,167,187,215,217
ほんまや………………………………………172
点滴灌漑……………………………………… 13
転流工事……………………………………… 96
ドイツ水道パートナーシップ……………86,87
東京水道インターナショナル………………177
東京水道経営プラン2010 ………………176
東京水道国際展開ミッション団……………176
東京水道サービス……………………176,177
東京都……………………………………176,177
東京都水道局…………………………176,177
盗水…………………………………………… 95
東洋エンジニアリング………………………202
東洋紡……………………………143,202,217
東レ……………92,134,142,143,202,217
特殊接触ろ過材……………………………… 37
斗山(ドゥサン)重工業… 128,129,184,202
西島製作所……………… 146,147,202,217

な行

内水氾濫……………………………………72,73
ナガオカ………………………………… 173,217
ナノ膜…………………………………………115
南水北調プロジェクト……………………… 88
二酸化塩素処理……………………………… 59
二酸化炭素排出量…………………………… 21
二次処理……………………………………… 48
西原環境テクノロジー………………………107
日揮……………… 138,168,187,202,217
日水コン………………………………156,157
日東電工…92,142,143,166,202,205,217
日本ガイシ……………………………………140
日本下水道管路管理業協会…………………159
日本下水道協会……………… 158,159,179
日本下水道事業団……………………………159
日本下水道施設業協会………………………159
日本下水道処理施設管理業協会……………159
日本工営………………………………157,217
日本上下水道設計……………………………157
日本水道協会…… 158,159,170,196,197
日本水道工業団体連合会…………… 158,159
日本水環境学会………………………………159
ニューウォーター…………… 45,123,124
ニューウォーター計画……………………… 93
ニューウォーターセンター………………… 92
人間開発報告書2006 …………………… 11
人間開発報告書2007/2008 ………… 10
野村マイクロ・サイエンス …………………135

ユナイテッドユーティリティーズ… 101,103
横浜ウォーター……175
横浜市…… 168,174
横浜水ビジネス協議会……175

ら行

ラ・ソー……84,99
ライフライン…… 18,19,144
利水ダム…… 34
リモートセンシング…… 70
リヨネーズ・デゾー…… 24
漏水……38,39,66,67,95,150
漏水率…… 102,176,184

わ行

湾岸協力会議…… 97

ま行

マイクロバブル……58,59
膜処理……37,114,182,206
膜分離活性汚泥法
……49,60,61,115,144,204,206
膜メーカー…… 28,116,142,205,217
マニラウォーター…… 154,155
丸紅…… 155,202
水・インフラ国際展開研究会…… 172,173
水・環境・エネルギー専門家会議……162
水関連技術開発に係る大型国家プロジェクト
…… 90
水産業育成方策…… 91
水資源広報2009年版…… 88
水処理膜開発事業…… 90
水ストレス…… 10
水の安全保障研究会…… 162,163
水の安全保障戦略機構
…… 163,164,165,211,212
水の安全保障に関する研究会…… 162,163
水ビジネス国際展開研究会
…… 186,187,210
水分野に関する有識者および実務者懇談会
…… 162,163
水法……106
水メジャー…… 25,27,84,85,88,
110,112,137,140,154,173
水問題に関する関係省庁連絡会……166
水利権…… 14,15,32,68,101,216
三井物産…… 101,155,202
三菱商事… 138,150,154,155,166,187,202
三菱レイヨン……92,217
ミレニアム開発目標…… 98
民間企業支援プログラム……176
無効水率…… 38
無収水率…… 94,102,154
明電舎…… 148,149,202
メガトン計画…… 41
メタウォーター
…… 134,140,141,149,166,202,217
メタンガス……53,135
メタン発酵……53,135
モノセップ……117

や行

有効塩素…… 59

■著者紹介

吉村　和就（よしむら　かずなり）

グローバルウォータ・ジャパン代表。国連テクニカルアドバイザー。日本を代表する水環境問題の専門家の一人であり、国連ニューヨーク本部勤務の経験を踏まえ、日本の環境技術を世界に広める努力を続けている。その間、多くの講演をこなし、また、関連業界紙や専門誌、海外メディアに数多く寄稿。さらに、NHK　クローズアップ現代、TBS、テレビ東京、フジテレビなどで、国民に水問題をわかりやすく解説している。最近の活動としては、水の安全保障戦略機構・技術普及委員長、経済産業省「水ビジネス国際展開研究会」の委員など。ライフワークとして国際的に通用する若手の教育にも力を入れている。

■執筆協力

西山　恵造（にしやま　けいぞう）

センス・アンド・フォース代表。IT関連や産業機器関連のライターとして活躍している。近年、めっき関連の連載記事における取材経験から、めっき洗浄に使われる水についての知識を深めている。また、「防犯設備士」と「防災士」の資格を持ち、ライフラインとしての上下水道の知識なども豊富に備えている。本書では主に、第2章、第3章、第5章～第7章の執筆に携わっている。

■編　集　　株式会社エディポック

■編集協力　山口岳夫

図《ず》解《かい》入門《にゅうもん》業界《ぎょうかい》研究《けんきゅう》
最新《さいしん》水《みず》ビジネスの動向《どうこう》と
カラクリがよ～くわかる本《ほん》

発行日　2012年　9月10日　　第1版第1刷

著　者　吉村《よしむら》　和就《かずなり》

発行者　斉藤　和邦

発行所　株式会社　秀和システム

〒107-0062　東京都港区南青山1-26-1 寿光ビル5F

Tel 03-3470-4947（販売）

Fax 03-3405-7538

印刷所　三松堂印刷株式会社　　Printed in Japan

ISBN978-4-7980-3470-6 C0033

定価はカバーに表示してあります。

乱丁本・落丁本はお取りかえいたします。

本書に関するご質問については、ご質問の内容と住所、氏名、電話番号を明記のうえ、当社編集部宛FAXまたは書面にてお送りください。お電話によるご質問は受け付けておりませんのであらかじめご了承ください。